# 1+X 建筑工程识图

主　编　吴　琼　赵津霆
副主编　张　贺　秦娇娇
主　审　贺　威

中国水利水电出版社
www.waterpub.com.cn
·北京·

## 内 容 提 要

本书依据1+X建筑工程识图中高级——土建施工（结构）类职业技能标准编写，以提高职业素质为根本，培养识图能力和绘图能力。

本书内容共分4个部分，第1部分为结构施工图识读，包含7个任务；第2部分为结构标准构造详图绘制，包含6个任务；第3部分为1+X建筑工程识图职业技能证书土建施工（结构）类，包含2个任务；第4部分为中望CAD简明教程，包含3个任务。

本书主要面向参加1+X建筑工程识图职业技能等级的土建施工（结构）中、高级考试的人员，也可作为建筑工程技术、工程造价、建筑钢结构工程技术等高职专业，土木工程、工程造价等本科专业，建筑工程施工、建筑工程造价等中职专业学生的综合实训教材，还可作为建筑施工技术人员学习结构工程施工图识读的指导书，或供建筑行业其他工程技术人员及管理人员工作时参考。

## 图书在版编目（CIP）数据

1+X建筑工程识图 / 吴琼，赵津霆主编. -- 北京：中国水利水电出版社，2023.12
ISBN 978-7-5226-2001-5

Ⅰ．①1… Ⅱ．①吴… ②赵… Ⅲ．①建筑制图－识图 Ⅳ．①TU204.21

中国国家版本馆CIP数据核字(2024)第001074号

| 书　　名 | **1＋X 建筑工程识图**<br>1+X JIANZHU GONGCHENG SHITU |
|---|---|
| 作　　者 | 主　编　吴琼　赵津霆<br>副主编　张贺　秦娇娇<br>主　审　贺威 |
| 出版发行 | 中国水利水电出版社<br>（北京市海淀区玉渊潭南路1号D座　100038）<br>网址：www.waterpub.com.cn<br>E-mail：sales@mwr.gov.cn<br>电话：（010）68545888（营销中心） |
| 经　　售 | 北京科水图书销售有限公司<br>电话：（010）68545874、63202643<br>全国各地新华书店和相关出版物销售网点 |
| 排　　版 | 中国水利水电出版社微机排版中心 |
| 印　　刷 | 天津嘉恒印务有限公司 |
| 规　　格 | 185mm×260mm　16开本　14.5印张　353千字 |
| 版　　次 | 2023年12月第1版　2023年12月第1次印刷 |
| 印　　数 | 0001—1000册 |
| 定　　价 | 53.00元 |

**凡购买我社图书，如有缺页、倒页、脱页的，本社营销中心负责调换**
**版权所有·侵权必究**

# 前 言

2019年发布的《国家职业教育改革实施方案》启动了在职业院校、应用型本科高校实施"学历证书＋若干职业技能等级证书"制度（即"1＋X"证书制度）的试点工作，目的是鼓励相关院校学生在获得学历证书的同时，取得多类与就业岗位有关的职业技能等级证书，拓展学生就业创业本领，缓解结构性就业矛盾，提高就业质量，促进院校教育教学改革。

《1＋X建筑工程识图》是基于建筑职业教学需求而编写的一本实训型教材。本书以工程项目为载体，实施任务驱动，科学系统地编排模块化内容。每个任务主要包括图纸形成、图示内容、识图案例、识读要点、能力测试题等内容，使学习者系统地、规律地识图。本书图文并茂、通俗易懂、注重实用、重点突出，每节后面附有大量测试题，可供学生巩固和练习。

以立德树人为中心、全方位融入课程思政。党的二十大报告指出育人的根本在于立德。全面贯彻党的教育方针，落实立德树人根本任务，培养德智体美劳全面发展的社会主义建设者和接班人。本书将课程思政融于教材，通过识图训练，提升职业精神，培养法律意识，贯彻新发展理念，实现人与自然和谐共生。

本书由辽宁生态工程职业学院吴琼、赵津霆担任主编，辽宁生态工程职业学院张贺、秦娇娇担任副主编，辽宁省观音阁水库管理局有限责任公司周宇航、本溪市水务事务服务中心王鑫、沈阳工学院柏青参与了本书编写工作。全书共分4个部分18个任务，具体分工为：任务1～任务6由赵津霆编写；任务7～任务16由张贺编写；17.1小节和17.2小节由吴琼编写；17.3小节由周宇航编写；17.4小节由王鑫编写；17.5小节由柏青编写；任务18由秦娇娇编写。本书由贺威担任主审。

本书在编写中参考了大量的规范、专业文献和资料，恕未在书中一一注明；加上作者水平有限，书中不足之处恳请广大师生和读者提出批评指正，编者不胜感谢。

答案

编者
2023 年 10 月

# 目 录

前言

## 第1部分 结构施工图识读

**任务1 结构设计总说明识读** …… 3
  1.1 图纸形成 …… 3
  1.2 图示内容 …… 3
  1.3 结构构造基本要求 …… 4
  1.4 识读案例 …… 10
  1.5 识读要点 …… 11
  能力测试题 …… 13

**任务2 基础施工图识读** …… 16
  2.1 图纸形成 …… 16
  2.2 图示内容 …… 16
  2.3 平法制图规则 …… 18
  2.4 标准构造要求 …… 23
  2.5 识读案例 …… 33
  2.6 识读要点 …… 34
  能力测试题 …… 35

**任务3 柱施工图识读** …… 37
  3.1 图纸形成 …… 37
  3.2 图示内容 …… 37
  3.3 平法制图规则 …… 39
  3.4 标准构造要求 …… 40
  3.5 识读案例 …… 47
  3.6 识读要点 …… 47
  能力测试题 …… 49

**任务4 墙施工图识读** …… 52
  4.1 图纸形成 …… 52

4.2　图示内容 · · · · · · · · · · · · · · · · · · · · · · · · · · · · · · · · · · · · · · · · · · · · · · · · · · · · · · · · · · · · · · · · · · · · · · · · · · · · · · · · · · · · · · · · · · · · · · · · · · · · · · · · · · · · · · · · · · · · · · · · · 52
　4.3　平法制图规则 · · · · · · · · · · · · · · · · · · · · · · · · · · · · · · · · · · · · · · · · · · · · · · · · · · · · · · · · · · · · · · · · · · · · · · · · · · · · · · · · · · · · · · · · · · · · · · · · · · · · · · · · · · · · · · · 55
　4.4　标准构造要求 · · · · · · · · · · · · · · · · · · · · · · · · · · · · · · · · · · · · · · · · · · · · · · · · · · · · · · · · · · · · · · · · · · · · · · · · · · · · · · · · · · · · · · · · · · · · · · · · · · · · · · · · · · · · · · · 59
　4.5　识读案例 · · · · · · · · · · · · · · · · · · · · · · · · · · · · · · · · · · · · · · · · · · · · · · · · · · · · · · · · · · · · · · · · · · · · · · · · · · · · · · · · · · · · · · · · · · · · · · · · · · · · · · · · · · · · · · · · · · · · · · · · · · · 63
　4.6　识读要点 · · · · · · · · · · · · · · · · · · · · · · · · · · · · · · · · · · · · · · · · · · · · · · · · · · · · · · · · · · · · · · · · · · · · · · · · · · · · · · · · · · · · · · · · · · · · · · · · · · · · · · · · · · · · · · · · · · · · · · · · · · · 64
　能力测试题 · · · · · · · · · · · · · · · · · · · · · · · · · · · · · · · · · · · · · · · · · · · · · · · · · · · · · · · · · · · · · · · · · · · · · · · · · · · · · · · · · · · · · · · · · · · · · · · · · · · · · · · · · · · · · · · · · · · · · · · · · · · · · · · 65

任务5　梁施工图识读 · · · · · · · · · · · · · · · · · · · · · · · · · · · · · · · · · · · · · · · · · · · · · · · · · · · · · · · · · · · · · · · · · · · · · · · · · · · · · · · · · · · · · · · · · · · · · · · · · · · · · · · 68
　5.1　图纸形成 · · · · · · · · · · · · · · · · · · · · · · · · · · · · · · · · · · · · · · · · · · · · · · · · · · · · · · · · · · · · · · · · · · · · · · · · · · · · · · · · · · · · · · · · · · · · · · · · · · · · · · · · · · · · · · · · · · · · · · · · · · · 68
　5.2　图示内容 · · · · · · · · · · · · · · · · · · · · · · · · · · · · · · · · · · · · · · · · · · · · · · · · · · · · · · · · · · · · · · · · · · · · · · · · · · · · · · · · · · · · · · · · · · · · · · · · · · · · · · · · · · · · · · · · · · · · · · · · · · · 68
　5.3　平法制图规则 · · · · · · · · · · · · · · · · · · · · · · · · · · · · · · · · · · · · · · · · · · · · · · · · · · · · · · · · · · · · · · · · · · · · · · · · · · · · · · · · · · · · · · · · · · · · · · · · · · · · · · · · · · · · · · · 69
　5.4　标准构造要求 · · · · · · · · · · · · · · · · · · · · · · · · · · · · · · · · · · · · · · · · · · · · · · · · · · · · · · · · · · · · · · · · · · · · · · · · · · · · · · · · · · · · · · · · · · · · · · · · · · · · · · · · · · · · · · · 72
　5.5　识读案例 · · · · · · · · · · · · · · · · · · · · · · · · · · · · · · · · · · · · · · · · · · · · · · · · · · · · · · · · · · · · · · · · · · · · · · · · · · · · · · · · · · · · · · · · · · · · · · · · · · · · · · · · · · · · · · · · · · · · · · · · · · · 77
　5.6　识读要点 · · · · · · · · · · · · · · · · · · · · · · · · · · · · · · · · · · · · · · · · · · · · · · · · · · · · · · · · · · · · · · · · · · · · · · · · · · · · · · · · · · · · · · · · · · · · · · · · · · · · · · · · · · · · · · · · · · · · · · · · · · · 78
　能力测试题 · · · · · · · · · · · · · · · · · · · · · · · · · · · · · · · · · · · · · · · · · · · · · · · · · · · · · · · · · · · · · · · · · · · · · · · · · · · · · · · · · · · · · · · · · · · · · · · · · · · · · · · · · · · · · · · · · · · · · · · · · · · · · · · 79

任务6　板施工图识读 · · · · · · · · · · · · · · · · · · · · · · · · · · · · · · · · · · · · · · · · · · · · · · · · · · · · · · · · · · · · · · · · · · · · · · · · · · · · · · · · · · · · · · · · · · · · · · · · · · · · · · · 82
　6.1　图纸形成 · · · · · · · · · · · · · · · · · · · · · · · · · · · · · · · · · · · · · · · · · · · · · · · · · · · · · · · · · · · · · · · · · · · · · · · · · · · · · · · · · · · · · · · · · · · · · · · · · · · · · · · · · · · · · · · · · · · · · · · · · · · 82
　6.2　图示内容 · · · · · · · · · · · · · · · · · · · · · · · · · · · · · · · · · · · · · · · · · · · · · · · · · · · · · · · · · · · · · · · · · · · · · · · · · · · · · · · · · · · · · · · · · · · · · · · · · · · · · · · · · · · · · · · · · · · · · · · · · · · 82
　6.3　平法制图规则 · · · · · · · · · · · · · · · · · · · · · · · · · · · · · · · · · · · · · · · · · · · · · · · · · · · · · · · · · · · · · · · · · · · · · · · · · · · · · · · · · · · · · · · · · · · · · · · · · · · · · · · · · · · · · · · 83
　6.4　标准构造要求 · · · · · · · · · · · · · · · · · · · · · · · · · · · · · · · · · · · · · · · · · · · · · · · · · · · · · · · · · · · · · · · · · · · · · · · · · · · · · · · · · · · · · · · · · · · · · · · · · · · · · · · · · · · · · · · 85
　6.5　识读案例 · · · · · · · · · · · · · · · · · · · · · · · · · · · · · · · · · · · · · · · · · · · · · · · · · · · · · · · · · · · · · · · · · · · · · · · · · · · · · · · · · · · · · · · · · · · · · · · · · · · · · · · · · · · · · · · · · · · · · · · · · · · 87
　6.6　识读要点 · · · · · · · · · · · · · · · · · · · · · · · · · · · · · · · · · · · · · · · · · · · · · · · · · · · · · · · · · · · · · · · · · · · · · · · · · · · · · · · · · · · · · · · · · · · · · · · · · · · · · · · · · · · · · · · · · · · · · · · · · · · 88
　能力测试题 · · · · · · · · · · · · · · · · · · · · · · · · · · · · · · · · · · · · · · · · · · · · · · · · · · · · · · · · · · · · · · · · · · · · · · · · · · · · · · · · · · · · · · · · · · · · · · · · · · · · · · · · · · · · · · · · · · · · · · · · · · · · · · · 89

任务7　结构详图识读 · · · · · · · · · · · · · · · · · · · · · · · · · · · · · · · · · · · · · · · · · · · · · · · · · · · · · · · · · · · · · · · · · · · · · · · · · · · · · · · · · · · · · · · · · · · · · · · · · · · · · · · 91
　7.1　图纸形成 · · · · · · · · · · · · · · · · · · · · · · · · · · · · · · · · · · · · · · · · · · · · · · · · · · · · · · · · · · · · · · · · · · · · · · · · · · · · · · · · · · · · · · · · · · · · · · · · · · · · · · · · · · · · · · · · · · · · · · · · · · · 91
　7.2　图示内容 · · · · · · · · · · · · · · · · · · · · · · · · · · · · · · · · · · · · · · · · · · · · · · · · · · · · · · · · · · · · · · · · · · · · · · · · · · · · · · · · · · · · · · · · · · · · · · · · · · · · · · · · · · · · · · · · · · · · · · · · · · · 91
　7.3　平法制图规则 · · · · · · · · · · · · · · · · · · · · · · · · · · · · · · · · · · · · · · · · · · · · · · · · · · · · · · · · · · · · · · · · · · · · · · · · · · · · · · · · · · · · · · · · · · · · · · · · · · · · · · · · · · · · · · · 92
　7.4　标准构造要求 · · · · · · · · · · · · · · · · · · · · · · · · · · · · · · · · · · · · · · · · · · · · · · · · · · · · · · · · · · · · · · · · · · · · · · · · · · · · · · · · · · · · · · · · · · · · · · · · · · · · · · · · · · · · · · · 93
　7.5　识读案例 · · · · · · · · · · · · · · · · · · · · · · · · · · · · · · · · · · · · · · · · · · · · · · · · · · · · · · · · · · · · · · · · · · · · · · · · · · · · · · · · · · · · · · · · · · · · · · · · · · · · · · · · · · · · · · · · · · · · · · · · · · · 97
　7.6　识读要点 · · · · · · · · · · · · · · · · · · · · · · · · · · · · · · · · · · · · · · · · · · · · · · · · · · · · · · · · · · · · · · · · · · · · · · · · · · · · · · · · · · · · · · · · · · · · · · · · · · · · · · · · · · · · · · · · · · · · · · · · · · · 97
　能力测试题 · · · · · · · · · · · · · · · · · · · · · · · · · · · · · · · · · · · · · · · · · · · · · · · · · · · · · · · · · · · · · · · · · · · · · · · · · · · · · · · · · · · · · · · · · · · · · · · · · · · · · · · · · · · · · · · · · · · · · · · · · · · · · · · 98

## 第2部分　结构标准构造详图绘制

任务8　基础标准构造详图绘制 · · · · · · · · · · · · · · · · · · · · · · · · · · · · · · · · · · · · · · · · · · · · · · · · · · · · · · · · · · · · · · · · · · · · · · · · · · · · · · · 101
　8.1　绘制内容 · · · · · · · · · · · · · · · · · · · · · · · · · · · · · · · · · · · · · · · · · · · · · · · · · · · · · · · · · · · · · · · · · · · · · · · · · · · · · · · · · · · · · · · · · · · · · · · · · · · · · · · · · · · · · · · · · · · · · · · · · · · 101
　8.2　绘制案例 · · · · · · · · · · · · · · · · · · · · · · · · · · · · · · · · · · · · · · · · · · · · · · · · · · · · · · · · · · · · · · · · · · · · · · · · · · · · · · · · · · · · · · · · · · · · · · · · · · · · · · · · · · · · · · · · · · · · · · · · · · · 102
　8.3　绘制要点 · · · · · · · · · · · · · · · · · · · · · · · · · · · · · · · · · · · · · · · · · · · · · · · · · · · · · · · · · · · · · · · · · · · · · · · · · · · · · · · · · · · · · · · · · · · · · · · · · · · · · · · · · · · · · · · · · · · · · · · · · · · 107
　能力测试题 · · · · · · · · · · · · · · · · · · · · · · · · · · · · · · · · · · · · · · · · · · · · · · · · · · · · · · · · · · · · · · · · · · · · · · · · · · · · · · · · · · · · · · · · · · · · · · · · · · · · · · · · · · · · · · · · · · · · · · · · · · · · · · 107

## 任务9 柱标准构造详图绘制 … 109
### 9.1 绘制内容 … 109
### 9.2 绘制案例 … 110
### 9.3 绘制要点 … 113
### 能力测试题 … 114

## 任务10 墙标准构造详图绘制 … 116
### 10.1 绘制内容 … 116
### 10.2 绘制案例 … 117
### 10.3 绘制要点 … 120
### 能力测试题 … 120

## 任务11 梁标准构造详图绘制 … 122
### 11.1 绘制内容 … 122
### 11.2 绘制案例 … 123
### 11.3 绘制要点 … 128
### 能力测试题 … 129

## 任务12 板标准构造详图绘制 … 131
### 12.1 绘制内容 … 131
### 12.2 绘制案例 … 132
### 12.3 绘制要点 … 135
### 能力测试题 … 136

## 任务13 结构详图标准构造绘制 … 138
### 13.1 绘制内容 … 138
### 13.2 绘制案例 … 138
### 13.3 绘制要点 … 141
### 能力测试题 … 142

# 第3部分 1+X建筑工程识图职业技能证书土建施工（结构）类

## 任务14 人防地下室结构施工图识读 … 149
### 14.1 图纸形成 … 150
### 14.2 图示内容 … 150
### 14.3 人防结构构造要求 … 151
### 14.4 小结 … 152

## 任务15 建筑设备专业条件图识读 … 153
### 15.1 图纸形成 … 153
### 15.2 图示内容 … 153

| 15.3 | 小结 | 154 |

## 第4部分　中望CAD简明教程

**任务16　图形绘制** ... 157
- 16.1　绘直线 ... 157
- 16.2　绘圆 ... 158
- 16.3　绘圆弧 ... 159
- 16.4　绘椭圆和椭圆弧 ... 162
- 16.5　绘制点 ... 163
- 16.6　徒手画线 ... 165
- 16.7　绘制圆环 ... 166
- 16.8　绘矩形 ... 166
- 16.9　绘正多边形 ... 167
- 16.10　多段线 ... 168
- 16.11　绘迹线 ... 170
- 16.12　绘制射线 ... 170
- 16.13　绘制构造线 ... 171
- 16.14　绘制样条曲线 ... 171
- 16.15　小结 ... 172

**任务17　编辑对象** ... 173
- 17.1　选择对象 ... 173
- 17.2　夹点命令 ... 176
- 17.3　常用编辑命令 ... 179
- 17.4　编辑对象属性 ... 194
- 17.5　清理及核查 ... 195
- 17.6　小结 ... 196

**任务18　尺寸标注** ... 197
- 18.1　尺寸标注的组成 ... 197
- 18.2　尺寸标注的设置 ... 197
- 18.3　尺寸标注命令 ... 203
- 18.4　尺寸标注编辑 ... 213
- 18.5　小结 ... 215

**参考文献** ... 216

**附录　综合实训** ... 217

# 第1部分　结构施工图识读

1. 结构施工图的组成

结构施工图是表示建筑物的结构类型；各类构件的布置、截面配筋、结构构造、施工要求的图样，简称"结施"。

结构施工图一般包括结施图纸目录、结构设计总说明、基础施工图、柱施工图、剪力墙施工图、梁施工图、板施工图、结构详图。

2. 平法制图规则

结构施工图采用平面整体表示方法时，为确保设计和施工质量，制定了平面整体表示方法制图规则，简称"平法制图规则"或"平法"。

平法制图规则适用于现浇混凝土结构的基础、柱、剪力墙、梁、板、楼梯等构件的结构施工图。

按照平法设计绘制的结构施工图，由各类结构构件的平法施工图和标准构造详图两大部分构成，两者必须相互结合。

识读结构施工图的前提是必须熟悉平法制图规则和结构标准构造的要求。

3. 结构施工图的识读方法

首先识读建筑施工图，掌握建筑物的总体布局、外部造型、内部布置、细部构造、内外装饰和施工要求后，再进行结构施工图的识读。

识读结构施工图，按照以下步骤，由浅入深逐步熟悉图纸表述的内容：

（1）查看目录。识读结构施工图的图纸目录，查看编号及图名，掌握结构施工图的图纸数量、图纸组成。

（2）翻阅全图。按照图纸目录的编号顺序，从结构设计总说明开始，到基础施工图、柱施工图、剪力墙施工图、梁施工图、板施工图、结构详图，进行翻阅，先粗看一遍，大致了解结构施工图的图纸内容。

（3）细看图纸。仔细阅读每张图纸，理解图纸中表述的设计意图，熟悉建筑结构施工的内容和要求。

（4）对照看图。图纸之间应相互对照综合识读，将结构设计总说明中的要求与各类构件施工图、基础与柱施工图、基础与剪力墙施工图、柱与梁施工图、梁与板施工图等相对照，不断深入熟悉并掌握本工程各类结构构件和非结构构件的布置、截面配筋、结构构造和施工要求。

高层商务大厦施工图

4. 识读示例

本书引入高层商务大厦的结构施工图，结合建筑施工图，对结构施工图的图纸目录进行识读，了解工程结构施工图的组成。

(1) 查看图纸数量。结构施工图共计 36 张，其中通用图 4 张。

(2) 查看图纸大小。结构施工图基本采用 A1 图幅，墙身大样采用 A1 加长图幅，绿建专篇采用 A3 图幅。

(3) 查看图纸组成。结通 01~04：结构设计说明共 4 张；结施 01~03：基础施工图共 3 张；结施 04~07：地下室梁板施工图共 4 张；结施 08~12：墙柱施工图共 5 张；结施 13~19：上部结构板施工图共 7 张；结施 20~24：上部结构梁施工图共 5 张；结施 25~31：结构详图共 7 张；结施 32：绿建专篇。

从目录表中，可以知道工程地下 2 层，地上 11 层，采用桩基础，二层到十一层楼板采用装配式叠合板。

# 任务 1

# 结构设计总说明识读

**【知识与能力目标】** 能结合建筑施工图,掌握工程概况、设计依据等;能掌握建筑结构安全等级、建筑抗震设防类别、抗震设防标准;能掌握结构类型、结构抗震等级、主要荷载取值、结构材料、结构构造等。

## 1.1 图 纸 形 成

结构设计总说明:以文字为主,表达图样中无法表达清楚且带有全局性的结构设计内容。

结构设计总说明主要包括工程概况、设计依据、主要荷载取值、主要结构材料、基础及地下室工程、结构构造要求、其他施工要求。

结构设计总说明反映结构设计专业的总体施工要求,对施工过程具有控制和指导作用,同时也为施工人员了解设计意图提供依据。

## 1.2 图 示 内 容

结构设计总说明中表达的内容以文字为主、结构构造详图为辅。

结构构造详图应按现行国家标准《房屋建筑制图统一标准》(GB/T 50001—2017)、《建筑制图标准》(GB/T 50104—2010)、《建筑结构制图标准》(GB/T 50105—2010)的要求绘制。绘制比例常采用1:20、1:25、1:30、1:40或1:50。

结构设计总说明中表达的内容,按照内容的主次关系,其识读顺序详见表1.1。

表 1.1　　　　　　　　　　结构设计总说明的内容

| 序号 | 类别 | 主 要 内 容 |
|---|---|---|
| 1 | 工程概况 | (1) 工程名称、建设地点、建设单位。<br>(2) 结构层数、房屋高度。<br>(3) 建筑分类:设计使用年限、建筑结构安全等级、地基基础设计等级、建筑抗震设防类别、结构类型及抗震等级、人防工程类别和防护等级、建筑防火分类和耐火等级、混凝土构件的环境类别等。<br>(4) 设计标高、地下室抗浮水位标高 |

续表

| 序号 | 类别 | 主要内容 |
|---|---|---|
| 2 | 设计依据 | (1) 自然条件：基本风压、地面粗糙度、基本雪压等。<br>(2) 抗震设防烈度、设计基本地震加速度、设计地震分组等。<br>(3) 结构设计采用的主要规范、标准、法规、图集等。<br>(4) 结构计算模型：嵌固部位和底部加强区范围等。<br>(5) 工程地质勘察报告。<br>(6) 结构设计计算程序等 |
| 3 | 主要荷载取值 | (1) 楼屋面活荷载。<br>(2) 墙体荷载。<br>(3) 栏杆荷载。<br>(4) 风荷载、雪荷载。<br>(5) 其他荷载 |
| 4 | 主要结构材料 | (1) 混凝土强度等级、抗渗等级、耐久性要求、预搅拌混凝土要求。<br>(2) 钢筋的种类及性能要求。<br>(3) 砌体中块体和砂浆的种类及等级、砌体结构施工质量控制等级、预搅拌砂浆要求。<br>(4) 钢材、焊条、预埋件、螺栓要求。<br>(5) 装配式结构连接材料的种类及要求 |
| 5 | 基础及地下室工程 | (1) 基础形式、基础持力层、检测要求。<br>(2) 采用桩基时明确桩型、桩径、桩长、桩端持力层及进入深度、设计单桩承载力特征值（抗压、抗拔）、试桩及检测要求等。<br>(3) 不良地基的处理措施及技术要求。<br>(4) 地下室抗浮措施、降水要求。<br>(5) 基坑回填要求。<br>(6) 大体积混凝土的施工要求 |
| 6 | 结构构造要求 | (1) 混凝土构件的环境类别及其最外层钢筋的保护层厚度。<br>(2) 钢筋锚固长度、连接方式及要求。<br>(3) 各类结构构件（梁、柱、剪力墙、板等）的构造要求。<br>(4) 非结构构件（填充墙等）的构造要求。<br>(5) 装配式连接节点构造要求 |
| 7 | 其他施工要求 | (1) 预埋件、预留孔洞等统一要求。<br>(2) 后浇带、施工缝、起拱、拆模等施工要求。<br>(3) 预制构件、装配式施工要求。<br>(4) 涉及危险性较大的工程重点部位和环节。<br>(5) 其他要求 |

## 1.3 结构构造基本要求

**1. 混凝土结构环境类别**

混凝土结构随时间发展，表面可能出现酥裂、粉化、锈胀裂缝等材料劣化现象，进一步发展还会引起构件承载力问题，甚至发生破坏，因此混凝土结构设计应满足耐久性的要求。不同环境条件下，构件中钢筋的混凝土保护层厚度和耐久性技术措施都有不同要求,根据现行混凝土结构设计规范,混凝土结构暴露的环境(混凝土结构表面所处的环境)类别应按表1.2进行划分。

表1.2　　　　　　　　　　　混凝土结构的环境类别

| 环境类别 | 条　件 |
|---|---|
| 一 | 室内干燥环境;<br>无侵蚀性静水浸没环境 |
| 二a | 室内潮湿环境;<br>非严寒和非寒冷地区的露天环境;<br>非严寒和非寒冷地区与无侵蚀性的水或土壤直接接触的环境;<br>严寒和寒冷地区的冰冻线以下与无侵蚀性的水或土壤直接接触的环境 |
| 二b | 干湿交替环境;<br>水位频繁变动环境;<br>严寒和寒冷地区的露天环境;<br>严寒和寒冷地区冰冻线以上与无侵蚀性的水或土壤直接接触的环境 |
| 三a | 严寒和寒冷地区冬季水位变动区环境;<br>受除冰盐影响环境;<br>海风环境 |
| 三b | 盐渍土环境;<br>受除冰盐作用环境;<br>海岸环境 |
| 四 | 海水环境 |
| 五 | 受人为或自然的侵蚀性物质影响的环境 |

注　1. 室内潮湿环境是指构件表面经常处于结露或湿润状态的环境。
　　2. 严寒和寒冷地区的划分应符合现行国家标准《民用建筑热工设计规范》(GB 50176—2016)的有关规定。
　　3. 海岸环境和海风环境宜根据当地情况,考虑主导风向及结构所处迎风、背风部位等因素的影响,由调查研究和工程经验确定。
　　4. 受除冰盐影响环境是指受到除冰盐盐雾影响的环境;受除冰盐作用环境是指被除冰盐溶液溅射的环境以及使用除冰盐地区的洗车房、停车楼等建筑。

表1.2中的"干湿交替"主要指室内潮湿、室外露天、地下水浸润、水位变动的环境。由于水和氧的反复作用,容易引起钢筋锈蚀和混凝土材料劣化。"非严寒和非寒冷地区"与"严寒和寒冷地区"的区别主要在于有无冰冻及冻融循环现象。

滨海室外环境与盐渍土地区的地下结构、北方城市冬季依靠喷洒盐水消除冰雪而对立交桥、周边结构及停车楼,都可能造成钢筋腐蚀的影响。这些都属于三类环境。

设计人员通常在结构设计总说明中明确该工程的环境类别。

2. 混凝土保护层厚度

为保证握裹层混凝土对受力钢筋有效锚固,以及混凝土结构耐久性的要求,混凝土保护层厚度的规定如下:

(1) 构件中受力钢筋的保护层厚度不应小于钢筋的公称直径$d$。

(2) 设计使用年限为50年的混凝土结构,最外层钢筋的保护层厚度应符合表1.3的规定;设计使用年限为100年的混凝土结构,最外层钢筋的保护层厚度不应小于表1.3中数值的 1.4 倍。[注：最外层钢筋的保护层厚度指最外层钢筋（包括箍筋、构造筋、分布筋等）的外边缘到构件表面的距离。]

表 1.3　　　　　　　　　混凝土保护层的最小厚度 $e$　　　　　　　　　单位：mm

| 环境类别 | 板、墙、壳 | 梁、柱、杆 | 环境类别 | 板、墙、壳 | 梁、柱、杆 |
| --- | --- | --- | --- | --- | --- |
| 一 | 15 | 20 | 三 a | 30 | 40 |
| 二 a | 20 | 25 | 三 b | 40 | 50 |
| 二 b | 25 | 35 | | | |

注　1. 混凝土强度等级不大于 C25 时，表中保护层厚度数值应增加 5mm。
　　2. 钢筋混凝土基础宜设置混凝土垫层，基础中钢筋的混凝土保护层厚度应从垫层顶面算起，且不应小于 40mm。
　　3. 四类和五类环境的具体要求由相应标准规范解决，此处不作规定。

当梁、柱、墙中纵向受力钢筋的保护层厚度大于 50mm 时，宜对保护层采取有效的构造措施。当在保护层内配置防裂、防剥落的钢筋网片时，网片钢筋的保护层厚度不应小于 25mm。

3. 锚固长度

受力钢筋依靠其表面与混凝土的黏结作用或端部构造的挤压作用而达到设计承受应力所需的长度，称为锚固长度。

(1) 当计算中充分利用钢筋的抗拉强度时，受拉钢筋的基本锚固长度 $l_{ab}$ 取决于钢筋强度、混凝土抗拉强度、钢筋直径 $d$、钢筋外形等因素，可按表 1.4 选用。

表 1.4　　　　　　　　　受拉钢筋的基本锚固长度 $l_{ab}$

| 钢筋种类 | 混凝土强度等级 | | | | | | | | |
| --- | --- | --- | --- | --- | --- | --- | --- | --- | --- |
| | C20 | C25 | C30 | C35 | C40 | C45 | C50 | C55 | ≥C60 |
| HPB300 | 39$d$ | 34$d$ | 30$d$ | 28$d$ | 25$d$ | 24$d$ | 23$d$ | 22$d$ | 21$d$ |
| HRB400<br>HRBF400 | — | 40$d$ | 35$d$ | 32$d$ | 29$d$ | 28$d$ | 27$d$ | 26$d$ | 25$d$ |
| HRB500<br>HRBF500 | — | 48$d$ | 43$d$ | 39$d$ | 36$d$ | 34$d$ | 32$d$ | 31$d$ | 30$d$ |

(2) 受拉钢筋的锚固长度 $l_a = \zeta_a l_{ab}$ 且不应小于 200mm。$\zeta_a$ 是锚固长度修正系数，与锚固条件相关，当锚固条件符合表 1.5 的情况时，按规定取用，多于一项时，可按连乘计算，但不应小于 0.6。

表 1.5　　　　　　　　　受拉钢筋锚固长度修正系数 $\zeta_a$

| 锚固条件 | | $\zeta_a$ | |
| --- | --- | --- | --- |
| 带肋钢筋的公称直径大于 25mm | | 1.10 | |
| 环氧树脂涂层带肋钢筋 | | 1.25 | |
| 施工过程中易受扰动的钢筋 | | 1.10 | |
| 锚固区保护层厚度 | 3$d$ | 0.80 | 中间时按内插法取值 |
| | 5$d$ | 0.70 | （$d$ 为锚固钢筋直径） |

实际工程中锚固条件通常都不属于表 1.5 所列的范围,此时 $\zeta_a$ 为 1.0,受拉钢筋的锚固长度 $l_a$ 就等于基本锚固长度 $l_{ab}$,此处不再列 $l_a$ 的选用表。

(3) 混凝土结构中的纵向受压钢筋,当计算中充分利用其抗压强度时,锚固长度不应小于相应受拉锚固长度的 70%,且不应采用末端弯钩和一侧贴焊锚筋的锚固措施。

4. 抗震等级

根据结构类型、设防烈度、房屋高度等,将钢筋混凝土房屋建筑划分为不同抗震等级进行抗震设计,对应各自等级的抗震要求。其中,房屋高度指室外地面到主要屋面板板顶的高度(不包括局部突出屋顶部分)。

现浇钢筋混凝土房屋(丙类建筑)的抗震等级见表 1.6。

表 1.6 现浇钢筋混凝土房屋(丙类建筑)的抗震等级

| 结构类型 | | 抗震烈度 | | | | | | |
|---|---|---|---|---|---|---|---|---|
| | | 6 | | 7 | | 8 | | 9 |
| 框架结构 | 高度/m | ≤24 | >24 | ≤24 | >24 | ≤24 | >24 | ≤24 |
| | 框架 | 四 | 三 | 三 | 二 | 二 | 一 | 一 |
| | 大跨度框架 | 三 | | 二 | | 一 | | 一 |
| 框架-剪力墙结构 | 高度/m | ≤60 | >60 | ≤24 | 25~60 | >60 | ≤24 | 25~60 | >60 | ≤24 | 25~50 |
| | 框架 | 四 | 三 | 四 | 三 | 二 | 三 | 二 | 一 | 二 | 一 |
| | 剪力墙 | 三 | | 三 | | 二 | 二 | | 一 | 一 | |
| 剪力墙结构 | 高度/m | ≤80 | >80 | ≤24 | 25~80 | >80 | ≤24 | 25~80 | >80 | ≤25 | 25~60 |
| | 剪力墙 | 四 | 三 | 四 | 三 | 二 | 三 | 二 | 一 | 二 | 一 |
| 部分框支剪力墙结构 | 高度/m | ≤80 | >80 | ≤24 | 25~80 | >80 | ≤24 | 25~80 | | |
| | 剪力墙 一般部位 | 四 | 三 | 四 | 三 | 二 | 三 | 二 | | |
| | 剪力墙 加强部位 | 三 | 二 | 三 | 二 | 一 | 二 | 一 | | |
| | 框支层框架 | 二 | | 二 | | 一 | 一 | | | |
| 框架-核心筒结构 | 框架 | 三 | | 二 | | 一 | | | |
| | 核心筒 | 二 | | 二 | | 一 | | | |
| 筒中筒结构 | 内筒 | 三 | | 二 | | 一 | | | |
| | 外筒 | 三 | | 二 | | 一 | | | |
| 板柱-剪力墙结构 | 高度/m | ≤35 | | >35 | | ≤35 | >35 | | |
| | 框架、板柱的柱 | 三 | | 二 | | 二 | 一 | | |
| | 剪力墙 | 二 | | 二 | | 二 | 一 | | |

注 1. 应按照规定调整设防标准后所对应的烈度确定抗震等级。
2. 接近或等于高度分界时,应允许结合房屋不规则程度及场地、地基条件确定抗震等级。
3. 大跨度框架指跨度不小于 18m 的框架。
4. 高度不大于 60m 的框架-核心筒结构按照框架-剪力墙结构要求设计时,应按表中框架-剪力墙结构的规定确定其抗震等级。

### 5. 抗震锚固长度

（1）为保证抗震设计时钢筋与混凝土间的黏结锚固性能，规定受拉钢筋的抗震基本锚固长度 $l_{abE} = \zeta_{aE} l_{ab}$ 可按表 1.7 选用。$\zeta_{aE}$ 是抗震锚固长度修正系数，一、二级抗震等级取 1.15，三级抗震等级取 1.05，四级抗震等级取 1.00。

表 1.7　　　　　　　　　　受拉钢筋的抗震基本锚固长度 $l_{abE}$

| 钢筋种类 | | 混凝土强度等级 | | | | | | | | |
|---|---|---|---|---|---|---|---|---|---|---|
| | | C20 | C25 | C30 | C35 | C40 | C45 | C50 | C55 | ≥C60 |
| HPB300 | 一、二级 | 45d | 39d | 35d | 32d | 29d | 28d | 26d | 25d | 24d |
| | 三级 | 41d | 36d | 32d | 29d | 26d | 25d | 24d | 23d | 22d |
| HRB400<br>HRBF400 | 一、二级 | — | 46d | 40d | 37d | 33d | 32d | 31d | 30d | 29d |
| | 三级 | — | 42d | 37d | 34d | 30d | 29d | 28d | 27d | 26d |
| HRB500<br>HRBF500 | 一、二级 | — | 55d | 49d | 45d | 41d | 39d | 37d | 36d | 35d |
| | 三级 | — | 50d | 45d | 41d | 38d | 36d | 34d | 33d | 32d |

注 1. 四级抗震时，$l_{abE} = l_{ab}$。
　　2. 当锚固钢筋的保护层厚度不大于 $5d$ 时，锚固钢筋长度范围内应配置横向构造钢筋，其直径不应小于 $d/4$（$d$ 为锚固钢筋的最大直径）；对梁、柱等构件间距不应大于 $5d$，对板、墙等构件间距不应大于 $10d$（$d$ 为锚固钢筋的最小直径），且均不应大于 100mm。

（2）受拉钢筋的抗震锚固长度 $l_{aE} = \zeta_a l_{abE}$ 是锚固长度修正系数，按表 1.5 取值。同前所述，此处不再列 $l_{aE}$ 的选用表。

### 6. 钢筋连接

钢筋连接可采用绑扎搭接、焊接连接或机械连接。连接接头宜设置在受力较小处，在同一根受力钢筋上宜少设接头，在结构的重要构件和关键传力部位，纵向受力钢筋不宜设置连接接头。

（1）绑扎搭接接头。绑扎搭接的工作原理是通过钢筋与混凝土之间的黏结力来传递内力。为保证受力钢筋的传力性能，纵向受拉钢筋绑扎搭接接头应有一定的搭接长度。

纵向受拉钢筋搭接长度 $l_l = \zeta_l l_a$，纵向受拉钢筋的抗震搭接长度 $l_{lE} = \zeta_l l_{aE}$。

表 1.8　纵向受拉钢筋搭接长度修正系数 $\zeta_l$

| 纵向钢筋搭接接头面积百分率/% | ≤25 | 50 | 100 |
|---|---|---|---|
| $\zeta_l$ | 1.2 | 1.4 | 1.6 |

$\zeta_l$ 是纵向受拉钢筋搭接长度修正系数，按表 1.8 确定。当纵向钢筋搭接接头面积百分率为表 1.8 的中间值时，修正系数可按内插取值。

绑扎搭接需要注意以下几点：

1）纵向钢筋搭接接头面积百分率为同一连接区段内有搭接接头的纵向受力钢筋与全部纵向受力钢筋截面面积的比值。绑扎搭接的同一连接区段长度为 1.3 倍搭接长度。

2）纵向钢筋搭接接头面积百分率：梁、板及墙类构件，不宜大于 25%；柱类构件，不宜大于 50%。当工程中确有必要增大受拉钢筋搭接接头面积百分率时，梁类构件，不宜大于50%；板、墙、柱及预制构件的拼接处，可根据实际情况放宽。

3) 当受拉钢筋直径大于25mm及受压钢筋直径大于28mm时，不宜采用绑扎搭接。

4) 轴心受拉及小偏心受拉构件中，纵向受力钢筋不得采用绑扎搭接。

(2) 焊接连接接头。纵向受力钢筋的焊接接头应相互错开。钢筋焊接接头连接区段的长度为 $35d$（$d$ 为连接钢筋的较小直径），且不小于500mm。

位于同一连接区段内的纵向受拉钢筋接头面积百分率不宜大于50%。受压钢筋接头面积百分率不受限制。

(3) 机械连接接头。纵向受力钢筋的机械连接接头宜相互错开。钢筋机械接头连接区段的长度为 $35d$（$d$ 为连接钢筋的较小直径），且不小于500mm。

位于同一连接区段内的纵向受拉钢筋接头面积百分率不宜大于50%；但对板、墙、柱及预制构件的拼接处，可根据实际情况放宽。纵向受压钢筋的接头百分率可不受限制。

7. 箍筋及拉筋弯钩构造

箍筋、拉筋的末端应按设计要求做弯钩，并应符合下列规定：

(1) 对一般结构构件，箍筋弯钩的弯折角度不应小于90°，弯折后平直段长度不应小于箍筋直径的5倍。柱箍筋应采用封闭式，有抗震设防要求或配有受压钢筋的梁也应采用封闭箍筋，梁、柱封闭箍筋的构造要求如图1.1所示。

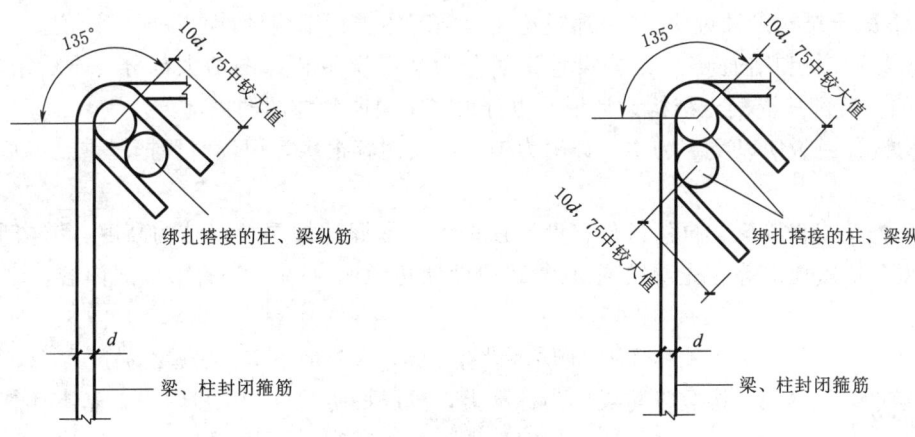

图1.1 封闭箍筋弯钩构造

注：非框架梁以及不考虑地震作用的悬挑梁，箍筋弯钩平直段长度可为 $5d$；当其受扭时，应为 $10d$。

(2) 圆形箍筋的搭接长度不应小于其受拉锚固长度，且两末端均应做不小于135°的弯钩，弯折后平直段长度对一般结构构件不应小于箍筋直径的5倍，对有抗震设防要求的结构构件不应小于箍筋直径的10倍和75mm的较大值。

(3) 拉筋用作梁、柱复合箍筋中单肢箍筋或梁腰筋间拉结筋时，两端弯钩的弯折角度均不应小于135°，弯折后平直段长度应符合(1)中对箍筋的有关规定，如图1.2所示；拉筋用作剪力墙、楼板等构件中拉结筋时，两端弯钩可采用一端135°、另一端90°，弯折后平直段长度不应小于拉筋直径的5倍。

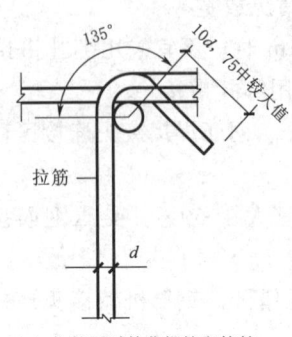 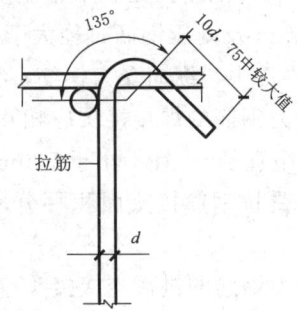 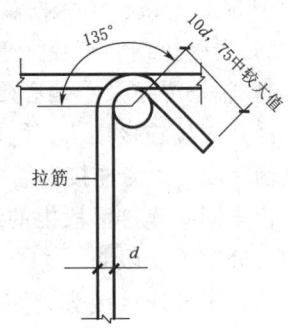

（a）拉筋同时钩住纵筋和箍筋　　（b）拉筋紧靠纵向钢筋并钩住箍筋　　（c）拉筋紧靠箍筋并钩住纵筋

图 1.2　拉筋弯钩构造

注：1. 非框架梁以及不考虑地震作用的悬挑梁，拉筋弯钩平直段长度可为 $5d$；当其受扭时，应为 $10d$。
　　2. 约束效果最好的是拉筋同时钩住主筋和箍筋，其次是拉筋紧靠纵向钢筋并钩住箍筋；当拉筋间距符合箍筋肢距的要求，纵筋与箍筋有可靠拉结时，拉筋也可紧靠箍筋并钩住纵筋。

## 1.4　识　读　案　例

高层商务大厦的结构设计总说明，总共有 4 张施工图：结通 01"结构设计总说明一"、结通 02"结构设计总说明二"、结通 03"装配式混凝土结构设计说明一"和结通 04"装配式混凝土结构设计说明二"。通过这 4 幅施工图进行结构设计总说明的识读。

先看结通 01 和结通 02，结构设计说明分为文字说明和详图两大部分；再看结通 03 和结通 04，装配式混凝土结构设计说明也分为文字说明和详图两大部分。

结构设计总说明以文字为主，详图为辅，涉及内容很广，识读时要把握重点，基本步骤如下：

（1）查看工程概况、自然条件、设计依据等，掌握结构层数、结构高度、结构形式、基础类型、抗震要求等。先看结通 01"结构设计总说明（一）"的第 1 列内容，掌握以下内容：

高层商务大厦施工图

1）该工程地上 11 层、设有 2 层非人防地下室，房屋总高度为 52.550m。

2）抗震设防类别为标准类，抗震设防烈度为 7 度（设计基本地震加速度为 0.10g），场地土类别为Ⅲ类，该工程采用框架-剪力墙结构体系，框架抗震等级为三级、剪力墙抗震等级为二级。地下室抗震等级同上部主体。

3）嵌固端在地下室顶板。

4）地下室抗浮水位为室外地坪以下 0.5m。

5）结构安全等级为二级，设计使用年限为 50 年。该工程相对标高±0.000 相当于绝对标高 6.200m。

还可了解到该工程的基本风压、基本雪压、地质勘察报告、地基基础等级、结构设计规范、设计软件等。

需要注意，每个工程的结构设计都是按照建施图中注明的功能进行设计，因此必须按此使用，未经技术鉴定或设计许可，不得改变结构的用途和使用环境。

(2) 查看主要荷载，掌握不同部位楼屋面设计允许活荷载。查看结通 01 第 1 列 "七、设计采用的均布活荷载标准值"，明确不同功能的房间楼面活荷载、屋面活荷载、地下室顶板室内和室外临时施工堆载限值等，注意地下室顶板覆土厚度的要求、施工荷载不得超过设计活荷载。

(3) 查看主要结构材料，掌握钢筋、混凝土、砌体的材料要求。查看结通 01 第 2 列 "九、主要结构材料"，明确钢筋采用 HPB300 级和 HRB400 级钢，该工程框架抗震等级为三级，因此框架梁、框架柱的纵向受力钢筋采用抗震带 E 牌号的钢筋，其他部分采用普通钢筋。混凝土除垫层、圈梁和构造柱等以外，地下室和地上部分的混凝土强度等级详见后面施工图。填充墙±0.000 以上外墙采用 MU10 页岩普通多孔砖，内墙采用 A5.0 加气混凝土砌块等。

(4) 查看基础及地下室工程要求，掌握基坑开挖、基础施工、沉降观测等要求。查看结通 01 第 1 列 "八、地基基础" 和结通 02 第 1 列 "9、地下室""十二、基坑开挖"，明确沉降观测点设置和观测时间要求、挖土顺序、验槽要求、回填土要求，必须待上部主体结构三层施工完毕后才能回填和停止基坑降水等，基础具体说明在基础施工图中识读。

(5) 查看结构构造要求，掌握保护层厚度、钢筋连接、钢筋锚固、梁板构造、柱墙构造、填充墙构造等结构构造要求的内容相当广泛，大部分属于通用的结构标准构造要求，适用于任何工程，熟悉通用构造要求以后，识读这部分内容就能驾轻就熟，比如钢筋连接和锚固的常规构造要求、现浇楼板要求 "双向板的钢筋，短跨钢筋置于外侧，长跨钢筋置于内侧"。

还有一部分是该工程特有的构造要求，需要特别关注，比如填充墙构造中关于 "(16) 窗间长度不大于 1.2m 的独立填充墙" 的构造做法。

查看文字说明时，还需要结合构造详图一起识读。

(6) 查看其他，掌握该工程的其他施工要求。查看结通 02 第 1 列 "十一、混凝土施工" 和 "十三、其他"，掌握混凝土施工要求、地下室超长结构混凝土施工要求、后浇带构造做法等。

由于该工程主楼采用装配式混凝土结构施工，因此还需要识读结通 03 "装配式混凝土结构设计总说明一" 和结通 04 "装配式混凝土结构设计总说明二"，明确该工程的预制构件类型有预制叠合板、预制叠合梁、预制楼梯；掌握预制构件的制作及检验、运输、堆放、吊装、连接、套筒灌浆等要求。

## 1.5 识 读 要 点

掌握结构设计总说明的基本识读方法以后，还需要反复练习，结合工程实际灵活应用，才能融会贯通、提升结构设计总说明的识读技巧。

识读结构设计总说明与建筑设计总说明存在相同之处，都需要熟悉总说明的内容分类和表达顺序，注意区分通用技术措施的适用范围，仔细识读适用该工程的定制要求。

此外，结构设计总说明中的内容，需要特别关注以下要点，必须深刻理解才能正确应用。

1. 纵向受力钢筋的材料

设计规范规定：抗震等级为一级、二级、三级的框架结构和斜撑构件（含梯段），其纵向受力钢筋采用普通钢筋时，钢筋的抗拉强度实测值与屈服强度实测值的比值不应小于1.25；钢筋的屈服强度实测值与屈服强度标准值的比值不应大于1.3，且钢筋在最大拉力下的总伸长率实测值不应小于9%。这是为了保证构件塑性铰处有足够的转动能力与耗能能力，实现强柱弱梁、强剪弱弯所规定的内力调整，属于强制性条文，必须严格执行。

实际工程中，可以选择产品标准中带"E"编号的钢筋，均符合上述抗震性能指标。

需要注意，剪力墙和筒体构件的钢筋、楼（屋）面板中的钢筋、基础中的钢筋、抗震等级为四级的框架结构纵向受力钢筋以及框架结构中的箍筋均无须采用带"E"编号的钢筋。

2. 抗震等级

当建筑物体型较为复杂时，同一工程结构可能存在不同抗震等级。

(1) 对于高层建筑，当地下室顶板作为上部结构的嵌固端时，地下一层相关范围的抗震等级应按上部结构采用，地下一层以下抗震构造措施的抗震等级可逐层降低一级，但不应低于四级；地下室中无上部结构的部分，其抗震等级可根据具体情况采用三级或四级。

(2) 裙房与主楼之间设缝时，裙房与主楼是两个单体，裙房抗震等级按照裙房本身确定。

(3) 裙房与主楼相连未设缝时，除应按裙房本身确定外，裙房与主楼相连的相关范围不应低于主楼的抗震等级，相关范围一般可从主楼周边外延3跨且不小于20m。相关范围以外的部分按照裙房自身确定。主楼结构在裙房顶板对应的相邻上、下各一层应适当加强抗震构造措施。

(4) 局部跨度不小于18m的框架称为大跨度框架，需要单独确定抗震等级。

此外，还需要注意剪力墙构件的抗震等级。对于剪力墙墙身的抗震等级，一般不会弄错，但是对于剪力墙墙柱（边缘构件、非边缘暗柱、扶壁柱）、墙梁的抗震等级，经常会与框架柱、框架梁抗震等级混淆。剪力墙构件包括墙身、墙柱、墙梁，因此剪力墙墙柱、墙梁（含连梁）的抗震等级均应采用剪力墙的抗震等级，而不是采用框架的抗震等级。

3. 连接区段长度的确定

连接区段长度计算时应特别注意钢筋直径的取值。

图1.3中，结构构件中纵筋分两批连接，其中接头1为$\Phi$16钢筋与$\Phi$18钢筋连接，计算$l_{l1}$时钢筋直径取16mm；接头2为$\Phi$20钢筋与$\Phi$22钢筋连接，计算$l_{l2}$时钢筋直径取20mm；计算连接区段长度$1.3l_l$和两批连接

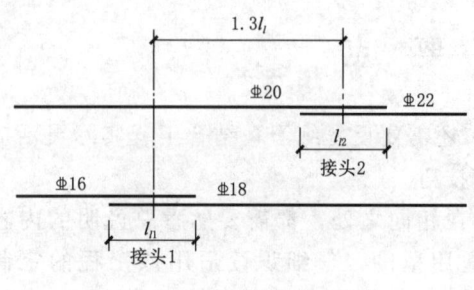

图1.3 钢筋的搭接连接

接头应错开的长度 $0.3l_l$ 时,其 $l_l$ 值取 $l_{l1}$ 和 $l_{l2}$ 的大值,也就是此时钢筋直径取 16mm 和 20mm 的较大钢筋直径,即 20mm。考虑抗震时上述的 $l_l$ 修改为 $l_{lE}$。

4. 连接接头面积百分率

(1) 凡接头中点位于该连接区段长度内的接头均属于同一连接接头。

(2) 梁、板构件按一侧纵向受拉钢筋面积计算。

(3) 柱和剪力墙构件按照全截面钢筋面积计算。

(4) 直径不同的钢筋连接时,该接头钢筋面积按照两者的较小直径计算。

5. 钢筋锚固长度

(1) 钢筋锚固长度计算时,应采用钢筋锚固区的混凝土强度等级确定钢筋的锚固长度。如框架梁混凝土强度等级为 C30,框架柱混凝土强度等级为 C40,框架梁纵筋在框架柱内的锚固长度应按混凝土强度等级 C40 计算。

(2) 基础梁板钢筋、上部楼(屋)面板中的钢筋、非框架梁钢筋、悬臂梁钢筋,当充分利用其强度时的锚固长度均按 $l_a$($l_{ab}$)选用。

6. 施工顺序

(1) 带构造柱填充墙施工时,应先砌墙后浇筑钢筋混凝土构造柱。

(2) 当有与主楼连为整体的裙房时,为减少不均匀沉降,一般要求先施工主楼,在主楼与裙房的适当部位设置后浇带,待主楼主体结构封顶后再施工裙房,或采取其他有效措施。

(3) 裙房与主楼分离时,先施工主楼,待主楼主体结构封顶后再施工裙房。

(4) 当相邻建筑桩基持力层不同时,要求先施工持力层标高较低的桩。当既有挤土桩(如预制混凝土管桩)又有非挤土桩(如成孔灌注桩)时,先施工挤土桩(预制混凝土管桩),后施工非挤土桩(成孔灌注桩)。

(5) 当相邻建筑基础标高不同(且距离较近)时,要求先施工标高较低的单体。

(6) 地下室桩基一般先施工工程桩,后施工围护桩。围护桩一般先施工水泥搅拌桩后施工混凝土支护桩。

7. 其他

在施工中,当需要以强度等级较高的钢筋替代原设计中的纵向受力钢筋时,应按照钢筋受拉承载力相等的原则换算,以免造成薄弱部位的转移,以及构件在有影响的部位发生混凝土的脆性破坏。此外还应符合最小配筋率、钢筋间距等抗震构造要求,并应满足正常使用极限状态的变形和裂缝宽度限值。

# 能 力 测 试 题

**一、识读高层商务大厦的"结构设计总说明",完成下列单选题。**

1. 以下说法错误的是（　　）。

A. 结构类型为框架-剪力墙结构

B. 嵌固端为基础

C. 地上部分剪力墙抗震等级为二级

D. 地下室框架抗震等级为三级
2. 关于该工程中聚合物纤维膨胀剂说法正确的是（　　）。
A. 地下室混凝土掺量为8%
B. 地上主体部分后浇带混凝土掺量为12%
C. 混凝土掺入膨胀剂会产生适度膨胀，硬化过程中会增大干缩拉应力
D. 提高混凝土抗裂抗渗性能
3. 关于该工程填充墙做法错误的是（　　）。
A. 地下二层内墙采用水泥砂浆
B. 地下一层内墙采用混合砂浆
C. 三层外墙采用混合砂浆
D. 三层内墙采用专用砂浆
4. 关于该工程混凝土保护层厚度取值错误的是（　　）。
A. 承台底部最外侧钢筋：50mm
B. 地下室内底板最外侧的板面钢筋：40mm
C. 地下室外墙迎水面的竖向钢筋：40mm
D. 地下室顶板迎水面的梁箍筋：40mm
5. 关于该工程钢筋锚固的说法正确的是（　　）。
A. 框架柱纵筋的锚固长度应按受压钢筋锚固长度计算
B. 框架梁梁面纵筋的锚固长度应按抗震等级三级计算
C. 楼板板面筋的锚固长度应按抗震等级三级计算
D. 锚固长度不应小于200mm
6. 门窗过梁做法与该工程要求不符的是（　　）。
A. 混凝土强度等级为C25
B. 过梁长度为洞口宽度加500mm
C. 240mm厚墙体开洞、洞口宽度为900mm时，过梁不设箍筋
D. 120mm厚墙体开洞、洞口宽度为1200mm时，过梁底筋3⌀10
7. 该工程中未采用的一项是（　　）。
A. 预制叠合板
B. 预制叠合梁
C. 预制楼梯
D. 预制墙板
8. 预制构件叠放不符合该工程要求的是（　　）。
A. 楼板叠放层数不应大于6层
B. 梯板叠放层数不应大于6层
C. 梁叠放层数不宜超过2层
D. 各层支垫应上下对齐，最下面一层支垫应通长设置

二、识读高层商务大厦的"结构设计总说明"，完成下列多选题。
1. 该工程中采用抗震钢筋的是（　　）。

A. 框架柱纵筋
B. 框架柱箍筋
C. 框架梁侧向构造筋
D. 框架梁抗扭纵筋
E. 剪力墙竖向分布筋

2. 关于梁模板说法符合该工程要求的是（　　）。

A. 先支的先拆，后支的后拆
B. 先拆除非承重部位，后拆除承重部位
C. 先拆除侧板，后拆除底板
D. 悬臂梁模板起拱高度不小于20mm
E. 跨度6m的梁起拱高度为12mm

# 任务 2

# 基础施工图识读

**【知识与能力目标】**能结合建筑施工图，掌握工程概况、设计依据等；能掌握建筑结构安全等级、建筑抗震设防类别、抗震设防标准；能掌握结构类型、结构抗震等级、主要荷载取值、结构材料、结构构造等。

## 2.1 图 纸 形 成

基础施工图包括基础说明、基础平法施工图、基础详图。

1. 基础说明

基础说明以文字为主，表达基础类型、持力层、基础构件材料、基础验槽、基础检测等施工要求。当采用桩基础时，还应表达桩类型、桩身、桩长、桩端持力层、试桩、单桩承载力、桩端与承台连接等要求。

2. 基础平法施工图

基础平面图是在相对标高±0.000处用一个假想的水平剖切面将建筑物剖开，移去上部建筑物和覆盖土层后所作的水平投影图。基础平面图应将基础所支承的柱、墙一起绘制。

基础平法施工图是在基础平面布置图上采用平面注写方式或截面注写方式表达基础构件的截面尺寸、定位及配筋。

基础平面布置图应将全部基础构件和其相关联的柱、墙一起绘制。

当采用桩基础时，还需绘制桩位平面图，标注桩中心的定位尺寸。

3. 基础详图

基础详图表达基础构件的截面尺寸、标高、配筋构造等。

基础说明是基础工程施工的纲领性文件，基础平法施工图是基础构件定位放线、施工的依据，基础详图是基础细部构造施工的重要依据，三者相互结合，才是完整的基础施工图。

## 2.2 图 示 内 容

基础施工图应按现行国家标准《房屋建筑制图统一标准》（GB/T 50001—2017）、《建筑制图标准》（GB/T 50104—2010）、《建筑结构制图标准》（GB/T 50105—2010）的要求绘制。

基础平面布置图绘制比例最常用的是 1：100，根据平面尺寸和图纸大小等具体情况也常采用 1：50、1：150、1：200 等。基础详图的绘制比例常采用 1：20、1：25、1：30、1：40 或 1：50。

基础平法施工图还应按照现行平法图集的制图规则绘制。为方便表达，图面从左到右为 X 向，从下到上为 Y 向。

基础平法施工图中表达的内容，按照内容主次关系、识读顺序详见表2.1。

表 2.1　　　　　　　　　　　基础施工图的图示内容

| 序号 | 类别 | | 主要内容 |
|---|---|---|---|
| 1 | 基础说明 | | (1) 基础类型。<br>(2) 基底持力层、地基承载力特征值。<br>(3) 基础板、基础梁、垫层、基础墙体等的材料要求。<br>(4) 回填土的处理措施与要求。<br>(5) 抗浮水位、基坑降水措施。<br>(6) 验槽要求、基础检测要求等施工要求 |
| 2 | 桩基说明 | | (1) 桩类型、桩身尺寸、桩长。<br>(2) 桩端持力层、桩端进入持力层深度。<br>(3) 单桩承载力（抗压、抗拔）。<br>(4) 桩身配筋、桩端与承台连接（可选用标准图集，也可绘制详图）。<br>(5) 试桩要求。<br>(6) 桩基检测：承载力检测、桩身质量检测等 |
| 3 | 基础平法施工图 | 轴网 | (1) 定位轴线和轴线编号。<br>(2) 轴线总尺寸、轴线间尺寸 |
| | | 上部竖向构件 | 基础承受的墙、柱轮廓 |
| | | 基础构件 | (1) 基础板轮廓（独立基础、条形基础、筏形基础、承台）。<br>(2) 基础梁轮廓 |
| | | 地沟及预留孔洞 | (1) 地沟、地坑。<br>(2) 基础构件中的预留孔洞等 |
| | | 标注 | (1) 基础构件的定位尺寸。<br>(2) 基础构件编号、截面尺寸、配筋、标高。<br>(3) 图名、比例 |
| 4 | 桩位平面图 | 轴网 | (1) 定位轴线和轴线编号。<br>(2) 轴线总尺寸、轴线间尺寸 |
| | | 桩 | 桩身轮廓<br>注：为表述清晰，也可用虚线绘制出承台轮廓 |
| | | 标注 | (1) 桩型。<br>(2) 中心定位尺寸。<br>(3) 桩顶标高。<br>(4) 图名、比例 |
| 5 | 基础构造详图 | | (1) 基础构件标准构造详图：详见平法图集。<br>(2) 电梯基坑、地下室坡道、集水井、排水沟等详图 |

基础标准构造详图包括各种类型的基础构造，根据具体要求选用。在 3.4 小节中会介绍主要标准构造详图，此处不再列出。

## 2.3 平法制图规则

平法制图规则按照基础类型不同，分为独立基础、条形基础、梁板式筏形基础、平板式筏形基础、桩基础。

1. 独立基础

独立基础平法施工图有平面注写和截面注写两种表达方式，下面介绍目前常用的平面注写方式。

（1）独立基础类型。独立基础的编号由类型代号和序号组成，见表2.2。类型代号的主要作用是指明所选用的标准构造详图。

表2.2　　　　　　　　　　独立基础编号

| 类　型 | 基础底板截面形状 | 代　号 | 序　号 |
|---|---|---|---|
| 普通独立基础 | 阶形 | $DJ_J$ | ×× |
| | 坡形 | $DJ_P$ | ×× |
| 杯口独立基础 | 阶形 | $BJ_J$ | ×× |
| | 坡形 | $BJ_P$ | ×× |

（2）独立基础的平面注写方式。独立基础的平面注写方式分为集中标注和原位标注。

独立基础的集中标注是在基础平面图上集中引注五项内容，其中前三项为必注内容，详见表2.3。

表2.3　　　　　　　　　　独立基础的集中标注内容

| 序号 | 类　别 | 主　要　内　容 | |
|---|---|---|---|
| 1 | 基础编号 | 基础类型代号和序号 | |
| 2 | 截面竖向尺寸 | 自下而上依次注写各段尺寸，用"/"分隔 | （1）阶形基础注写为 $h_1/h_2/\cdots\cdots$<br>（2）坡形基础注写为 $h_1/h_2$ |
| 3 | 底板配筋 | （1）用B表示底部配筋：X向配筋以X打头，Y向配筋以Y打头；两向配筋相同时，以X&Y打头注写。<br>（2）多柱独立基础设置基础顶部配筋时，用T表示顶部配筋：依次注写双柱间纵向受力钢筋、分布钢筋，用"/"分隔 | |
| 4 | 底面标高 | 当底面标高与基准标高不同时，直接注写在"（　　）"内 | |
| 5 | 文字注解 | 当有特殊要求时，注写必要的文字注解 | |

多柱独立基础当柱距较小时，可仅配置基础底部钢筋。当柱距较大时，可在两柱间设置基础梁或基础顶部配筋。当设置基础顶部配筋时，纵向受力钢筋分布在两柱中心线的两侧，当纵向受力钢筋在顶面非满布时，应注明其总根数，例如12⊕16@150/⊕10@200。

独立基础的原位标注，是注写基础与轴线间的关系、阶形基础的各阶宽等定位尺寸。对于相同编号的独立基础，定位尺寸相同的可选择其中一个进行原位标注。

2. 条形基础

条形基础平法施工图有平面注写和截面注写两种表达方式,下面介绍目前常用的平面注写方式。

条形基础有梁板式条形基础和板式条形基础。梁板式条形基础的平法施工图分解为基础梁和基础底板分别表达;板式条形基础适用于砌体结构和钢筋混凝土剪力墙结构,平法施工图仅表达基础底板。

当条形基础梁中心或基础板中心与定位轴线不重合时,应原位标注其定位尺寸。编号相同且定位尺寸相同的基础,可仅选择一个进行标注。

(1) 条形基础类型。平法施工图中,条形基础分为基础梁和条形基础底板两类构件,根据底板截面形状,又分为阶形和坡形。其代号规定须符合表 2.4 的规定。

表 2.4　　　　　　　　　　　　条形基础类型代号

| 类　型 | | 代　号 |
|---|---|---|
| 基础梁 | | JL |
| 条形基础底板 | 阶形 | $TJB_J$ |
| | 坡形 | $TJB_P$ |

(2) 基础梁的平面注写方式。基础梁的平面注写方式分为集中标注和原位标注,集中标注表达通用数值,原位标注表达特殊数值,施工时以原位标注优先。

基础梁集中标注(可从梁的任意一跨引出)的内容有六项,其中前四项为必注值,详见表 2.5。

表 2.5　　　　　　　　　　　　基础梁的集中标注内容

| 序号 | 类　别 | 主　要　内　容 |
|---|---|---|
| 1 | 基础梁编号 | 基础类型代号、序号、跨数及有无外伸代号,如 JL××(××) |
| 2 | 截面尺寸 | 截面宽度与高度 $b \times h$ |
| 3 | 箍筋 | (1) 箍筋间距仅一种时,注写钢筋级别、直径、间距与肢数。<br>(2) 箍筋间距采用两种时,依次注写两端箍筋、跨中箍筋,用"/"分隔,"/"前必须加注一端箍筋设置的道数 |
| 4 | 底部贯通纵筋或架立筋 | 以 B 打头注写,不应少于梁底部受力钢筋总截面面积的 1/3:<br>(1) 当跨中根数少于箍筋肢数时,跨中增设架立筋,采用"+"相连,注写在后面的括号内。<br>(2) 当基础梁顶部纵筋各跨或多数跨相同时,此项可加注梁顶贯通筋,用";"分隔,并以 T 打头注写梁顶部贯通筋 |
| 5 | 侧面纵向钢筋 | (1) 当基础梁腹板高度 $h_w \geqslant 450mm$ 时,需配置纵向构造钢筋,以 G 打头注写两侧总配筋值。<br>(2) 当配置抗扭纵向钢筋时,以 N 打头注写两侧总配筋值 |
| 6 | 底面标高 | 当底面标高与基准标高不同时,直接注写在"( )"内 |

注　1. 基础梁编号中的(××)代表无外伸,(××A)为一端有外伸,(××B)为两端有外伸,外伸端不计入跨数。
　　 2. 当纵筋多于一排时,用"/"将各排纵筋自上而下分开。
　　 3. 当同排纵筋有两种直径时,用"+"将两种直径的纵筋相连,注写时角部纵筋写在前面。

基础梁原位标注的内容有四项,详见表2.6,其中第3项为对集中标注的修正内容,施工时按原位标注数值取用。

表2.6　　　　　　　　　　　　基础梁的原位标注内容

| 序号 | 类别 | 主要内容 |
|---|---|---|
| 1 | 底部纵筋 | 支座处原位标注底部纵筋,包括集中注写的底部贯通纵筋。<br>(1)当支座两边的纵筋不同时,须在支座两边分别标注;当相同时,可仅在支座的一边标注。<br>(2)当与集中标注中注写相同时,可不再重复标注 |
| 2 | 顶部纵筋 | 跨中位置原位注写该跨顶部纵筋;当与集中标注中注写相同时,可不再重复标注 |
| 3 | 对集中标注的修正内容 | 集中标注的内容不适用某跨或外伸部分时原位标注:包括截面尺寸、箍筋、底部贯通筋或架立筋、侧面纵筋构造钢筋、底面标高,施工时按照原位标注数值取用 |
| 4 | 附加箍筋或吊筋 | 当基础主次梁交叉时,将附加箍筋或吊筋直接画在主梁上。<br>(1)用线引注总配筋值(附加箍筋的肢数注写在括号内)。<br>(2)当多数附加箍筋和吊筋相同时,可用文字统一说明,少数不同时原位引注 |

注　当基础梁外伸段采用变截面,根部和端部高度不同时,在该部位原位注写 $b \times h_1 / h_2$ 表示,其中 $h_1$ 为根部截面高度,$h_2$ 为尽端截面高度。

(3)条形基础底板的平面注写方式。条形基础底板简称条基底板。条基底板的平面注写方式分为集中标注和原位标注,集中标注表达通用数值,原位标注表达特殊数值,施工时以原位标注优先。

条基底板集中标注的内容有五项,其中前三项为必注,详见表2.7。

表2.7　　　　　　　　　　　　条基底板的集中标注内容

| 序号 | 类别 | 主要内容 |
|---|---|---|
| 1 | 条基底板编号 | 条基底板类型代号、序号、跨数及有无外伸代号:<br>阶形条基底板 TJB，××(××);坡形条基底板 TJB，××(××) |
| 2 | 截面竖向尺寸 | 自下而上依次注写各段尺寸,用"/"分隔 |
| 3 | 底板配筋 | (1)以 B 打头依次注写底部横向受力钢筋、纵向构造钢筋,用"/"分隔。<br>(2)当双梁(或双墙)条形基础时,以 T 打头依次注写顶部横向受力钢筋、纵向构造钢筋,用"/"分隔 |
| 4 | 底面标高 | 当底面标高与基准标高不同时,直接注写在"( )"内 |
| 5 | 文字注解 | 当有特殊要求时,注写必要的文字注解 |

条基底板的原位注写是标注底板的定位尺寸、对集中标注的修改内容。对于相同编号的条形基础,可选择一个进行原位标注。

当基础底板对称于基础梁时,可仅标注基础底板总宽度。当基础底板两侧宽度不同时,应同时标注两侧的宽度。

当集中标注的内容不适用某跨或外伸部分时，原位标注该内容数值，包括基础底板截面竖向尺寸、底板配筋、底板底面标高等内容。施工时按照原位标注数值取用。

3. 梁板式筏形基础

筏形基础分为梁板式筏形基础和平板式筏形基础。下面先介绍梁板式筏形基础。

梁板式筏形基础平法施工图采用平面注写方式进行表达。

（1）梁板式筏形基础构件类型。梁板式筏形基础由基础主梁（即柱下梁）、基础次梁、梁板筏基础平板等构成。基础构件编号按表2.8规定注写。

表 2.8　　　　　　　　　　梁板式筏形基础构件编号

| 构件类型 | 代号 | 序号 | 跨数及有无外伸 |
| --- | --- | --- | --- |
| 基础主梁（柱下梁） | JL | ×× | (××)、(××A)、(××B) |
| 基础次梁 | JCL | ×× | (××)、(××A)、(××B) |
| 梁板筏基础平板 | LPB | ×× | |

梁板筏基础平板的跨数及是否外伸分别在 $X$、$Y$ 两向的贯通纵筋之后表达，图面从左至右为 $X$ 向，从下至上为 $Y$ 向。

（2）基础主梁与基础次梁的平面注写方式。基础主梁与基础次梁的平面注写方式分为集中标注与原位标注。

基础梁集中标注的内容有四项，其中基础梁编号、截面尺寸、配筋三项为必注项，基础梁底面标高高差（相对于筏形基础平板底面标高）为选注项。

基础梁原位标注的内容有基础梁支座底部和顶部纵筋、附加箍筋或吊筋和对集中标注的修正内容。

梁板式筏形基础中基础梁与条形基础中基础梁的注写规则基本相同，此处不再赘述。

（3）基础平板的平面注写方式。梁板式筏形基础平板的平面注写分为集中标注与原位标注。板厚相同、基础平板底部与顶部贯通纵筋配置相同的区域为同一板区。

梁板式筏形基础平板的集中标注是在所表达的板区双向均为第一跨（$X$ 与 $Y$ 双向首跨）的板上引出（图面从左向右为 $X$ 向，从下至上为 $Y$ 向），集中标注的内容详见表2.9。

表 2.9　　　　　　　　　　梁板式筏形基础平板的集中标注内容

| 序号 | 类别 | 主要内容 |
| --- | --- | --- |
| 1 | 平板编号 | 基础平板类型代号、序号 |
| 2 | 截面尺寸 | 板厚用 $h=$×××表示 |
| 3 | 纵向贯通钢筋 | （1）$X$ 向：依次注写底部纵筋（B打头）、顶部纵筋（T打头）、跨数与外伸情况，用";"分隔。<br>（2）$Y$ 向：依次注写底部纵筋（B打头）、顶部纵筋（T打头）、跨数与外伸情况，用";"分隔 |
| 4 | 底面标高 | 当底面标高与基准标高不同时，直接注写在"（ ）"内 |
| 5 | 文字注解 | 当有特殊要求时，注写必要的文字注解 |

纵向贯通纵筋的跨数及外伸情况注写在括号中，注写的表达形式与梁相同。但是，基础平板的跨数以构成柱网的主轴线为准；两主轴线之间无论有几道辅助轴线，均可按一跨考虑。

梁板式筏形基础平板的原位标注内容详见表2.10。

表 2.10　　　　　　　　梁板式筏形基础平板的原位标注内容

| 序号 | 类别 | 主要内容 |
|---|---|---|
| 1 | 板底部<br>附加非贯通纵筋 | 在配置相同跨的第一跨表达。<br>（1）钢筋采用中粗虚线绘制，注写编号、配筋值、跨数及是否布置到外伸部位（表达方式同梁）。<br>（2）注写钢筋长度值（支座中线向两边跨内的延伸长度），两侧对称时，可仅在一侧标注 |
| 2 | 对集中标注的<br>修正内容 | 集中标注的内容不适用某跨或外伸部分时原位标注：包括截面尺寸、底部纵向贯通钢筋、底面标高，施工时按照原位标注数值取用 |

4. 平板式筏形基础

平板式筏形基础平法施工图是在基础平面图上采用平面注写方式表达。平板式筏形基础构件编号见表 2.11。

表 2.11　　　　　　　　　平板式筏形基础构件编号

| 构件类型 | 代号 | 序号 | 跨数及有无外伸 |
|---|---|---|---|
| 柱下板带 | ZXB | ×× | (××)、(××A)、(××B) |
| 跨中板带 | KZB | ×× | (××)、(××A)、(××B) |
| 平板式筏基基础平板 | BPB | ×× | (××)、(××A)、(××B) |

平面注写表达方式有两种：一是划分为柱下板带和跨中板带进行表达；二是按基础平板进行表达。除了注写编号外，其他内容与梁板式筏形基础中的基础平板注写规则相近，这里不再赘述，具体可查看平法图集中平板式筏形基础平法施工图的制图规则。

5. 桩基础

桩按照不同方式划分，可分为多种类型：按受力状态可分为摩擦型桩和端承型桩；按照沉桩过程中的挤土效应可分为非挤土桩、部分挤土桩、挤土桩；按照桩身制作可分为预制桩和灌注桩。

预制桩和灌注桩的桩身详图，可按照标准图集选用，也可由设计人员绘制施工图表达，灌注桩还可按照平法图集的制图规则要求表达，此处不展开表述。

桩基承台分为独立承台和承台梁，分别按照表 2.12 和表 2.13 的规定编号。

表 2.12　　　　　　　　　独立承台编号

| 类型 | 独立承台截面形状 | 代号 | 序号 | 说明 |
|---|---|---|---|---|
| 独立承台 | 阶形 | $CT_J$ | ×× | 单阶截面即为<br>平板式独立承台 |
| | 坡形 | $CT_P$ | ×× | |

表 2.13　　　　　　　　　承台梁编号

| 类型 | 代号 | 序号 | 跨数及有无外伸 |
|---|---|---|---|
| 承台梁 | CTL | ×× | (××)、(××A)、(××B) |

绘制桩基承台平面布置图时，应将承台下的桩位和承台所支承的柱、墙一起绘制。

桩基承台平法施工图有平面注写方式和截面注写方式两种表达方式，截面注写方式较为常用。除了编号以外，独立承台的平面注写规则与独立基础相近，承台梁的平面注写规则与基础梁相近,此处不再赘述,具体可查看平法图集中桩基础平法制图规则。

## 2.4 标准构造要求

基础标准构造主要包括柱纵筋在基础中的锚固构造、墙身竖向分布钢筋在基础中的锚固构造、边缘构件纵向钢筋在基础中的锚固构造、单柱独立基础构造、双柱独立基础构造及基础梁纵筋构造。

**1. 柱纵筋在基础中的锚固构造**

柱纵筋在基础中的锚固构造要求,按照基础中的保护层厚度和基础高度不同,分为四种情况,具体要求如图2.1所示。一般情况下柱纵筋在基础中的保护层厚度都能满足大于$5d$的要求。

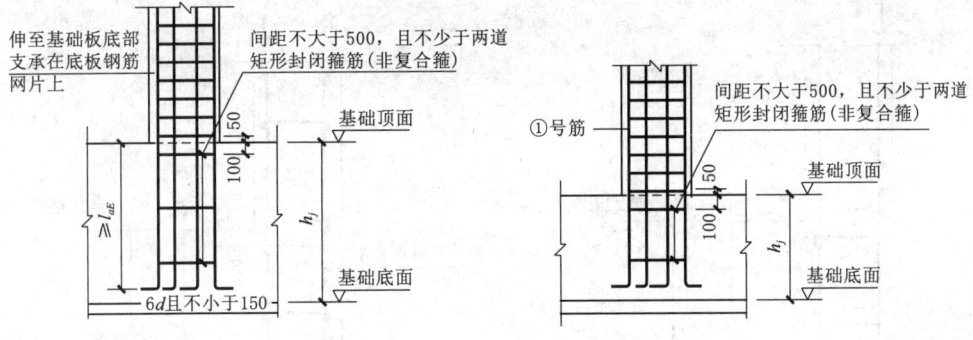

(a) 保护层厚度大于$5d$;基础高度满足直锚　　(b) 保护层厚度大于$5d$;基础高度不满足直锚

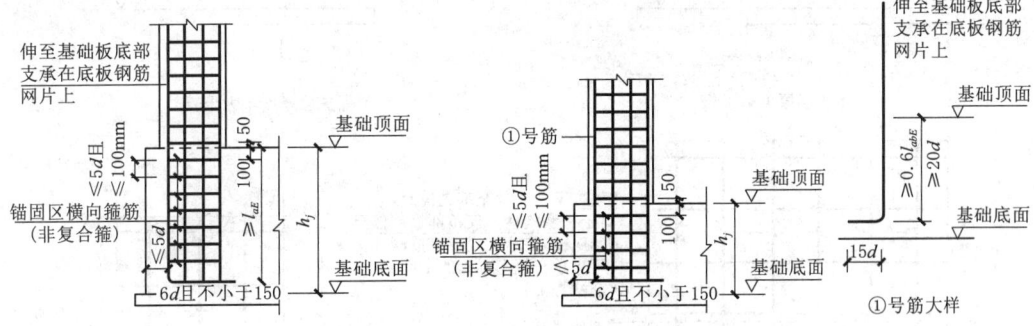

(c) 保护层厚度不大于$5d$;基础高度满足直锚　　(d) 保护层厚度不大于$5d$;基础高度不满足直锚

图 2.1 柱纵筋在基础中的锚固构造

注:1. 图中$h_j$为基础底面至基础顶面的高度,对于带基础梁的基础,取基础梁顶面至基础梁底面的高度。当柱两侧基础梁顶标高不同时取较低标高。
2. 锚固区横向箍筋应满足直径不小于$d_{max}/4$($d_{max}$为纵筋最大直径),间距不大于$5d_{min}$($d_{min}$为纵筋最小直径)且不大于$100mm$的要求。
3. 当柱纵筋在基础中保护层厚度不一致(如纵筋部分位于板内,部分位于梁内),保护层厚度不大于$5d$的部分应设置锚固区横向箍筋。
4. 当柱为轴心受压或小偏心受压,基础高度不小于$1200mm$时;或当柱为大偏心受压,基础高度不小于$1400mm$时,可仅将柱四角的纵筋伸至底板钢筋网片上,伸至底板钢筋网片上的柱纵筋间距应不大于$1000mm$,其他纵筋锚固在基础顶面下$l_{aE}$即可。
5. 图中$d$为柱纵筋直径。

构造要求中需要注意以下三点：

（1）基础高度范围内的柱箍筋，主要作用是固定柱纵筋，采用非复合箍，间距不大于 500mm。

（2）基础顶面的判定：对于带基础梁的基础，基础顶面不是取基础板顶面，而是取基础梁顶面。当柱两侧基础梁顶标高不同时取较低标高。

（3）图 2.1 的注中第 4 条，当施工人员无法判定受压构件的类型时，由设计人员指定，如果实际工程中无法一一指定，按照最不利考虑。

2. 墙身竖向分布钢筋在基础中的锚固构造

墙身竖向分布钢筋在基础中的锚固构造要求，按照基础中的保护层厚度和基础高度不同，分为不同情况，具体要求如图 2.2 所示。一般情况下，墙身竖向分布钢筋在基础中的保护层厚度都能满足大于 $5d$ 的要求。

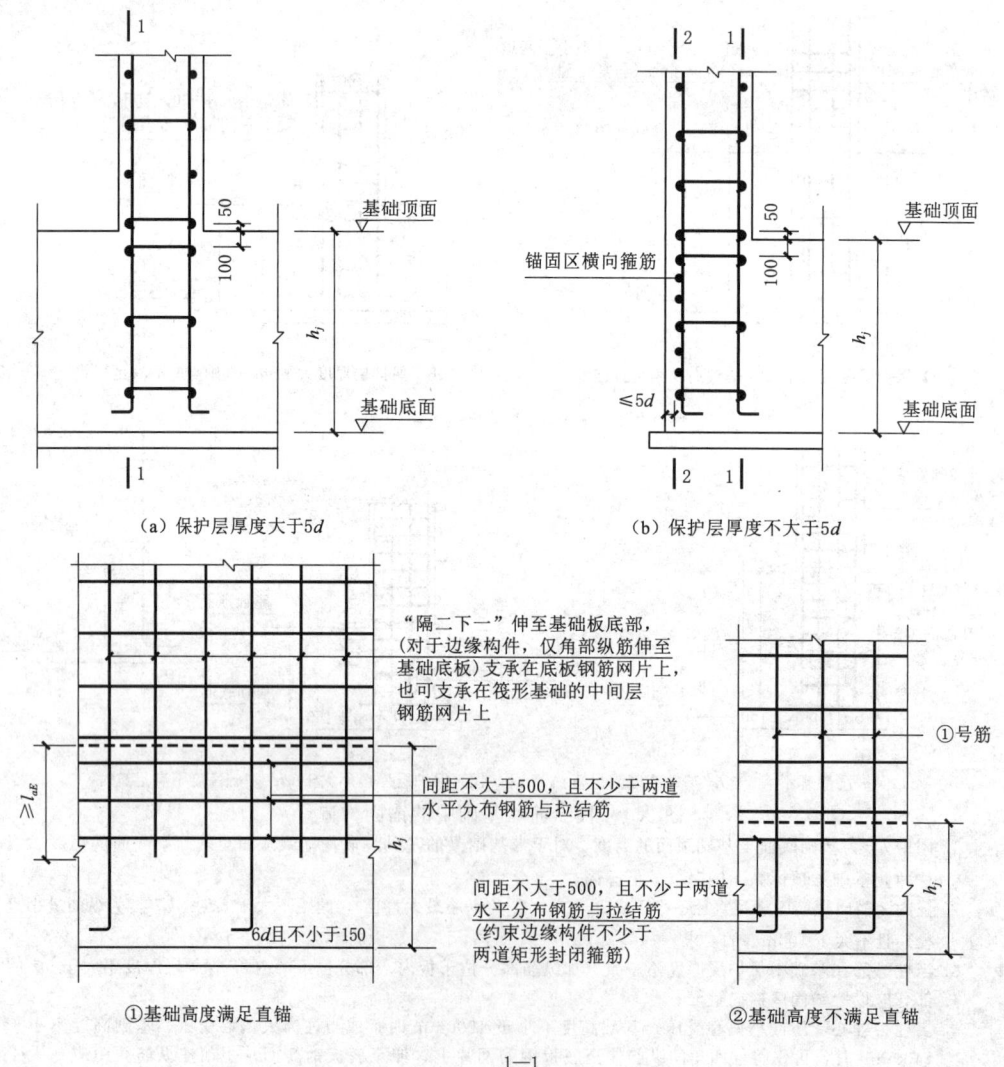

图 2.2（一） 墙身竖向分布钢筋在基础中的锚固构造

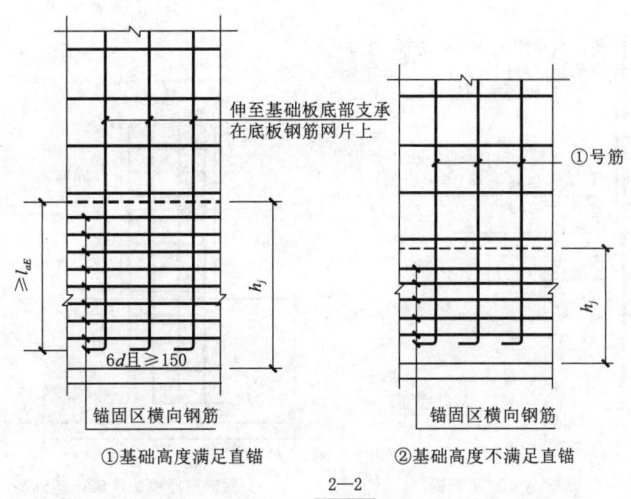

图 2.2（二） 墙身竖向分布钢筋在基础中的锚固构造

注：1. 图中①号筋要求见图 2.1 中的①号筋详图。
2. 图中 $h_j$ 为基础底面至基础顶面的高度，墙下有基础梁时，$h_j$ 为梁顶面至梁底面的高度。
3. 锚固区横向钢筋应满足直径不小于 $d_{max}/4$（$d_{max}$ 为纵筋最大直径），间距不大于 $10d_{min}$（$d_{min}$ 为纵筋最小直径）且不大于 100mm 的要求。
4. 当墙身竖向分布钢筋在基础中的保护层厚度不一致（如分布钢筋部分位于板内，部分位于梁内）时，保护层厚度不大于 $5d$ 的部位应设置锚固区横向钢筋。
5. 图中 $d$ 为墙身竖向分布钢筋直径。
6. 1—1 剖面，当施工采取有效措施保证钢筋定位时，墙身竖向分布钢筋伸入基础长度满足直锚即可。

构造要求中需要注意以下两点：

（1）1—1 剖面中基础高度满足直锚时，当施工采用有效措施保证钢筋定位时，墙身竖向分布钢筋伸入基础长度满足直锚即可。

（2）基础顶面的判定。墙下有基础梁时，基础顶面不是取基础板顶面，而是取基础梁顶面。

3. 边缘构件纵向钢筋在基础中构造

边缘构件纵向钢筋在基础中的锚固构造，按照基础中的保护层厚度和基础高度不同，分为四种情况，具体要求如图 2.3 所示。一般情况下柱纵筋在基础中的保护层厚度都能满足大于 $5d$ 的要求。

边缘构件纵筋在基础中的锚固构造要求与柱纵筋基本相同，边缘构件的角部纵筋定义如图 2.4 所示。

4. 单柱独立基础构造

单柱独立基础分为阶形基础和坡形基础，如图 2.5 所示。

构造要求中需要注意以下两点：

（1）底板最外侧钢筋距离基础边应不大于 75mm，且不大于 1/2 对应方向的钢筋间距。

（2）独立基础底板双向交叉钢筋长向设置在下，短向设置在上。

5. 双柱独立基础构造

双柱独立基础构造要求，按照双柱间是否设置基础梁，分为以下两种情况。

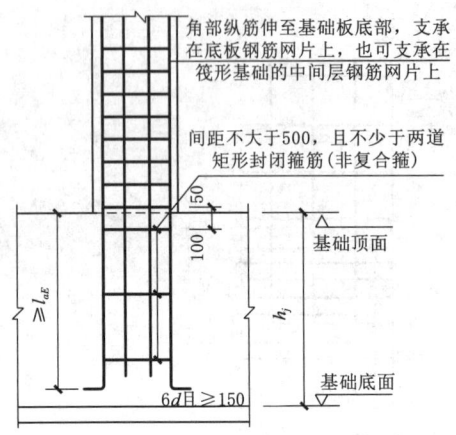
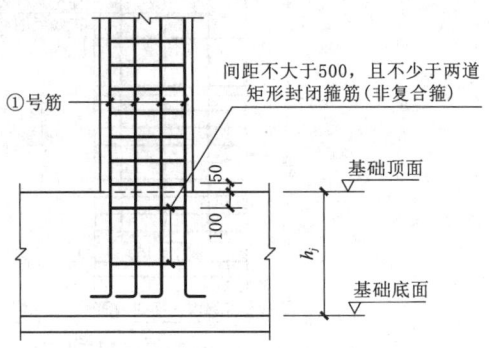

(a) 保护层厚度大于5d；基础高度满足直锚　　　(b) 保护层厚度大于5d；基础高度不满足直锚

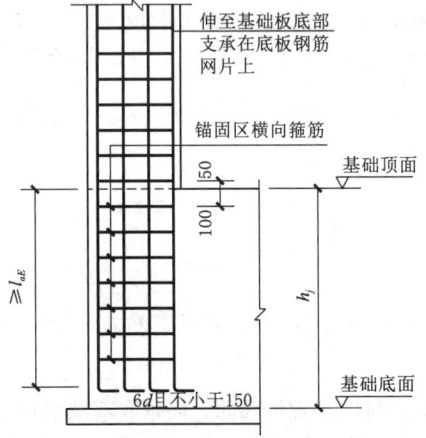
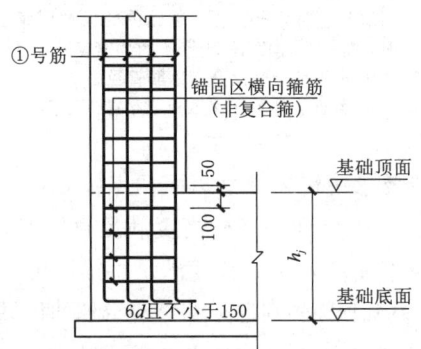

(c) 保护层厚度不大于5d；基础高度满足直锚　　　(d) 保护层厚度不大于5d；基础高度部不满足直锚

图 2.3　边缘构建纵筋在基础中的锚固构造

注：1. 图中①号筋要求见图 2.1 中的①号筋详图。
2. 图中 $h_j$ 为基础底面至基础顶面的高度，墙下有基础梁时，$h_j$ 为梁顶面至底面的高度。
3. 锚固区横向钢筋应满足直径不小于 $d_{max}/4$（$d_{max}$ 为纵筋最大直径），间距不大于 $10d_{min}$（$d_{min}$ 为纵筋最小直径）且不大于 100mm 的要求。
4. 当边缘构件纵筋在基础中保护层厚度不一致（如纵筋部分位于梁中，部分位于板内），保护层厚度不大于 5d 的部分应设置锚固区横向钢筋。
5. 图中 d 为边缘构件纵筋直径。
6. 当边缘构件（包括端柱）一侧纵筋位于基础外边缘（保护层厚度不大于 5d，且基础高度满足直锚）时，边缘构件内所有纵筋均按分图（c）构造；对于端柱锚固区横向钢筋要求应按柱纵筋锚固构造；其他情况端柱纵筋在基础中构造按柱纵筋锚固构造。
7. 伸至钢筋网上的边缘构件角部纵筋（不包含端柱）之间间距不应大于 500mm，不满足时应将边缘构件其他纵筋伸至钢筋网上。
8. "边缘构件角部纵筋"图中角部纵筋（不包含端柱）是指边缘构件阴影区角部纵筋，图示为加色点状钢筋，图示加色的箍筋为在基础高度范围内采用的箍筋形式。

（1）无基础梁。由于地基反力的作用，双柱独立基础底板顶部受拉，因此顶部需要配置受力筋，且伸入柱内长度为 $l_a$，具体构造如图 2.6 所示。

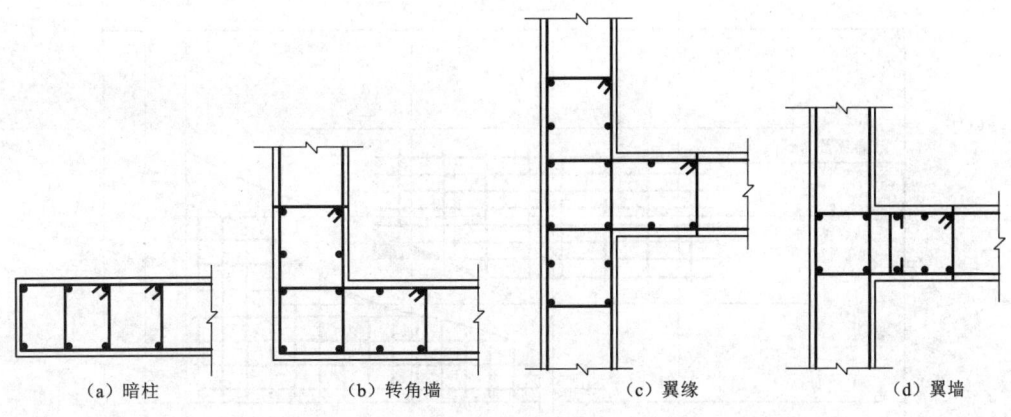

图 2.4 边缘构件角部纵筋

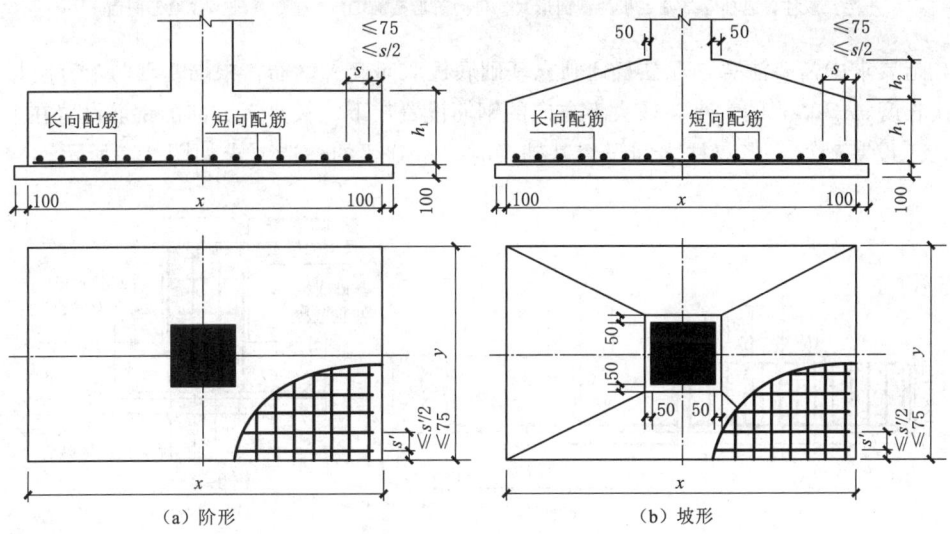

图 2.5 单柱独立基础构造

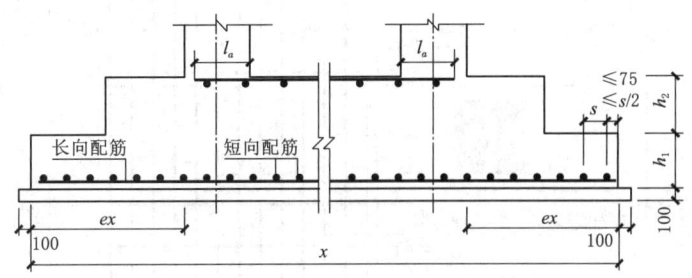

图 2.6（一） 双柱独立基础构造（无基础梁）

注：双柱普通独立基础底板的截面形式，可为阶形截面 $DJ_J$（独立基础）或坡形截面。

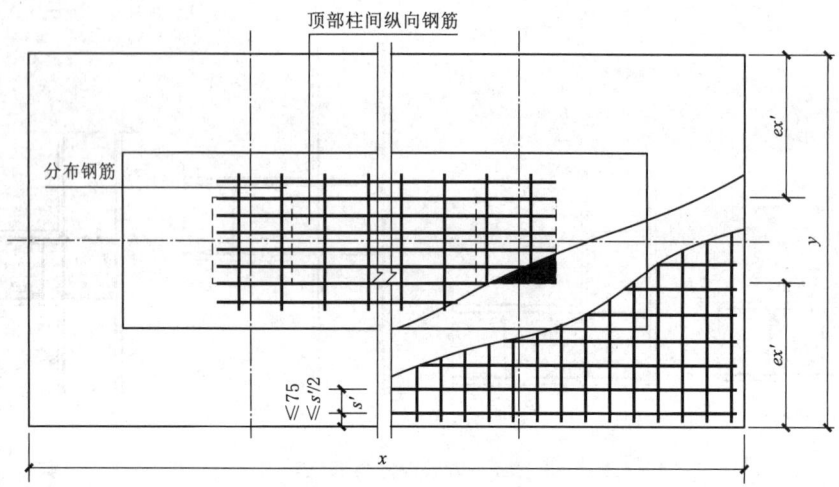

图 2.6（二） 双柱独立基础构造（无基础梁）

注：双柱普通独立基础底板的截面形式，可为阶形截面 $DJ_J$（独立基础）或坡形截面。

构造要求中需要注意：双柱普通独立基础底板双向交叉钢筋，根据基础两个方向从柱外缘伸出长度 $ex$ 和 $ex'$ 的大小，较大者方向的钢筋设置在下，较小者方向的钢筋设置在上。

（2）设基础梁。当双柱之间设置基础梁时，基础梁的构造要求如图 2.7 所示。

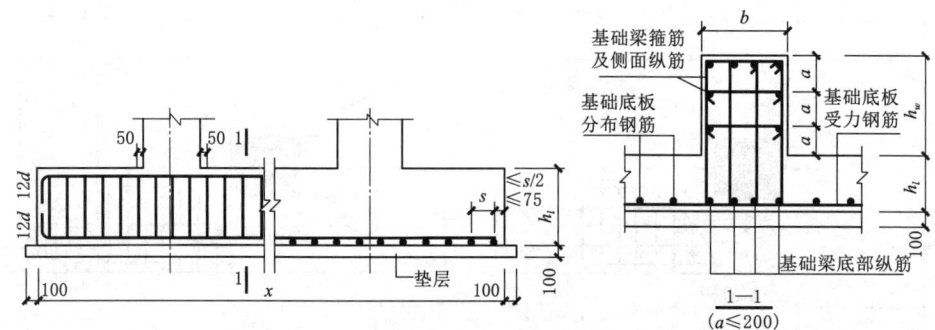

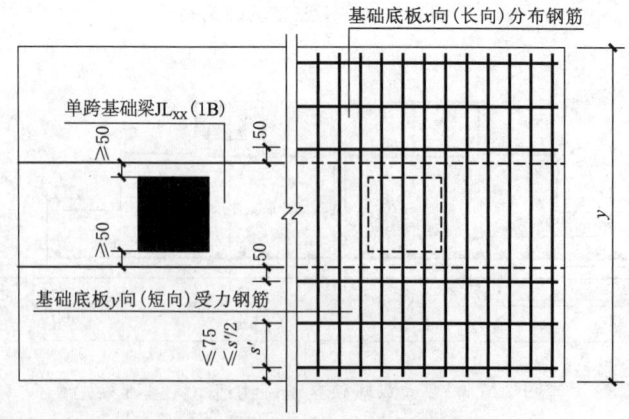

图 2.7 双柱有基础梁独立基础构造

注：双柱普通独立基础底板的截面形式，可为阶形截面 $DJ_J$ 或坡形截面 $DJ_P$。

构造要求中需要注意以下两点：

1) 双柱独立基础底部短向受力钢筋设置在基础梁纵筋之下，与基础梁箍筋的下水平段位于同一层面。

2) 双柱独立基础所设置的基础梁宽度，宜比柱截面宽度不小于100mm（每边不小于50mm）。

当具体设计的基础梁宽度小于柱截面宽度时，施工时应按构造增设梁包柱侧腋，详见101图集。

6. 基础梁纵筋构造

基础梁承受的荷载与上部框架梁相反，框架梁承受的楼面、墙体等竖向荷载垂直向下，而基础梁承受的地基反力垂直向上，因此基础梁的弯矩图与框架梁反向，支座处基础梁底部受拉，跨中处基础梁顶部受拉。基础梁顶部纵筋在本跨内通长，底部纵筋部分可以在跨中截断，具体构造如图2.8所示。

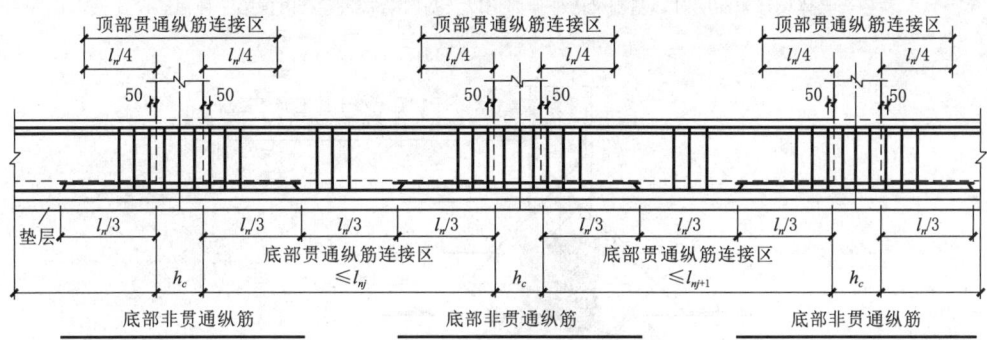

图 2.8 基础梁纵筋构造

注：1. 跨度值 $l_n$ 为左跨 $l_{ni}$ 和右跨 $l_{ni+1}$ 之较大值，其中 $i=1,2,3,\cdots$。

2. 节点区内箍筋按梁端箍筋设置。梁相互交叉宽度内的箍筋按截面高度较大的基础梁设置。同跨箍筋有两种时，各自设置范围按具体设计注写。

3. 当两毗邻跨的底部贯通纵筋配置不同时，应按配置较大一跨的底部贯通纵筋越过其标注的跨数终点或起点，伸至配置较小的毗邻跨的跨中连接区进行连接。

4. 当底部纵筋多于两排时，从第三排起非贯通纵筋向跨内的伸出长度值应由设计者注明。

5. 基础梁相交处位于同一层面的交叉纵筋，两个方向梁纵筋的位置关系应按设计具体说明。

7. 基础梁配置两种箍筋构造

基础梁无抗震构造要求，因此基础梁箍筋与框架梁箍筋不同，没有加密区的构造要求。当基础梁因受力原因，设计配置两种箍筋时，构造做法如图2.9所示。顶部贯通纵筋在其连接区内采用搭接、机械连接或焊接。同一连接区段内接头面积百分率不宜大于50%。当钢筋长度可穿过一连接区到下一连接区并满足连接要求时，宜穿越设置。

8. 基础梁侧腋构造

当底层柱与基础梁连接时，柱的边缘至基础梁边缘的距离不应小于50mm。当不满足时，基础梁做加腋处理，并保证加腋边缘外包柱边缘最小尺寸为50mm，且加腋处均应附加水平筋，具体构造要求如图2.10所示。

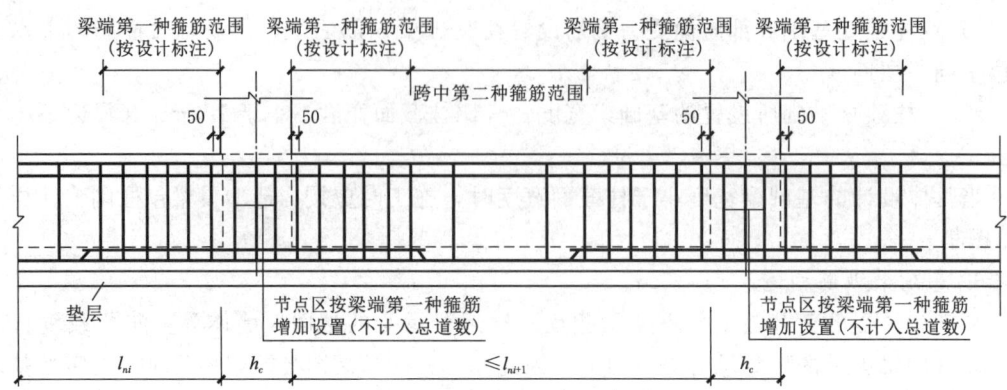

图 2.9 基础梁配置两种箍筋构造

注：当具体设计未注明时，基础梁的外伸部位以及基础梁端部节点内按第一种箍筋设置。

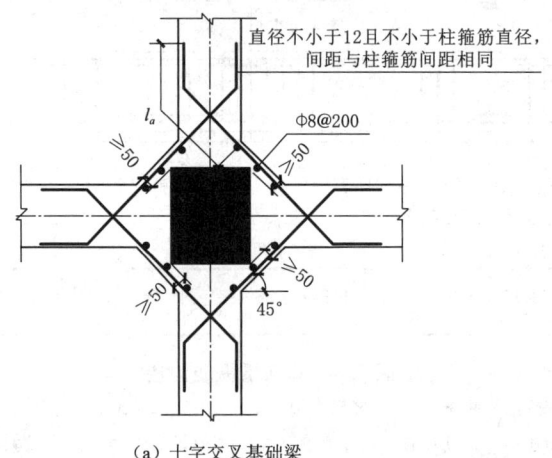

(a) 十字交叉基础梁

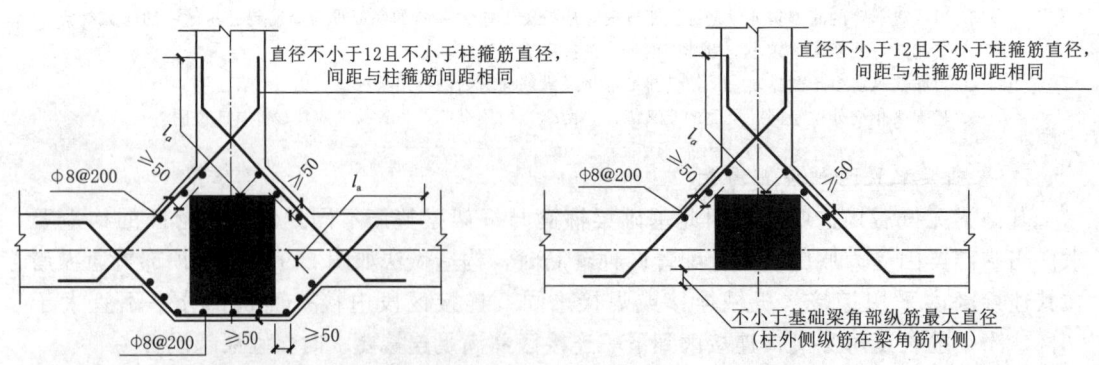

(b) 丁字交叉基础梁

图 2.10（一） 基础梁与柱结合侧腋构造

注：基础梁的梁柱结构部位所加水平侧腋顶面与基础梁非加腋段顶面平齐。

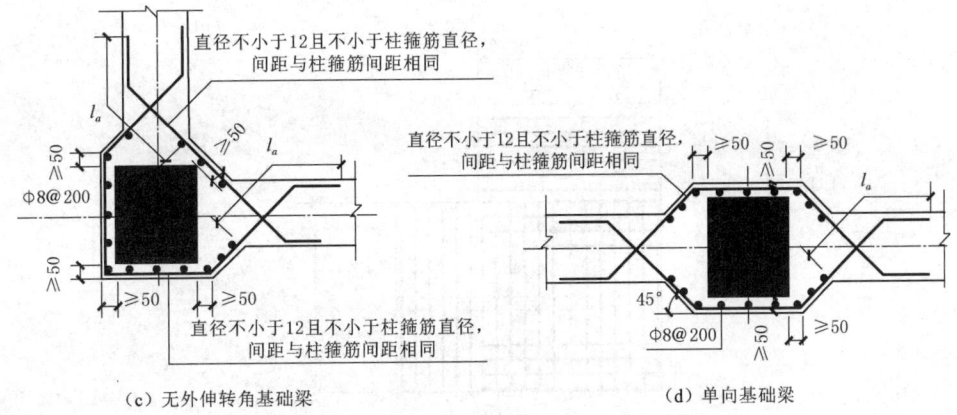

(c) 无外伸转角基础梁   (d) 单向基础梁

图 2.10（二） 基础梁与柱结合侧腋构造

注：基础梁的梁柱结构部位所加水平侧腋顶面与基础梁非加腋段顶面平齐。

9. 条基底板配筋构造

当条形基础设有基础梁时，基础底板的分布钢筋在梁宽范围内不设置。

当双向设置条形基础时，交叉区域的构造做法需要注意以下三点：

（1）条基在转角处，底板横向受力钢筋应沿两个方向布置，不得减少。

（2）条基在T形及"十"字形交接处，底板横向受力钢筋仅沿一个主要受力方向通长布置，另一个方向可只在主要受力方向底板宽度1/4处布置，如图2.11所示。

（3）分布钢筋与同向受力钢筋的搭接长度为150mm。

10. 基础底板钢筋长度折减构造

当独立基础的边长和条形基础的宽度不小于2.5m时，底板受力钢筋的长度可取边长或宽度的90%，并宜交错布置，如图2.12所示。

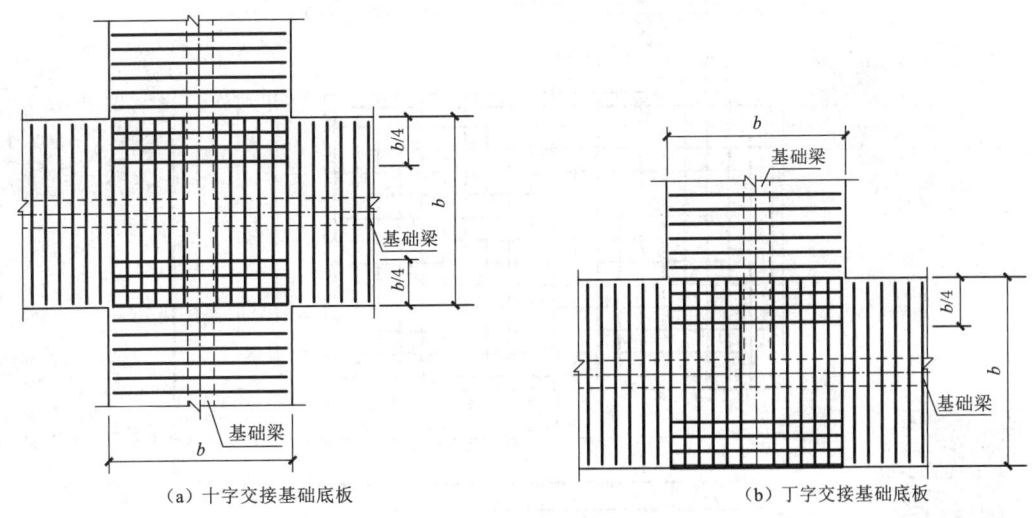

(a) 十字交接基础底板   (b) 丁字交接基础底板

图 2.11（一） 双向条基交叉处的钢筋构造

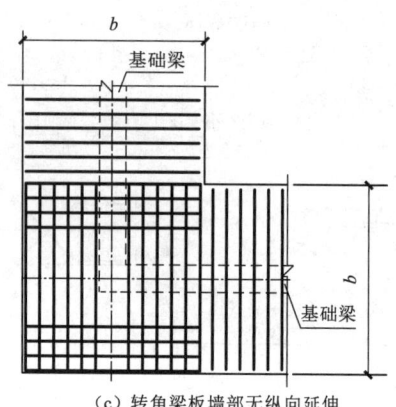

(c) 转角梁板墙部无纵向延伸

图 2.11（二） 双向条基交叉处的钢筋构造

构造要求中需要注意以下两点：

(1) 独立基础四周最外侧钢筋不折减。

(2) 条形基础底板交接区的受力钢筋和无交接底板时端部第一根钢筋不应缩减，如图 2.12 所示。

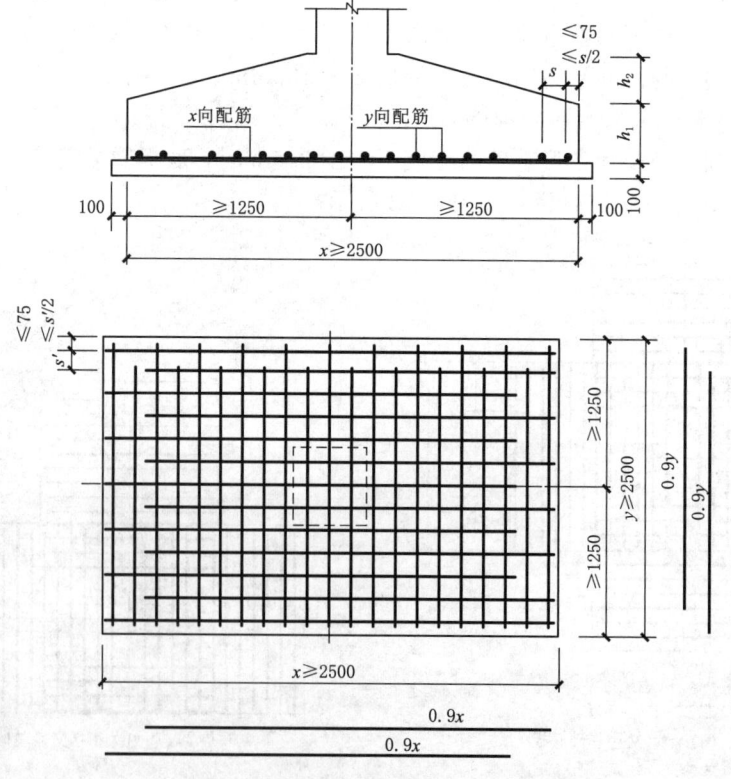

(a) 独立基础底板配筋长度折减构造

图 2.12（一） 基础底板钢筋长度折减构造

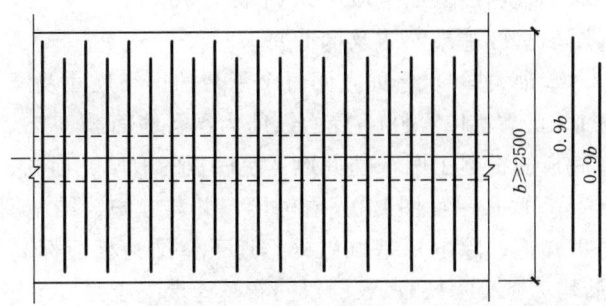

(b) 条形基础底板配筋长度折减构造

图 2.12（二） 基础底板钢筋长度折减构造

## 2.5 识 读 案 例

以下引入高层商务大厦的基础施工图，总共 3 张：结施 01 "桩位、承台平面图"、结施 02 "基础大样" 和结施 03 "地下室底板平面图"，进行基础施工图的识读。

识读的顺序一般是，先识读基础说明，再识读桩位平面图、基础平面图、基础详图，最后识读地下室底板施工图。基本步骤如下：

(1) 查看基础说明，明确基础类型、基础施工要求。

查看结施 02 "基础大样" 中的 "钻孔灌注桩基说明"，明确该工程采用钻孔灌注桩基础，桩身直径为 800mm，桩长约 50m，持力层为 10-c 层中等风化砂岩或 11-c 中等风化凝灰岩，要求桩尖进入持力层不小于 3.0m。单桩竖向抗压承载力特征值为 4200kN，部分为抗拔桩，单桩抗拔承载力特征值为 1500kN。

识读时需要逐条查看桩基施工要求，比如孔底沉渣厚度不得大于 50mm、桩身混凝土灌注充盈系数大于 1.10、桩顶混凝土超灌长度为 2D（D 为桩径），以及承台的配筋构造等，均在结施 02 中表达。

(2) 查看桩位、承台平面图，熟悉桩、承台平面布置，掌握桩定位、桩顶标高、承台编号及定位。

查看结施 01 "桩位、承台平面图"，先查看轴网，结合建筑施工图地下室的轴网，核对轴线位置、编号、轴线尺寸，确保一致。

桩位图中可以看到两种图例的桩位布局，检查桩的定位尺寸、桩顶标高。桩位平面图中用虚线绘制了承台轮廓，方便掌握桩与承台的关系。

该工程较为特殊，承台平面与桩基平面合并在同一张图上。识读基础承台，可以发现地下室周边基本为单桩和两桩承台，中间以三桩、四桩承台为主，局部为五桩承台。每个承台都应有编号，如 CT1-1、CT1-2 等，可以通过编号找到对应的承台详图。结合承台详图，再与平面图上的桩顶标高核对，查看标高是否一致。

从承台详图中知道，桩顶进入承台 100mm。通常情况，桩顶进入承台的高度，桩径小于 800mm 时取 50mm，桩径不大于 800mm 时取 100mm。

（3）查看基础详图，掌握基础配筋及构造要求。

再次查看结施 02 "基础大样"，仔细查阅每个承台的详细尺寸及配筋构造，如 CT1-2 的配筋，采用梁式配筋，配置⌀12@200，受力纵筋为承台底面 24⌀25。

（4）查看地下室底板的板施工图，掌握地下室底板的板厚、标高、配筋及构造要求。

查看结施 03 "地下室底板平面图"，先看轴网，并与建施、结施图对照，核对柱网布局。从板配筋说明可以知道，除电梯基坑以外，地下室结构板面标高为－9.500m，板厚度均为 800mm，配筋均为⌀20@150，双层双向布置，混凝土强度等级均为 C35。

该工程集水坑共两种（K1 和 K2），尺寸齐全，定位完整，具体做法详见结施 02。

## 2.6 识 读 要 点

掌握基础施工图的基本识读方法以后，还需要反复练习，结合工程实际灵活应用，才能融会贯通、提升基础施工图的识读技巧。

识读基础施工图时，需要特别关注以下要点：

（1）工程地质勘察报告。工程地质勘察报告虽然不属于基础施工图，但两者密不可分，识读基础施工图前必须先认真阅读工程地质勘察报告，了解拟建场地的标高、土层分布及各项指标、地下水位、持力层位置等。

每个工程都是选取部分勘探点作为代表进行地质分析，不可能揭示地基全部土层情况，因此基础施工时必须注意观察，当发现地质条件与勘察报告不符或遇到异常情况时，需要及时联系设计部门进行处理，不能呆板地"按图施工"。

（2）抗震构造要求。基础构件与上部结构不同，没有抗震构造要求，因此基础构件的钢筋锚固、基础梁箍筋加密等构造无须按照抗震要求设置。

实际工程中，不少设计人员标注基础梁箍筋"⌀10@100/200"，这是错误的。这是上部框架梁箍筋的标注方式，框架梁根据不同的抗震等级规定了箍筋加密区范围，基础梁没有抗震等级，故无法明确箍筋加密区范围长度。

但是，需要注意上部竖向构件的纵筋在基础内的锚固要求，这属于竖向构件的构造要求，而不是基础构件，因此必须满足抗震锚固要求，按照竖向构件的抗震等级计算。例如，框架柱的纵筋在基础内的锚固，竖向长度不得小于 $l_{aE}$ 或 $0.6l_{abE}$。

（3）基础梁箍筋。前面已经提到，基础梁没有抗震构造要求。当基础梁由于端部剪力较大，跨中剪力较小，需要配置两种箍筋时，应按平法制图规则注写。例如，10⌀12@100/⌀12@200（4）表示同一跨基础梁从梁两端起向跨内设置箍筋⌀12@100（4），每端各 10 道，跨中为⌀12@200（4）。注意最前面注写的道数是指一端的箍筋道数，而不是两端的总道数。

施工时，还应特别注意基础梁与柱相交的区域，必须设置梁箍筋，不要与框架梁混淆，梁箍筋是不设的，只设置柱加密箍。施工时，两向基础梁相交的柱下区域，应有一向截面较高的基础梁箍筋贯通设置；当两向基础梁高度相同时，任选一向基础梁箍筋贯通设置。

(4) 基础梁与柱。对于条形基础和筏板基础：基础梁承受柱荷载，基础梁宜比柱宽且完全形成梁包柱。当不满足时，基础梁与柱结合部位均应加侧腋。施工时当基础梁与柱构件边缘平齐时，柱的纵筋应布置在基础梁纵筋的内侧。

对于防水用的地下室底板：基础梁以柱为支座，基础梁纵筋在柱纵筋内侧。

(5) 梁板式筏形基础板（或防水底板）与基础梁钢筋排布。不管是梁板式筏形基础的板，还是地下室的防水底板，都是主要承受自下而上的垂直荷载。基础梁是板的支座，掌握了受力原理，就能明确钢筋排布的相互关系。

当梁板顶面平齐时，板面纵筋应置于垂直向基础梁顶面纵筋下方，即 X 向板面纵筋置于 Y 向基础梁顶面纵筋下方；当梁板底面平齐时，板底纵筋应置于垂直向基础梁纵筋下方，即 X 向板底纵筋置于 Y 向基础梁底部纵筋下方。施工时应注意钢筋排布，确保板承受的荷载能传递到基础梁上。

(6) 三桩承台。桩基础中，三桩的三角形承台底部受力筋应按三向板带均匀布置，施工时注意最里面的三根钢筋围成的三角形应在柱截面范围内，提高承台中部的抗裂性能。

# 能力测试题

**一、识读高层商务大厦的"基础施工图"，完成下列单选题。**

1. 该工程基坑回填土的压实系数不小于（　　）。
   A. 1　　　　B. 0.95　　　　C. 0.90　　　　D. 0.85

2. 该工程抗拔桩的桩身箍筋为（　　）。
   A. Φ6@250 普通箍　　　　　　B. Φ8@250 普通箍
   C. Φ6@250 螺旋箍　　　　　　D. Φ8@250 螺旋箍

3. 该工程控制单体的平均沉降量最大值为（　　）mm。
   A. 20　　　　B. 30　　　　C. 40　　　　D. 50

4. 地下室底板平面图中，关于 K2 的说法有误的是（　　）。
   A. K2 为集水坑　　　　　　　B. 坑深为 1500mm
   C. 平面尺寸为 1000mm×1000mm　　D. 共有 2 个

5. 桩身箍筋需每隔（　　）mm 设置一道Φ14 的加劲箍，与主筋焊接。
   A. 2000　　　B. 1500　　　C. 1000　　　D. 250

6. CT2-3 中，受力筋和分布筋分别为（　　）。
   A. Φ25@80 Φ16@150　　　　　B. Φ16@250 Φ25@80
   C. Φ22@100 Φ16@250　　　　　D. Φ16@250 Φ22@100

7. 该工程中，基础梁背水面保护层厚度为（　　）mm。
   A. 20　　　　B. 25　　　　C. 35　　　　D. 40

**二、识读高层商务大厦的"基础施工图"，完成下列多选题。**

1. 关于该工程桩基，以下说法正确的是（　　）。
   A. 桩基设计等级为甲级
   B. 桩身箍筋采用螺旋箍

C. 单桩承载力检测的数量为 3 根

D. 在地下室顶板上覆土完成之前，应将地下水降至地下室顶板处

E. 试验桩桩身混凝土强度等级为 C35

2. 以下关于基础标高的说法，正确的是（　　）。

A. CT1-1 的承台底标高为 -11.000

B. CT2-3 对应桩的桩顶国家高程为 -11.400

C. 地下室底板板面标高相当于国家高程 -3.300

D. CT2-5a 的桩顶标高为 -11.400

E. CT2-5a 的承台底的国家高程为 -7.100

3. 下列关于该工程基坑开挖说法正确的是（　　）。

A. 可利用基桩作为抗推力支承点

B. 挖出土方的基坑堆载应严格控制在 10kN/m² 以下

C. 机械挖土时应按有关规范要求进行，坑底应保留 200mm 厚土层采用人工开挖

D. 基槽开挖至基底标高以上 200mm 时，应进行普遍钎探，并通知有关单位共同验槽

E. 基坑开挖经验收后，不应立即进行垫层和基础施工，应待土层固结一定程度后再施工

# 任务 3

# 柱施工图识读

【知识与能力目标】能识读柱平法施工图，明确柱（框架柱、梁上柱、剪力墙上柱）的截面尺寸、标高及配筋构造。

## 3.1 图纸形成

按照平法制图规则绘制的柱施工图包括柱平法施工图和柱标准构造详图。

1. 柱平法施工图

柱平法施工图是在柱平面布置图上采用截面注写方式或列表注写方式表达柱截面尺寸、定位及配筋。柱平法施工图中，应按规定加注层高表，标注嵌固部位，并用粗实线表示柱的竖向标高范围。

柱平面布置图应分别按柱的不同标准层，将全部柱一起绘制。绘图时柱的轮廓线采用粗实线，当采用截面注写方式绘制柱配筋时，柱轮廓线采用细线，柱箍筋采用粗实线。

柱平法施工图可采用适当比例单独绘制，也可与剪力墙合并绘制。

2. 柱标准构造详图

柱标准构造详图包括柱纵筋连接、柱箍筋加密范围等，可直接选用平法图集，也可单独绘制。

柱施工图是柱构件定位放线、施工的依据。

## 3.2 图示内容

柱施工图应按现行国家标准《房屋建筑制图统一标准》（GB/T 50001—2017）、《建筑制图标准》（GB/T 50104—2010）、《建筑结构制图标准》（GB/T 50105—2010）的要求绘制。

柱平面布置图绘制比例最常用的是 1∶100，也可采用 1∶50、1∶150、1∶200 等。柱截面的绘制比例可与平面布置图一致，也可放大一倍；柱截面详图的绘制比例常采用 1∶20、1∶25 或 1∶50。

柱平法施工图还应按照现行平法图集的制图规则绘制。

## 任务3  柱施工图识读

柱平法施工图中表达的内容，分为截面注写和列表注写两种方式，分别按照内容主次关系，识读顺序详见表3.1和表3.2。

表3.1　　　　　　　　柱平法施工图的图示内容（截面注写）

| 序号 | 类别 | 主要内容 |
|---|---|---|
| 1 | 轴网 | (1) 定位轴线、轴线编号。<br>(2) 轴线总尺寸、轴线间尺寸 |
| 2 | 柱构件 | 柱轮廓 |
| 2 | 柱构件标注 | (1) 柱定位尺寸：$b_1$、$b_2$和$h_1$、$h_2$。<br>(2) 柱编号 |
| 3 | 柱截面详图 | (1) 柱轮廓。<br>(2) 柱纵筋。<br>(3) 柱箍筋 |
| 3 | 柱截面详图标注 | (1) 柱定位尺寸：$b_1$、$b_2$和$h_1$、$h_2$。<br>(2) 柱编号。<br>(3) 柱截面尺寸：$b×h$。<br>(4) 柱纵筋：角筋、$b$边中部筋、$h$边中部筋。<br>(5) 柱箍筋 |
| 4 | 层高表 | (1) 结构层号、结构层楼面标高、结构层高。<br>(2) 上部结构嵌固部位。<br>(3) 竖向标高段范围。<br>(4) 混凝土强度等级：可在层高表中加注 |
| 5 | 其他标注 | (1) 图名：明确本图对应的竖向标高段范围。<br>(2) 比例：通常采用双比例绘制，因此可不注写。<br>(3) 混凝土强度等级：可文字说明 |

表3.2　　　　　　　　柱平法施工图的图示内容（列表注写）

| 序号 | 类别 | 主要内容 |
|---|---|---|
| 1 | 轴网 | (1) 定位轴线、轴线编号。<br>(2) 轴线总尺寸、轴线间尺寸 |
| 2 | 柱构件 | 柱轮廓 |
| 2 | 柱构件标注 | (1) 柱定位尺寸：$b_1$、$b_2$和$h_1$、$h_2$。<br>(2) 柱编号 |
| 3 | 柱表 | (1) 柱编号。<br>(2) 竖向标高段范围。<br>(3) 柱截面尺寸：$b×h$。<br>(4) 柱定位尺寸：$b_1$、$b_2$和$h_1$、$h_2$。<br>(5) 柱纵筋：角筋、$b$边中部筋、$h$边中部筋。<br>(6) 柱箍筋：类型号、肢数。<br>(7) 柱箍筋类型图及箍筋复合方式 |

续表

| 序号 | 类别 | 主 要 内 容 |
|---|---|---|
| 4 | 层高表 | (1) 结构层号、结构层楼面标高、结构层高。<br>(2) 上部结构嵌固部位。<br>(3) 竖向标高段范围。<br>(4) 混凝土强度等级：可在层高表中加注 |
| 5 | 其他标注 | (1) 图名：明确本图对应的竖向标高段范围。<br>(2) 比例：通常采用双比例绘制，因此可不注写。<br>(3) 混凝土强度等级：可文字说明 |

柱标准构造详图的内容包括柱纵筋构造、柱箍筋构造等，详见平法图集，根据具体要求选用。在 3.4 小节中也会介绍主要标准构造详图，此处不再列出。

## 3.3 平法制图规则

**1. 柱类型**

现浇混凝土结构中，柱的类型主要有框架柱、梁上柱、剪力墙上柱、转换柱、芯柱。土建施工（结构类）中级职业技能的要求不包括后两类柱，故重点介绍框架柱、梁上柱、剪力墙上柱，类型代号规定见表 3.3。

表 3.3　　　　　　　　　　柱 类 型 代 号

| 柱类型 | 柱代号 | 柱类型 | 柱代号 |
|---|---|---|---|
| 框架柱 | KZ | 剪力墙上柱 | QZ |
| 梁上柱 | LZ | | |

**2. 截面注写方式**

截面注写方式，就是在柱平面布置图的柱截面上，分别在同一编号的柱中选择一个截面，直接注写截面尺寸和配筋具体数值，标注内容详见表 3.4。层高表和图名中均应明确本图对应的竖向标高段范围。

表 3.4　　　　　　　　　柱标注内容（截面注写）

| 序号 | 类别 | | 主 要 内 容 |
|---|---|---|---|
| 1 | 引出注写 | 柱编号 | 柱类型代号、序号 |
| 2 | | 柱截面尺寸 | 矩形截面注写 $b \times h$<br>圆柱截面注写 $d$（圆柱直径） |
| 3 | | 柱角筋 | 角筋根数、级别、直径<br>注：当纵筋采用一种直径时，则注写全部纵筋 |
| 4 | | 柱箍筋 | 箍筋级别、直径和间距，加密区与非加密区不同间距用"/"分隔：<br>(1) 当框架节点核芯区箍筋与加密区设置不同时，应在括号中注明。<br>(2) 当箍筋沿柱全高为一种间距时，则不使用"/"。<br>(3) 当圆柱采用螺旋箍筋时，需在箍筋前加"L" |

续表

| 序号 | 类别 | | 主 要 内 容 |
|---|---|---|---|
| 5 | 原位注写 | 柱定位尺寸 | 柱截面与轴线关系的具体尺寸 $b_1$、$b_2$ 和 $h_1$、$h_2$ |
| 6 | | 中部筋 | $b$ 边中部筋和 $h$ 边中部筋的具体数值 |

如柱的分段截面尺寸和配筋均相同,仅截面与轴线的关系不同,可编为同一柱编号,但应在未画配筋的柱截面上注写该柱截面与轴线关系的具体尺寸。

3. 列表注写方式

列表注写方式是在柱平面布置图上,分别在同一编号的柱中选择一个截面标注几何参数代号,然后在柱表中注写柱编号、柱段起止标高、几何尺寸与配筋的具体数值,并配以各种柱截面形状及其箍筋类型图来表达柱平法施工图。具体标注内容见表 3.5。

表 3.5　　　　　　　　　　柱标注内容(列表注写)

| 序号 | 类　别 | 主　要　内　容 |
|---|---|---|
| 1 | 柱编号 | 柱类型代号、序号 |
| 2 | 竖向标高段范围 | 各段起止标高 |
| 3 | 柱截面尺寸 | 矩形截面注写 $b \times h$<br>圆柱截面注写 $d$(圆柱直径) |
| 4 | 柱定位尺寸 | 柱截面与轴线关系的具体尺寸 $b_1$、$b_2$ 和 $h_1$、$h_2$ |
| 5 | 柱纵筋 | 角筋、$b$ 边中部筋、$h$ 边中部筋<br>注:当纵筋直径相同且每边根数也相同时,将纵筋注写在"全部纵筋"栏 |
| 6 | 柱箍筋样式 | 箍筋类型号及肢数<br>注:箍筋类型号、类型图和复合方式绘制在柱表上方 |
| 7 | 柱箍筋 | 箍筋级别、直径和间距,加密区与非加密区不同间距用"/"分隔:<br>(1)当框架节点核芯区箍筋与加密区设置不同时,应在括号中注明。<br>(2)当箍筋沿柱全高为一种间距时,则不使用"/"。<br>(3)当圆柱采用螺旋箍筋时,需在箍筋前加"L" |

## 3.4　标准构造要求

柱标准构造主要包括柱箍筋构造、柱纵筋连接构造、柱顶纵筋构造、柱变截面处纵筋构造,以及 QZ、LZ 柱根配筋构造。

1. 柱箍筋构造

柱封闭箍筋和拉筋的弯钩构造要求在任务 1 的 1.3 中已作介绍。本节主要介绍常用矩形箍筋的复合方式,以及沿柱高方向箍筋间距的构造要求。

(1)箍筋复合方式。当柱截面短边尺寸大于 400mm 且各边纵向钢筋多于 3 根时,或当柱截面短边尺寸不大于 400mm 但各边纵向钢筋多于 4 根时,应设置复合箍筋。复合箍筋，就是同一截面内配置两种或两种以上形式共同组成的箍筋。平法中矩形复合箍筋类型用 $m \times n$ 表述，$m$ 是框架柱截面宽度 $b$ 边的箍筋肢数；$n$ 是框架柱截面高度 $h$ 边的箍筋肢数。

矩形复合箍筋的基本复合方式有以下三种：

1) 沿复合箍周边，箍筋局部重叠不宜多于两层，如图 3.1 所示。

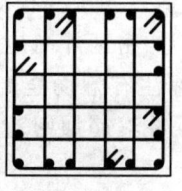
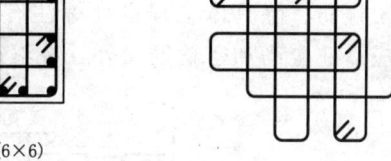

图 3.1 复合箍筋（6×6）示意

2) 以复合箍筋最外围的封闭箍筋为基准，柱内的横向箍筋紧贴最外围封闭箍筋设置在下（或上），柱内纵向箍筋紧贴设置在上（或下），如图 3.2 所示。

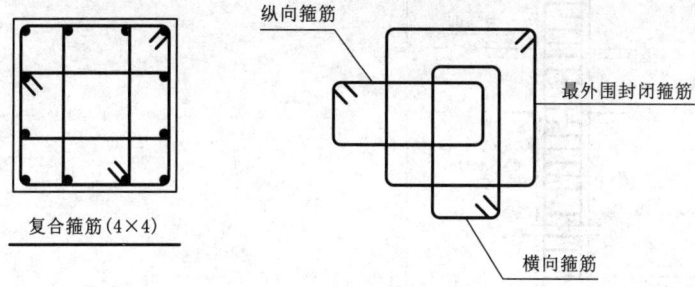

图 3.2 复合箍筋（4×4）示意

3) 若在同一组内复合箍筋各肢位置不能满足对称性要求时，沿柱竖向相邻两组箍筋应交错放置，如图 3.3 所示。

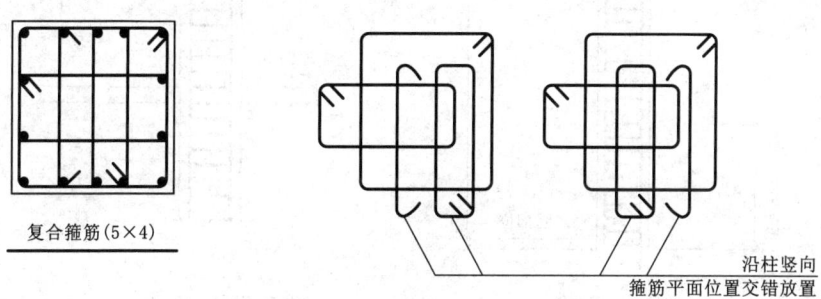

图 3.3 复合箍筋（5×4）示意

（2）箍筋加密。柱箍筋沿柱高方向的间距必须遵循构造要求，指定范围内的箍筋应加密放置，具体构造要求如下：

1) 柱纵筋采用绑扎搭接时，搭接接头区域的配箍构造措施对保证搭接钢筋传力至关重要，对于搭接长度范围内的箍筋，要求直径不小于 $d/4$（$d$ 为搭接钢筋最大直径），间距不大于 100mm 及 $5d$（$d$ 为搭接钢筋最小直径）。

2) 根据试验结果及震害经验，框架柱除梁柱节点区柱箍筋应加密外，柱端箍筋加密范围也有相关规定，加密区范围长度应取柱截面长边尺寸（或圆形截面直径）、柱净高的 1/6 和 500mm 中的最大值；底层柱根箍筋加密区长度应不小于该层柱净高的 1/3；当有刚性地面时，除柱端箍筋加密区外尚应在刚性地面上、下各 500mm 的高度范围内加密箍筋。除具体工程设计标注有箍筋全高加密的柱（例如一级、二级抗震等级的角柱应沿柱全高加密箍筋）外，柱箍筋加密范围均按图 3.4 所示。

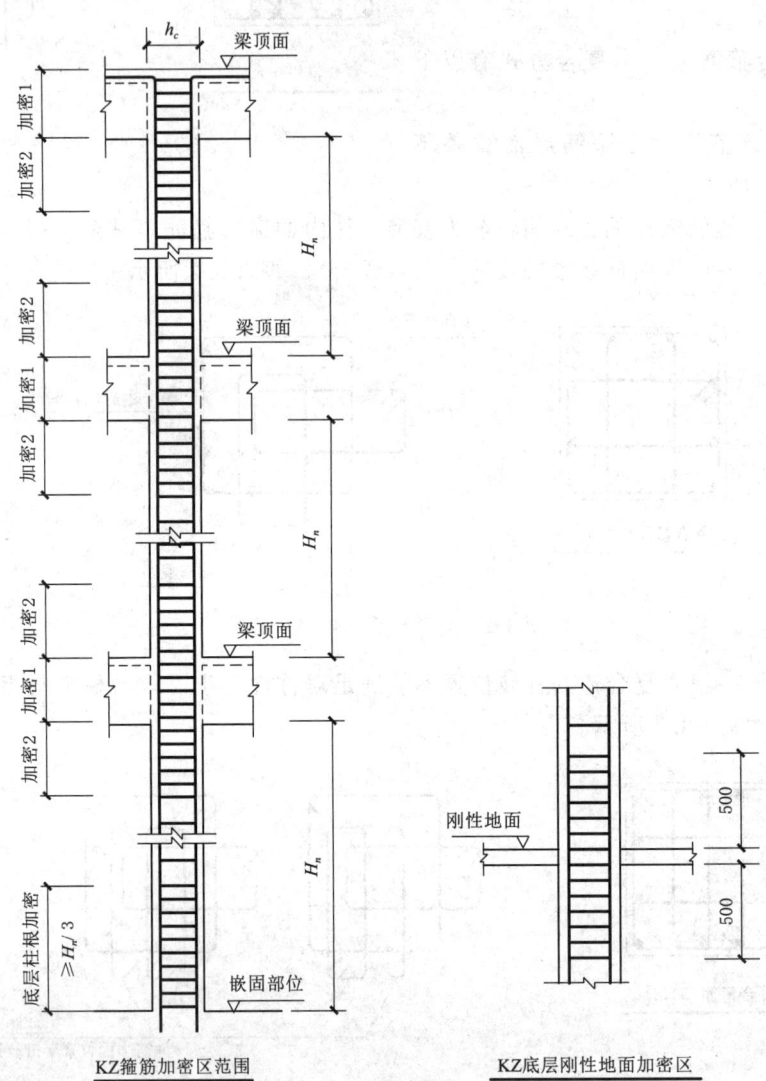

图 3.4　KZ 箍筋加密范围

注：1. 图中"加密1"长度为本层梁高范围；"加密2"长度取本层柱截面长边尺寸 $h_c$（圆柱直径）、本层柱净高的 1/6 和 500mm 三者的最大值。
2. 当柱在某楼层各向均无梁且无板连接时，计算箍筋加密范围采用的 $H_n$ 按该跃层柱的总净高取用。
3. 当柱在某楼层单方向无梁且无板连接时，应两个方向分别计算箍筋加密区范围，并取较大值，无梁方向箍筋加密范围同注 2 要求。
4. 柱净高 $H_n$ 与柱截面长边尺寸 $h_c$ 之比不大于 4 的框架柱，易发生黏结型剪切破坏和对角斜拉型剪切破坏，箍筋加密范围取全高。
5. QZ、LZ 箍筋加密范围同抗震 KZ，QZ 嵌固部位为墙顶面，LZ 嵌固部位为梁顶面。

## 2. 柱纵筋连接构造

柱纵筋连接可采用绑扎搭接、焊接连接或机械连接，轴心受拉及小偏心受拉柱内的纵筋不得采用绑扎搭接接头。

柱相邻纵向钢筋连接接头相互错开，在同一截面内钢筋接头面积百分率不宜大于50%。

框架柱纵筋应贯穿中间层的中间节点或端节点，接头应设在节点区以外，框架柱的接头还宜避开箍筋加密范围，纵筋连接构造如图3.5所示。

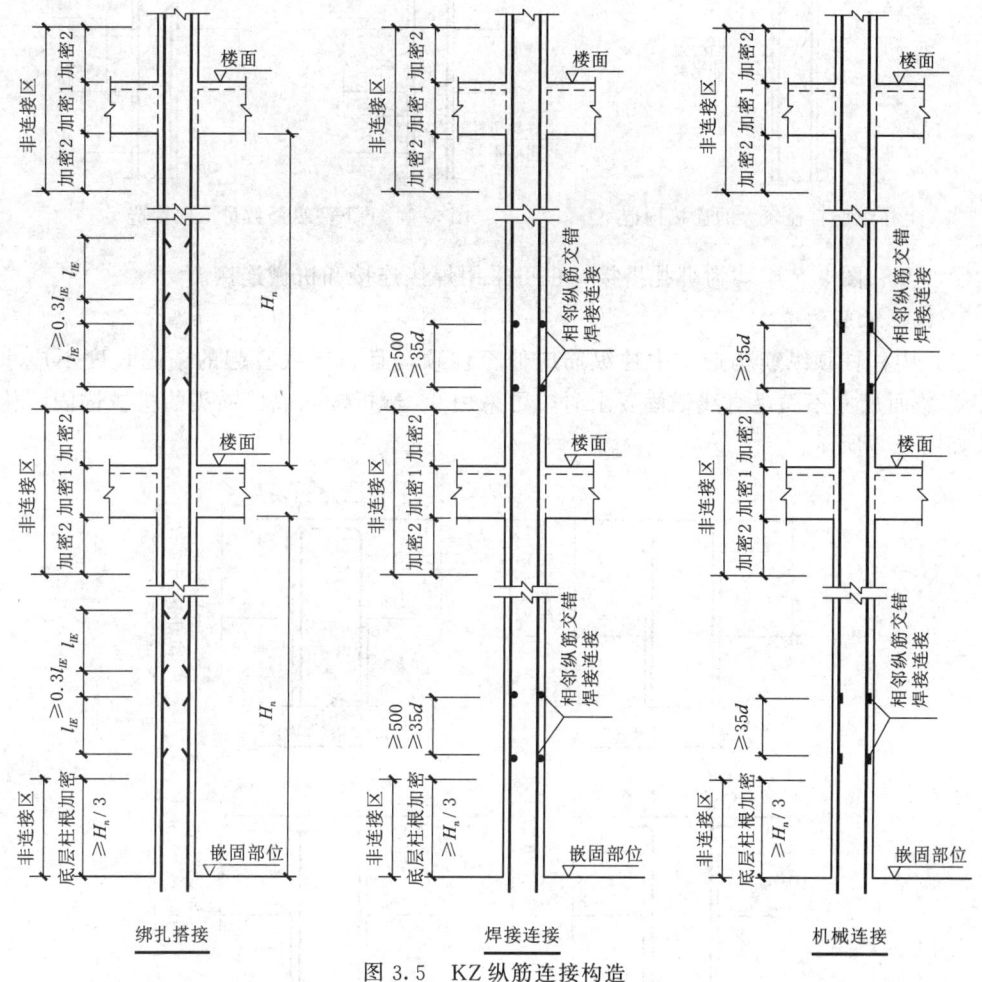

图3.5 KZ纵筋连接构造

注：1. 图中的非连接区指抗震框架柱箍筋加密区，加密范围详见图3.4，纵筋连接接头避开此区域。
2. 绑扎搭接的图示中，搭接连接的钢筋投影重叠，用45°斜划线表示钢筋的端部，而不是指此处有弯钩。
3. 采用绑扎搭接时，当某层连接区的高度小于纵筋分两批搭接所需要的高度时，应改用焊接连接或机械连接。
4. 当嵌固部位不在基础顶面时，地下室部分（基础顶面至嵌固部位）的框架柱纵筋连接构造参考图3.5，但是底层柱下端箍筋加密区范围（即图3.5中柱根加密区范围）按照图3.4中的"加密2"尺寸取值。

当上柱纵筋直径比下柱大时，不得采用图3.5的连接构造，上柱较大直径的纵筋必须进入下层进行连接，连接构造如图3.6所示。当上柱和下柱纵筋数量不同时，多出的纵筋构造如图3.7所示。

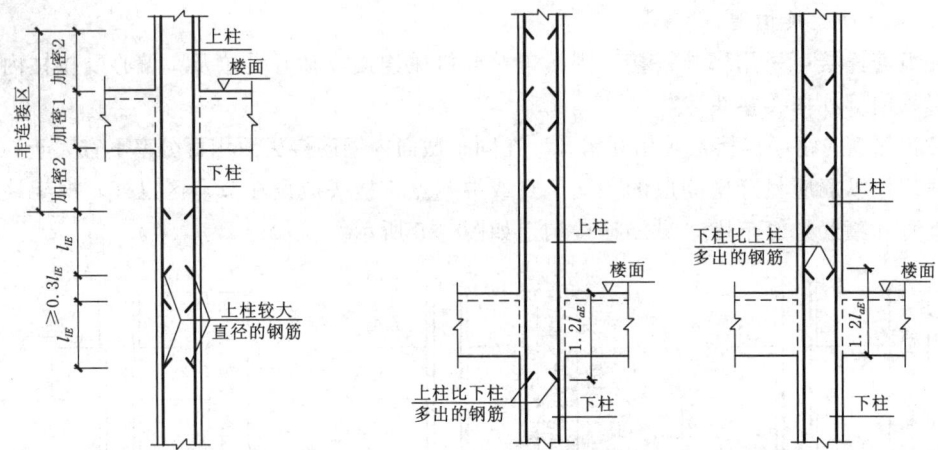

图 3.6 上柱纵筋直径较大的连接构造　　图 3.7 上下注纵筋数量不同构造

图 3.6 和图 3.7 中均为绑扎搭接，也可采用焊接连接和机械连接。

3. 柱顶纵筋构造

（1）中柱柱顶纵筋构造。中柱纵筋应伸至柱顶，且自梁底算起的锚固长度不应小于 $l_{aE}$，当截面尺寸不满足直线锚固要求时，可采用 90°弯折锚固或带锚头的机械锚固，构造要求如图 3.8 所示。

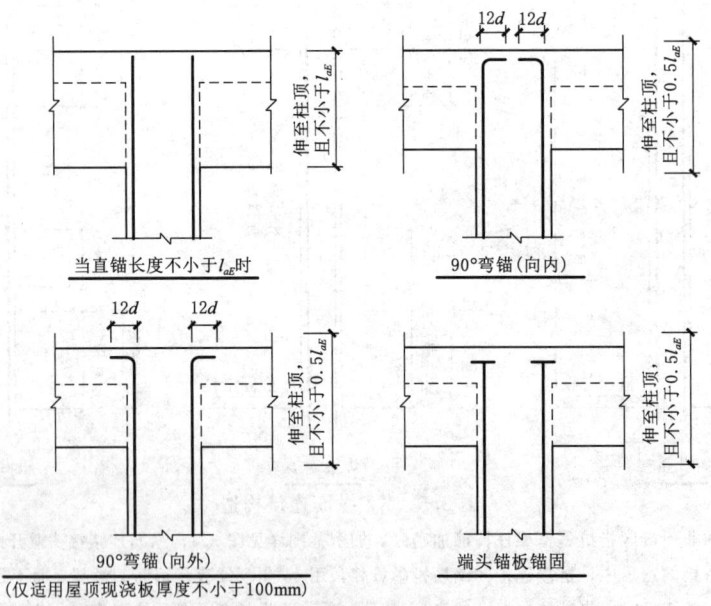

图 3.8 中柱柱顶纵筋构造

注：1. 中柱柱顶纵筋构造分四种做法，施工人员应根据不同条件正确选用。
　　2. 中柱纵筋的弯弧内半径，当钢筋直径 $d \leqslant 25mm$ 时，不宜小于 $4d$；$d > 25mm$ 时，不宜小于 $6d$。

（2）边柱和角柱柱顶纵筋构造边柱和角柱内侧柱顶纵筋构造同中柱柱顶纵筋如图 3.8 所示。

边柱和角柱外侧柱顶纵筋可弯入梁内作梁上部钢筋，也可将梁上部纵筋与柱外侧纵筋在节点及附近部位搭接，搭接可采用下列方式：

1) 柱筋入梁如图3.9所示。搭接长度自梁底起不应小于$1.5l_{abE}$，其中伸入梁内的柱外侧纵筋截面面积不宜小于其全部面积的65%；梁宽范围以外的柱外侧纵筋宜沿节点顶部伸至柱内边锚固，当柱外侧纵筋位于柱顶第一层时，伸至柱内边后宜向下弯折不小于$8d$（$d$为柱纵筋直径）后截断；当柱外侧纵筋位于柱顶第二层时，可不向下弯折。

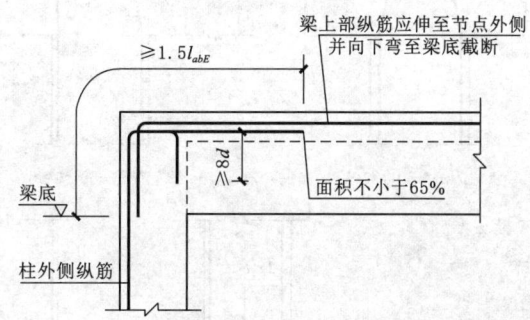

图3.9 边柱和角柱外侧柱顶纵筋构造——柱筋入梁

注：1. 当柱外侧纵筋配筋率大于1.2%时，伸入梁内的柱纵筋宜分两批截断，截断点之间距离不宜小于$20d$（$d$为柱纵筋直径）。
2. 当现浇板厚度不小于100mm时，梁宽范围以外的柱外侧纵筋也可伸入现浇板内，其长度与伸入梁内的柱纵筋相同。
3. 柱外侧柱顶纵筋的弯弧内半径，当纵筋直径$d \leqslant 25$mm时，不宜小于$6d$；$d > 25$mm时，不宜小于$8d$。钢筋弯弧外的混凝土中应配置防裂、防剥落的构造钢筋。
4. 当梁截面高度较大，从梁底起的搭接长度未伸至柱顶已满足$1.5l_{abE}$时，应延伸至柱顶并满足搭接长度$1.7l_{abE}$的要求；或者从梁底起的搭接长度弯折后未伸至柱内侧边缘已满足$1.5l_{abE}$时，其弯折后包括弯弧在内的水平段的长度不应小于$15d$（$d$为柱纵向钢筋的直径）。

2) 梁筋入柱如图3.10所示。搭接长度自柱顶算起不应小于$1.7l_{abE}$。

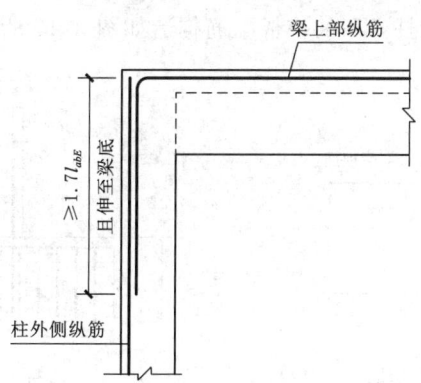

图3.10 边柱和角柱外侧柱顶纵筋构造——梁筋入柱

注：1. 当梁上部纵向钢筋的配筋率大于1.2%时，锚入柱外侧的梁上部纵向钢筋宜分两批截断，其截断点之间的距离不宜小于$20d$（$d$为梁筋直径）。
2. 顶层端节点梁上部纵筋的弯弧内半径，当纵筋直径$d \leqslant 25$mm时，不宜小于$6d$；$d > 25$mm时，不宜小于$8d$。

**4. 柱变截面处纵筋构造**

上下柱变截面时，当柱纵筋倾斜度不大于1/6时，柱纵筋允许直接弯折，否则应弯锚，纵筋构造要求如图3.11所示。

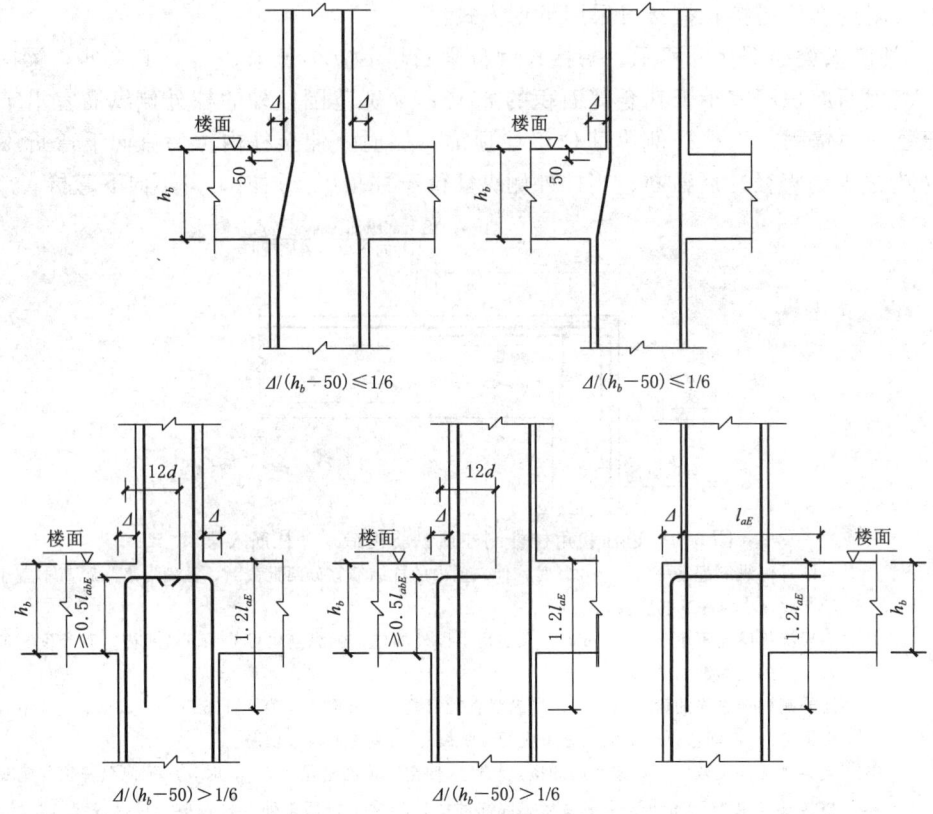

图 3.11 柱变截面处纵筋构造

5. QZ、LZ 柱根配筋构造

剪力墙上柱 QZ 和梁上柱 LZ 的柱根配筋构造如图 3.12 所示。

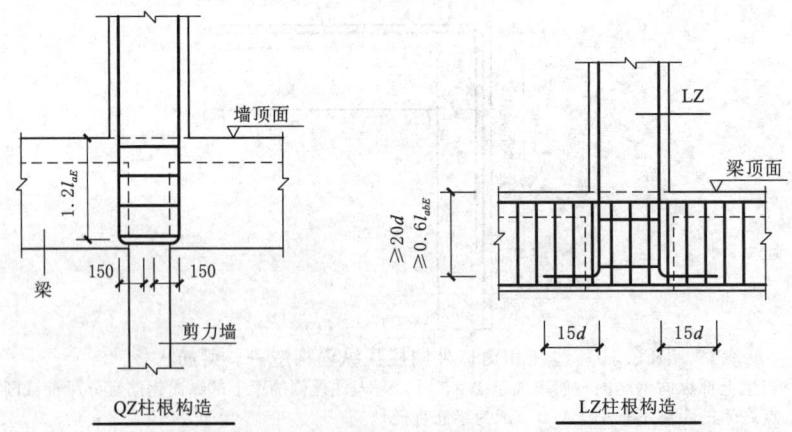

图 3.12 QZ、LZ 柱根配筋构造

注：1. 墙上起柱时，在墙顶面标高以下锚固范围内的柱箍筋按上柱非加密区箍筋要求配置。
2. 梁上起柱时，在梁内设置间距不大于 500mm 且至少两道柱箍筋。
3. 墙上起柱（柱纵筋锚固在墙顶部时）和梁上起柱时，墙体和梁的平面外方向应设梁，以平衡柱脚在该方向的弯矩。

## 3.5 识读案例

下面引入高层商务大厦的柱施工图,总共4张施工图:结施08"基础顶~-0.050墙柱平面图"、结施09"边缘构件墙、柱大样"、结施10"-0.050~14.200墙柱平面图"、结施11"14.200~28.450墙柱平面图"、结施12"28.450~55.500墙柱平面图"。该工程柱墙施工图合并绘制,先进行柱施工图部分的识读。

通常先逐层阅读柱平面布置图,再识读柱的截面尺寸与配筋,最后根据平法标准构造详图考虑柱钢筋构造等施工要求。具体识读步骤如下:

(1) 查看柱平面图,结合建筑平面图,明确柱定位布置合理。从下往上逐层查看,以地下二层为例,先看结施08,并对照建施06"地下室二层平面图",核对轴网、轴线编号、轴线尺寸与建筑图是否一致,编号及尺寸标注是否齐全,分尺寸与总尺寸有无矛盾。根据建筑平面图中墙、门窗的位置,逐一检查柱的平面布置与建筑平面图是否一致,柱的位置是否合理。

(2) 查看柱平面图,明确柱编号及定位尺寸。从下往上逐层查看,以地下二层为例,自Ⓐ轴到Ⓖ轴,逐条轴线查看柱编号及定位尺寸是否完整。

(3) 查看层高表或文字说明,结合结构设计总说明,明确柱混凝土要求。该工程层高表中未注写柱混凝土强度等级,查看平法图中文字说明"结构混凝土强度等级:墙、柱基础顶~标高4.700采用C40;标高4.700~标高23.700采用C35;标高23.700以上采用C30",结构设计总说明中与柱混凝土相关的内容,比如"与水土接触部位采用P6抗渗混凝土"、"柱(墙)混凝土强度等级高于梁(板)时,且相差大于5MPa时,梁(板)柱(墙)节点区混凝土强度等级应与柱(墙)同,不同强度等级的混凝土交界面应按下图施工。相差不大于5MPa时,该节点处的混凝土可随梁板一同浇筑"等,明确柱混凝土的施工要求。

(4) 查看柱平面图和柱配筋详图,明确柱纵筋、箍筋要求。逐层查看柱配筋,仔细核对与平面图标高段对应的配筋详图,明确每一个框架柱的角筋、中部筋、箍筋配置要求,并结合结构设计总说明,明确该工程框架柱纵筋应采用抗震(带E)钢筋,以及"柱主筋宜优先采用机械接头,其余构件当受力钢筋直径不小于22mm时,应采用机械接头"的施工要求。

(5) 查看层高表、相关文字说明,结合平法图集,掌握柱纵筋连接构造、箍筋构造等。识读结构设计总说明,已经知道该工程上部结构的嵌固端为地下室顶板面。查看层高表,确认表述一致,明确嵌固端位置在地下室顶板面。

按照该工程框架抗震等级为三级的要求,结合平法图集,做到施工时能明确每一个框架柱的纵筋连接点位置、箍筋加密区范围、箍筋弯钩构造等具体要求。

## 3.6 识读要点

掌握柱平法施工图的基本识读方法以后,还需要反复练习,结合实际灵活应用,才能融会贯通、提升柱平法施工图的识读能力与技巧。

识读柱平法施工图时，需要特别关注以下要点：

1. 嵌固部位

根据柱平法施工图中的层高表确定柱子嵌固部位和需要考虑嵌固作用的部位，柱端箍筋加密区长度范围及纵筋连接位置均按嵌固部位的要求设置。

| 层号 | 标高/m | 层高/m |
|---|---|---|
| 4 | 12.270 | 3.60 |
| 3 | 8.670 | 3.60 |
| 2 | 4.470 | 4.20 |
| 1 | −0.030 | 4.50 |
| −1 | −4.530 | 4.50 |
| −2 | −9.030 | 4.50 |

结构层楼面标高
结构层高
上部结构嵌固部位：−0.030

图 3.13 层高表

图 3.13 表示上部结构的嵌固端标高为 −0.030m，施工时 −4.530～−0.030m 柱及 −0.030～4.470m 柱，其下端柱箍筋加密区长度均应取柱净高的 1/3。

2. 短柱

剪跨比不大于 2 的柱、因设置填充墙等形成的柱净高与柱截面高度之比不大于 4 的柱，应沿柱全高箍筋加密。

柱净高与柱截面高度之比不大于 4 的柱，称为短柱。从施工图中，无法判断剪跨比，但是可以判断是否为短柱。在实际工程中，需要重点关注楼梯中间平台处的框架柱、高层建筑底部的几层框架柱，因为楼梯中间平台处的框架柱的柱高通常仅半层高，而高层建筑的底部几层框架柱截面较大，这都有可能形成短柱，故需要确保柱箍筋加密区的范围取值正确。

3. 边柱和角柱顶层外侧纵筋

框架为空间结构体系。图 3.14（a）所示为框架边柱，对 X 方向框架为边柱、对 Y 方向框架为中柱；图 3.14（b）所示为框架角柱，对于 X、Y 方向框架均为边柱。

对于边柱和角柱，按照顶角节点外侧纵筋构造要求施工的纵筋如图 3.9 和图 3.10 所示，其余纵筋按中柱纵筋要求施工。

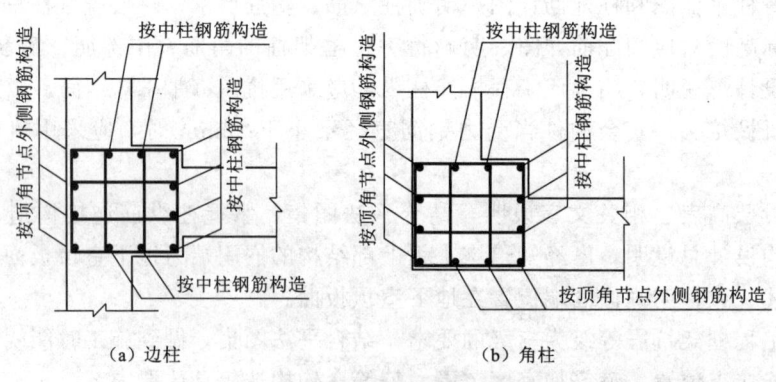

（a）边柱　　　　（b）角柱

图 3.14 顶层边柱外侧钢筋

4. 框架节点核心区箍筋的布置

根据钢筋排布规则，框架节点核心区最上一组箍筋应紧贴框架梁上部纵筋的上表面设置，框架节点核心区最下一组箍筋应紧贴框架梁下部纵筋的下表面设置。柱端加密区的第一道箍筋距离梁底、梁面 50mm，梁第一道箍筋距柱边 50mm，框架节点核心区不设梁箍筋，如图 3.15 所示。

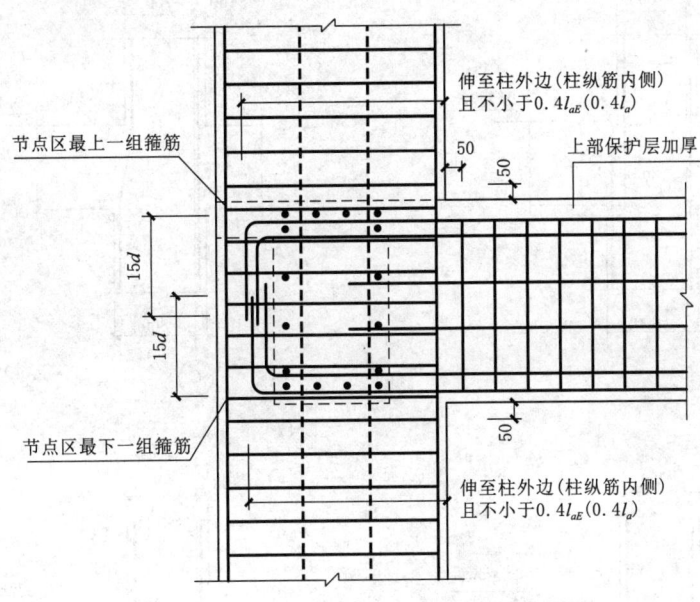

图 3.15 节点核心区箍筋的布置

# 能 力 测 试 题

**一、识读高层商务大厦的"墙柱平面图"，完成下列单选题。**

1. 四层柱混凝土强度等级为（　　）。

   A. C30　　　　　B. C35　　　　　C. C40　　　　　D. C45

2. 三层柱图中，⑥轴处 KZ4 的纵筋应采用（　　）连接。

   A. 机械　　　　　B. 焊接　　　　　C. 绑扎搭接　　　　　D. 任意一种

3. 地下室柱的抗震等级为（　　）。

   A. 一级　　　　　B. 二级　　　　　C. 三级　　　　　D. 四级

4. 屋面层梁配筋平面中，LZ 纵筋伸入下部框架梁竖直段长度 $L$ 为（　　）mm。

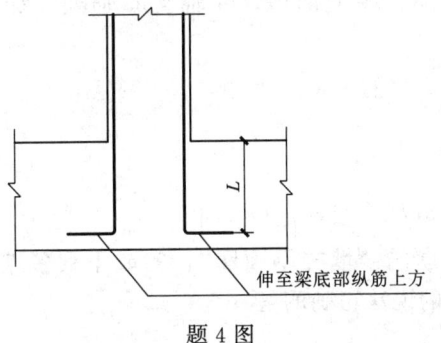

题 4 图

A. 240　　　　　　　B. 320　　　　　　　C. 697　　　　　　　D. 520

5. 9.450标高处，⑨轴交Ⓒ轴柱纵筋做法正确且经济合理的是（　　）。

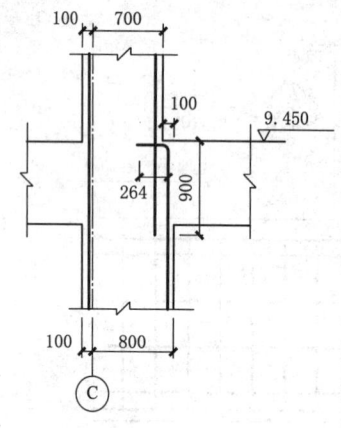

A.　　　　　　　　　　　　　　　　　　B.

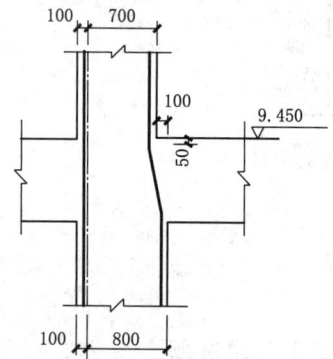

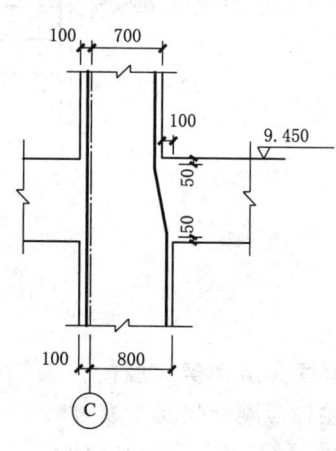

C.　　　　　　　　　　　　　　　　　　D.

题 5 图

6. 五层净高范围内，⑥轴交Ⓒ轴 KZ4 柱底箍筋加密区高度经济合理的一项是（考虑第一道箍筋距离楼面50mm）（　　）mm。

A. 1350　　　　　　　B. 850　　　　　　　C. 667　　　　　　　D. 500

7. −0.050～14.200 墙柱平面图中，⑨轴交⑮轴处柱标注中，括号里的数值表示（　　）。

A. 4.700～14.200 标高段的定位尺寸

B. 柱加密区高度

C. 柱纵筋搭接长度

D. 地下室顶板至 4.700 标高段的定位尺寸

二、识读高层商务大厦的"墙柱平面图"，完成下列多选题。

1. 以下关于本工程柱的说法正确的是（　　）。

A. 所有框架柱均采用复合箍
B. 地下一层 KZ3 的配筋率为 1.165%
C. Ⓕ轴框架柱的柱顶标高均为 55.500
D. 三层框架柱混凝土保护层厚度为 20mm
E. 混凝土保护层需设防裂钢筋网片：⊥4@200×200

2. 以下关于柱的说法，错误的是（    ）。

A. 框架柱在有填充墙位置无须预留拉结筋，可在二次结构采用植筋的方式
B. 梁柱节点钢筋过密的部位，可适当加大柱箍筋间距
C. 地下二层柱 KZ2 箍筋封闭直钩长度为 120mm
D. 框架柱的嵌固部位为基础顶面
E. 地下室柱编号 DKZ1 的顶标高为 −0.050

# 任务 4

# 墙施工图识读

【知识与能力目标】能识读剪力墙施工图，明确剪力墙（剪力墙身、剪力墙柱及剪力墙梁）的截面尺寸、标高及配筋构造、剪力墙洞口尺寸、定位及加筋构造；能识读地下室外墙施工图，明确外墙截面尺寸、标高及配筋构造等。

## 4.1 图纸形成

按照平法制图规则绘制的剪力墙施工图包括剪力墙平法施工图和剪力墙标准构造详图。

1. 剪力墙平法施工图

剪力墙平法施工图是在剪力墙平面布置图上采用截面注写方式或列表注写方式表达剪力墙各构件的截面尺寸、定位及配筋等信息。剪力墙各构件包括剪力墙身、剪力墙柱、剪力墙梁。剪力墙平法施工图中，应按规定加注层高表，标注嵌固部位和底部加强部位，并用粗实线表示剪力墙身和墙柱的竖向标高范围、剪力墙梁的结构层楼面标高。

剪力墙平面布置图，应分别按剪力墙的不同标准层，将全部墙一起绘制。绘图时剪力墙身、剪力墙墙柱的轮廓线采用粗实线，剪力墙梁可见边线用细实线表示，不可见边线用细虚线表示。当采用截面注写方式绘制墙柱配筋时，墙柱轮廓线采用细线，柱箍筋采用粗实线。

剪力墙平法施工图，可采用适当比例单独绘制，也可与柱合并绘制。

2. 剪力墙标准构造详图

剪力墙标准构造详图包括剪力墙身、剪力墙柱、剪力墙梁的纵筋、箍筋等构造，可直接选用平法图集，也可单独绘制。

剪力墙施工图是剪力墙构件定位放线、施工的依据。

## 4.2 图示内容

剪力墙施工图应按现行国家标准《房屋建筑制图统一标准》（GB/T 50001—2017）、《建筑制图标准》（GB/T 50104—2010）、《建筑结构制图标准》（GB/T 50105—2010）的要求绘制。

剪力墙平面布置图绘制比例最常用的是 1∶50、1∶100 等。剪力墙柱截面详图的绘制比例常采用 1∶20、1∶25 或 1∶50。

剪力墙平法施工图还应按照现行平法图集的制图规则绘制。

剪力墙平法施工图中表达内容,分为截面注写和列表注写两种方式,分别按照内容主次关系,识读顺序详见表 4.1 和表 4.2。

表 4.1　　　　　　　　剪力墙平法施工图的图示内容(截面注写)

| 序号 | 类　　别 | 主　　要　　内　　容 |
| --- | --- | --- |
| 1 | 轴网 | (1) 定位轴线、轴线编号。<br>(2) 轴线总尺寸、轴线间尺寸 |
| 2 | 剪力墙构件——墙身 | (1) 墙身轮廓。<br>(2) 墙身定位尺寸。<br>(3) 墙身编号 |
| 2 | 剪力墙构件——墙身详注<br>(相同编号选一道) | (1) 墙身轮廓。<br>(2) 墙身定位尺寸。<br>(3) 墙身编号(包含钢筋排数)。<br>(4) 墙身厚度。<br>(5) 水平分布钢筋。<br>(6) 竖向分布钢筋。<br>(7) 拉筋 |
| 3 | 剪力墙构件——墙柱 | (1) 墙柱轮廓。<br>(2) 墙柱定位尺寸。<br>(3) 墙柱编号 |
| 3 | 剪力墙构件——墙柱截面详图<br>(相同编号选一根) | (1) 墙柱轮廓。<br>(2) 墙柱定位尺寸。<br>(3) 墙柱截面配筋示意图。<br>(4) 墙柱编号。<br>(5) 墙柱纵筋。<br>(6) 墙柱箍筋 |
| 4 | 剪力墙构件——墙梁 | (1) 墙梁轮廓。<br>(2) 墙梁定位尺寸。<br>(3) 墙梁编号 |
| 4 | 剪力墙构件——墙梁详注<br>(相同编号选一根) | (1) 墙梁轮廓。<br>(2) 墙梁定位尺寸。<br>(3) 墙梁编号。<br>(4) 墙梁截面尺寸:$b \times h$。<br>(5) 墙梁箍筋。<br>(6) 墙梁上部纵筋、下部纵筋。<br>(7) 墙梁侧面纵筋。<br>(8) 墙梁顶面标高的高差 |

续表

| 序号 | 类别 | 主要内容 |
| --- | --- | --- |
| 5 | 剪力墙洞口 | (1) 洞口轮廓。<br>(2) 洞口中心的平面定位尺寸。<br>(3) 洞口编号。<br>(4) 洞口几何尺寸。<br>(5) 洞口中心相对标高。<br>(6) 洞口边的补强钢筋 |
| 6 | 层高表 | (1) 结构层号、结构层楼面标高、结构层高。<br>(2) 上部结构嵌固部位。<br>(3) 底部加强部位。<br>(4) 墙身和墙柱的竖向标高段范围。<br>(5) 墙梁的结构层楼面标高。<br>(6) 混凝土强度等级：可在层高表中加注 |
| 7 | 其他标注 | (1) 图名：明确本图对应的竖向标高段范围。<br>(2) 比例。<br>(3) 混凝土强度等级：可文字说明 |

表 4.2　　剪力墙平法施工图的图示内容（列表注写）

| 序号 | 类别 | 主要内容 |
| --- | --- | --- |
| 1 | 轴网 | (1) 定位轴线、轴线编号。<br>(2) 轴线总尺寸、轴线间尺寸 |
| 2 | 剪力墙构件 | 墙身、墙柱、墙梁轮廓 |
| 2 | 剪力墙构件标注 | (1) 墙身、墙柱、墙梁定位尺寸。<br>(2) 墙身、墙柱、墙梁编号 |
| 3 | 剪力墙洞口 | (1) 洞口轮廓。<br>(2) 洞口中心的平面定位尺寸。<br>(3) 洞口编号。<br>(4) 洞口几何尺寸。<br>(5) 洞口中心相对标高。<br>(6) 洞口边的补强钢筋 |
| 4 | 墙身表 | (1) 墙身编号（包含钢筋排数）。<br>(2) 各段墙身的起止标高。<br>(3) 墙身厚度。<br>(4) 水平分布筋。<br>(5) 竖向分布筋。<br>(6) 拉筋 |
| 5 | 墙柱表 | (1) 墙柱编号。<br>(2) 各段墙柱的起止标高。<br>(3) 墙柱截面配筋示意图。<br>(4) 墙柱纵筋。<br>(5) 墙柱箍筋 |

续表

| 序号 | 类别 | 主要内容 |
|---|---|---|
| 6 | 墙梁表 | (1) 墙梁编号。<br>(2) 墙梁所在的楼层号。<br>(3) 墙梁截面尺寸：$b \times h$。<br>(4) 墙梁上部纵筋、下部纵筋。<br>(5) 墙梁箍筋。<br>(6) 墙梁顶面标高的高差。 |
| 7 | 层高表 | (1) 结构层号、结构层楼面标高、结构层层高。<br>(2) 上部结构嵌固部位。<br>(3) 底部加强部位。<br>(4) 墙身和墙柱的竖向标高段范围。<br>(5) 墙梁的结构层楼面标高。<br>(6) 混凝土强度等级：可在层高表中加注 |
| 8 | 其他标注 | (1) 图名：明确本图对应的竖向标高段范围。<br>(2) 比例：通常采用双比例绘制，因此可不注写。<br>(3) 混凝土强度等级：可文字说明 |

剪力墙构件标准构造详图的内容包括墙身构造、墙柱构造、墙梁构造等，详见平法图集，根据具体要求选用。在 4.4 标准构造要求中也会介绍主要标准构造详图，此处不再列出。

## 4.3 平法制图规则

1. 剪力墙构件类型

剪力墙由剪力墙身、剪力墙柱和剪力墙梁三类构件构成，类型代号见表 4.3。

表 4.3　　　　　　　　　　剪力墙构件类型代号

| 类型 | | 代号 |
|---|---|---|
| 剪力墙身 | | Q |
| 剪力墙柱 | 约束边缘构件 | YBZ |
| | 构造边缘构件 | GBZ |
| | 非边缘暗柱 | AZ |
| | 扶壁柱 | FBZ |
| 剪力墙梁 | 连梁 | LL |
| | 连梁（对角暗撑配筋） | LL（JC） |
| | 连梁（交叉斜筋配筋） | LL（JX） |
| | 连梁（集中对角斜筋配筋） | LL（DX） |
| | 连梁（跨高比不小于5） | LLk |
| | 暗梁 | AL |
| | 边框梁 | BKL |

## 2. 剪力墙平法制图规则——截面注写方式

截面注写方式是在各层剪力墙平面布置图上,以直接在墙身、墙柱、墙梁上注写截面尺寸和配筋具体数值的方式来表达剪力墙平法施工图。

(1)墙身:在剪力墙平面布置图上,从相同编号的墙身中选一道,原位注写墙身与轴线的定位尺寸,并引出注写墙身具体内容,见表4.4。

表 4.4    墙身引出标注内容(截面注写)

| 序号 | 主 要 内 容 | |
|---|---|---|
| 1 | 墙身编号 | 墙身类型代号、序号、墙身水平与竖向分布钢筋的排数<br>注:钢筋排数为2排时可省略不注 |
| 2 | 墙身厚度 | 墙厚:具体数值 |
| 3 | 水平分布钢筋 | 水平:级别、直径、间距 |
| 4 | 竖向分布钢筋 | 竖向:级别、直径、间距 |
| 5 | 拉筋 | 拉筋:级别、直径、间距、布置方式(矩形或梅花) |

如果剪力墙身截面尺寸与配筋相同,仅截面与轴线的关系不同时,可将其编为同一墙身编号,在平面图中注明其与轴线的几何关系即可。对于剪力墙柱编号,也是同样操作。

表 4.5  墙柱引出标注内容(截面注写)

| 序号 | 主 要 内 容 | |
|---|---|---|
| 1 | 墙柱编号 | 墙柱类型代号、序号 |
| 2 | 全部纵筋 | 数量、级别、直径 |
| 3 | 箍筋 | 级别、直径、间距 |

(2)墙柱:在剪力墙平面布置图上,从相同编号的墙柱中选择一个截面绘制配筋图,绘制全部纵筋及箍筋,在原位注写墙柱与轴线的定位尺寸,并引出注写墙柱具体内容,见表4.5。

(3)墙梁:在剪力墙平面布置图上,从相同编号的墙梁中选择一根墙梁,引出注写墙梁具体内容,见表4.6。

表 4.6    墙梁引出标注内容(截面注写)

| 序号 | 主 要 内 容 | |
|---|---|---|
| 1 | 墙梁编号 | 墙梁类型代号、序号 |
| 2 | 截面尺寸 | $b \times h$ |
| 3 | 箍筋 | 级别、直径、间距 |
| 4 | 上部纵筋 | 数量、级别、直径 |
| 5 | 下部纵筋 | 数量、级别、直径 |
| 6 | 梁面高差 | 墙梁顶面标高与该结构层基准标高的高差,高于者为正,低于者为负,无高差时不注 |
| 7 | 侧面纵筋 | 当墙身水平分布钢筋不满足墙梁侧面纵向钢筋的构造要求时:以大写字母N打头,直接注写直径与间距<br>注:侧面纵筋在支座内的锚固要求同连梁纵向受力钢筋 |

## 3. 剪力墙平法制图规则——列表注写方式

剪力墙的墙身表、墙柱表、墙梁表中均有列表注写方式，对应于剪力墙平面布置图上的编号，注写几何尺寸与配筋具体数值的方式，来表达剪力墙平法施工图。

(1) 墙身：剪力墙平面布置图上注写墙身编号，墙身表中表达具体内容，见表4.7。

表 4.7　　　　　　　　　　　　墙身表的标注内容

| 序号 | 主要内容 | |
|---|---|---|
| 1 | 墙身编号 | 墙身类型代号、序号、墙身水平与竖向分布钢筋的排数<br>注：钢筋排数为两排时可省略不注 |
| 2 | 墙身起止标高 | 自墙身根部标高起，到变截面位置或截面未变但配筋改变处，分段注写 |
| 3 | 墙身厚度 | 墙厚：具体数值 |
| 4 | 水平分布钢筋 | 水平：级别、直径、间距 |
| 5 | 竖向分布钢筋 | 竖向：级别、直径、间距 |
| 6 | 拉筋 | 拉筋：级别、直径、间距、布置方式（矩形或梅花） |

(2) 墙柱：剪力墙平面布置图上注写墙柱编号，墙柱表中表达具体内容，见表4.8。对于约束边缘构件还应在平面布置图中注明沿墙肢长度 $l_c$ 及非阴影区拉筋（或箍筋）直径。

表 4.8　　　　　　　　　　　　墙柱表的标注内容

| 序号 | 主要内容 | |
|---|---|---|
| 1 | 墙柱编号 | 墙柱类型代号、序号 |
| 2 | 截面配筋图 | 标准墙柱几何尺寸 |
| 3 | 墙柱起止标高 | 自墙柱根部标高起，到变截面位置或截面未变但配筋改变处，分段注写 |
| 4 | 全部纵筋 | 数量、级别、直径<br>注：注写值应与截面配筋图对应一致 |
| 5 | 箍筋 | 级别、直径、间距 |

(3) 墙梁：剪力墙平面布置图上注写墙梁编号，墙梁表中表达具体内容，见表4.9。

表 4.9　　　　　　　　　　　　墙梁表的标注内容

| 序号 | 主要内容 | |
|---|---|---|
| 1 | 墙梁编号 | 墙梁类型代号、序号 |
| 2 | 楼层号 | 墙梁所在的楼层号 |
| 3 | 梁面高差 | 墙梁顶面标高与该结构层基准标高的高差，高于者为正，低于者为负，无高差时不注 |

续表

| 序号 | 主要内容 | |
|---|---|---|
| 4 | 截面尺寸 | $b \times h$ |
| 5 | 上部纵筋 | 数量、级别、直径 |
| 6 | 下部纵筋 | 数量、级别、直径 |
| 7 | 箍筋 | 级别、直径、间距 |
| 8 | 侧面纵筋 | 当墙身水平分布钢筋不满足墙梁侧面纵向钢筋的构造要求时：以大写字母 N 打头，直接注写直径与间距<br>注：侧面纵筋在支座内的锚固要求同连梁纵向受力钢筋 |

对于跨高比不小于 5 的连梁，按框架梁设计时（代号为 LLk××），采用平面注写方式，注写规则同框架梁，纵向受力锚固要求及锚固区箍筋设置要求同一般连梁。

当连梁设有交叉斜筋、对角斜筋或对角暗撑时，注写要求如下：

1）当连梁设有交叉斜筋时，注写连梁一侧对角斜筋的配筋值，并标注×2 表明对称设置；注写对角斜筋在连梁端部设置的拉筋根数、规格及直径，并标注×4 表示四个角均设置；注写连梁一侧折线筋配筋值，并标注×2 表明对称布置。

2）当连梁设有集中对角斜筋时，注写一条对角线上的对角斜筋，并标注×2 表明对称布置。

3）当连梁设有对角暗撑时，注写暗撑截面尺寸（箍筋外皮尺寸），注写一根暗撑的全部纵筋，并标注×2 表明有两根暗撑相互交叉；注写暗撑箍筋的具体数值。

**4. 剪力墙洞口的表示方法**

无论采用列表注写方式还是截面注写方式，剪力墙上洞口均可在剪力墙平面布置图上原位表达。

剪力墙洞口的表示方法为：在剪力墙平面布置图上绘制洞口示意，并标注洞口中心的平面定位尺寸，在洞口中心位置引注，引出标注内容见表 4.10。

表 4.10　　　　　　　　　剪力墙洞口引出标注内容

| 序号 | 主要内容 | |
|---|---|---|
| 1 | 洞口编号 | 矩形洞口为 JD，圆形洞口为 YD，×× 表示序号 |
| 2 | 洞口几何尺寸 | 矩形洞口：洞宽×洞高（$h \times b$）；圆形洞口：洞口直径 $D$ |
| 3 | 洞口中心相对标高 | 洞口中心高于楼（地）面结构标高时为正值，反之为负值 |
| 4 | 洞口边的补强钢筋 | 矩形洞口 $b \leqslant 800mm$ 且 $h \leqslant 800mm$、圆形洞口 $D \leqslant 300mm$ 时：洞口每边补强钢筋的具体数值<br>注：当洞宽、洞高方向补强钢筋不一致时，分别注写洞宽方向、洞高方向补强钢筋，以"/"分隔<br><br>$300mm < $ 圆形洞口 $D \leqslant 800mm$ 时：洞口每边补强钢筋的具体数值、环向加强钢筋的数值 |

续表

| 序号 | 主要内容 |
|---|---|
| 4 | 洞口边的补强钢筋 | (1) 矩形洞口 $b>800$mm 时，洞口的上、下需设置补强暗梁；洞口上、下每边暗梁的纵筋与箍筋的具体数值。<br>(2) 圆形洞口 $D>800$mm 时，洞口的上、下需设置补强暗梁；洞口上、下每边暗梁的纵筋与箍筋的具体数值、环向加强钢筋的数值。<br>注：当设计未标注暗梁的高度时，一律取 400mm。 |

当洞口上、下设有连梁时，洞口边的补强钢筋可不标注。此时，洞口竖向两侧一般设置边缘构件，其截面与配筋详见边缘构件详图。

当圆形洞口设置在连梁中部 1/3 范围、洞边距梁面和梁底均应不小于 200mm，圆洞直径 $D$ 应不大于 300mm 和梁高的 1/3，此时需注写在圆洞上、下水平设置的每边补强纵筋与箍筋。

## 4.4 标准构造要求

剪力墙标准构造主要包括剪力墙水平筋构造、剪力墙竖向筋构造、剪力墙拉筋构造、剪力墙边缘构件构造、剪力墙连梁构造。

1. 剪力墙水平筋构造

剪力墙水平筋的搭接长度不应小于 $1.2l_{aE}$，同排水平筋的搭接接头之间以及竖向上、下相邻水平筋的搭接接头之间，沿水平方向的净间距不宜小于 500mm，如图 4.1 所示。

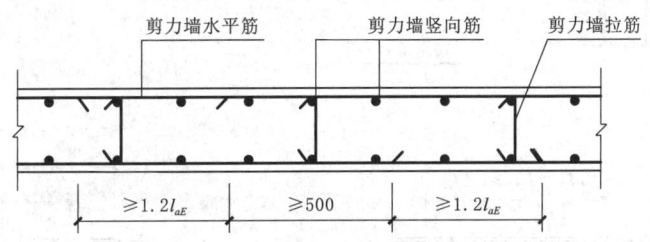

图 4.1 剪力墙水平筋交错搭接
注：沿竖向高度方向，剪力墙水平筋每隔一根错开搭接。

剪力墙水平筋应伸至墙端，并紧贴角筋内侧向内水平弯折 $10d$（$d$ 为钢筋直径），如图 4.2 所示。

端部有翼墙的剪力墙，墙内水平筋应伸至翼墙外边，并紧贴角筋内侧分别向两侧水平弯折 $15d$（$d$ 为钢筋直径），如图 4.3 所示。

端部有端柱的剪力墙，墙内水平筋应伸至

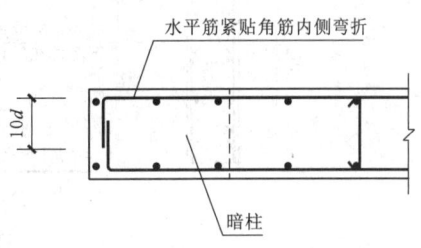

图 4.2 剪力墙水平筋端部构造（暗柱）

端柱对边，并紧贴角筋内侧分别向两侧水平弯折15d（d为钢筋直径），如图4.4所示。

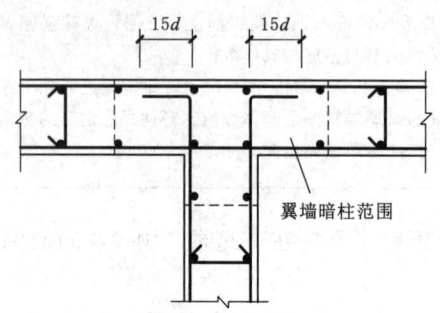

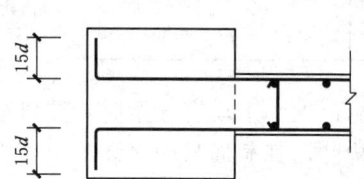

图4.3 剪力墙水平筋端部构造（翼墙）　　图4.4 剪力墙水平筋端部构造（端柱）

注：当水平筋伸入端柱的直锚长度不小于$l_{aE}$时，可直锚。

转角剪力墙内侧的水平筋应伸至转角外边，并分别向两侧水平弯折15d，外侧的水平筋应连续转弯，或伸至边缘构件外搭接，搭接长度不应小于$1.2l_{aE}$，如图4.5所示。

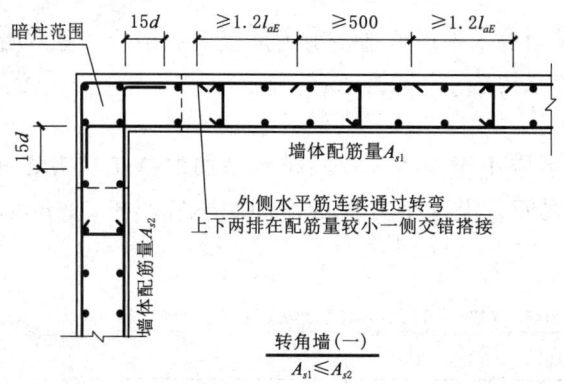

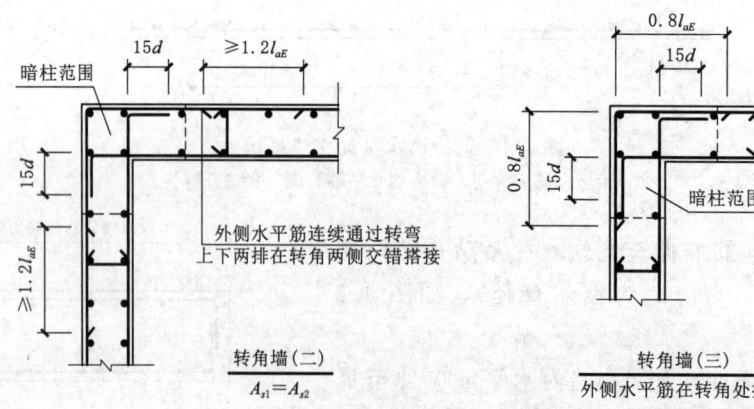

图4.5 剪力墙水平筋构造（转角墙）

## 2. 剪力墙竖向筋构造

剪力墙竖向筋连接通常采用绑扎搭接,可在楼层面标高起开始搭接,搭接长度不应小于$1.2l_{aE}$,如图4.6所示。但对于一、二级抗震等级的剪力墙底部加强区,竖向筋搭接相邻接头应错开,如图4.7所示。

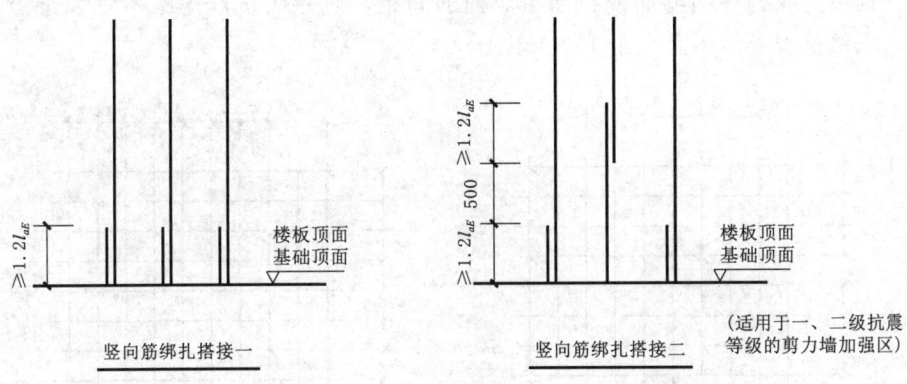

图4.6 剪力墙竖向筋连接构造一　　图4.7 剪力墙竖向筋连接构造二

剪力墙竖向筋连接也可采用焊接连接或机械连接,相邻钢筋接头应错开,如图4.8所示。

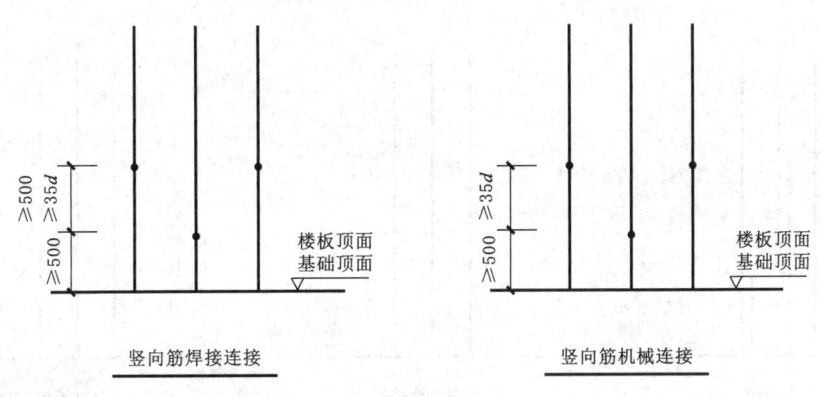

图4.8 剪力墙竖向筋连接构造三

剪力墙竖向筋顶部构造如图4.9所示。

## 3. 剪力墙拉筋构造

剪力墙平法制图规则中要求注明拉筋的布置方式"矩形"或"梅花",设剪力墙竖向筋间距为$a$,水平筋间距为$b$,"矩形"方式的拉筋为@3a3b双向布置,如图4.10所示,"梅花"方式的拉筋为@4a4b梅花双向布置,如图4.11所示。

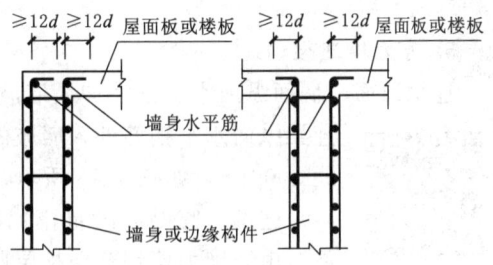

图4.9 剪力墙竖向筋顶部构造

### 4. 剪力墙边缘构件构造

剪力墙边缘构件纵筋连接可采用绑扎搭接、焊接连接或机械连接，相邻钢筋接头应错开，三种方式的连接要求如图4.12所示。

边缘构件的箍筋、拉筋沿水平方向的肢距不宜大于300mm，不应大于竖向钢筋间距的2倍。约束边缘构件的箍筋或拉筋沿竖向的间距，对一级抗震等级不宜大于100mm，对二级、三级抗震等级不宜大于150mm。

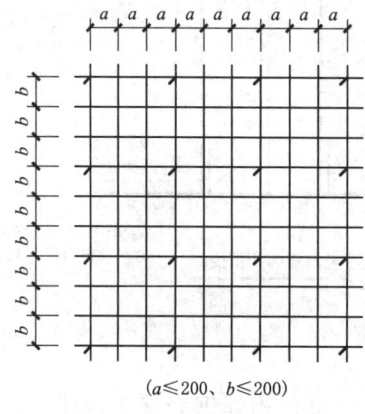
图4.10 剪力墙拉筋"矩形"布置

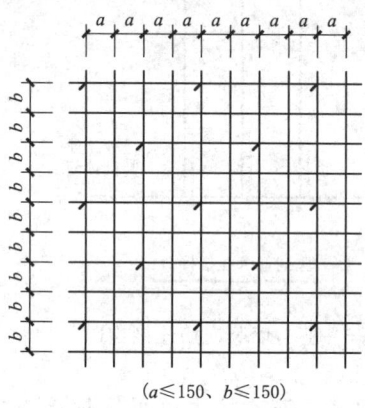
图4.11 剪力墙拉筋"梅花"布置

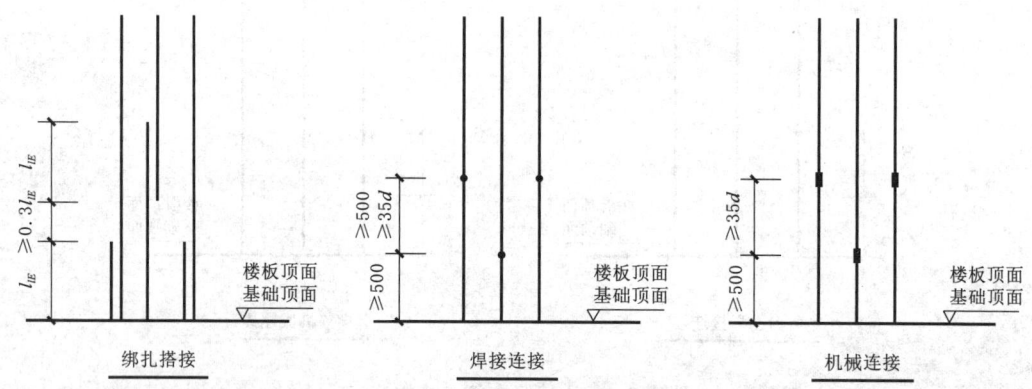
图4.12 剪力墙边缘构件以纵筋连接构造

### 5. 剪力墙连梁构造

连梁顶面、底面纵向水平钢筋伸入墙肢的长度不应小于且均不应小于600mm。顶层连梁纵向水平钢筋伸入墙肢的长度范围内应配置箍筋，直径同连梁箍筋间距150mm，如图4.13所示。

连梁、暗梁高度范围内的剪力墙水平筋应拉通作为连梁、暗梁的腰筋，由于剪力墙钢筋保护层厚度比梁筋至少小5mm，因此剪力墙水平筋放置在连梁、暗梁箍筋外侧，如图4.14所示。

高层商务大厦施工图

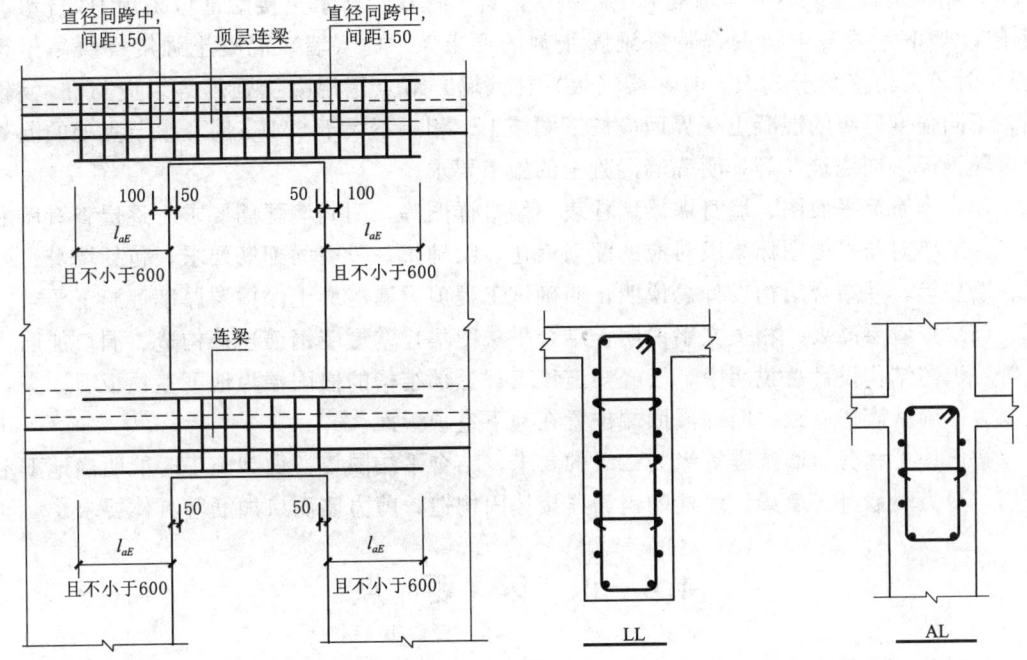

图 4.13 剪力墙连梁配筋构造

图 4.14 剪力墙连梁、暗梁腰筋构造
注：剪力墙竖向筋应连续贯穿暗梁。

## 4.5 识 读 案 例

下面引入高层商务大厦的墙施工图，总共 4 张施工图：结施 08 "基础顶～-0.050 墙柱平面图"、结施 09 "边缘构件墙、柱大样"、结施 10 "-0.050～14.200 墙柱平面图"、结施 11 "14.200～28.450 墙柱平面图"、结施 12 "28.450～55.500 墙柱平面图"，该工程柱墙施工图合并绘制，前面已经识读了柱施工图部分，现在进行墙施工图部分的识读。通常先逐层阅读墙平面布置图，再识读墙的截面尺寸与配筋，最后根据平法标准构造详图考虑墙钢筋构造等施工要求。具体识读步骤如下：

(1) 查看墙平面图，结合建筑平面图，明确墙定位布置合理。从下往上逐层查看，以地下二层为例，先看结施 08，并对照建施 06 "地下室二层平面图"。柱施工图识读时，已经核对了轴网、轴线编号、轴线尺寸，因此根据建筑平面图中墙、门窗的位置，逐一检查墙的平面布置与建筑平面图是否一致，位置合理未影响建筑平面功能。

(2) 查看墙平面图，明确墙编号及定位尺寸。墙平面图从下往上逐层查看，同一层从外往内看。以地下二层为例，先看地下室外墙，再看内部剪力墙布置，检查墙编号及定位尺寸是否完整。

(3) 查看层高表或文字说明，结合结构设计总说明，明确墙混凝土要求。该工程层高表中未注写墙混凝土强度等级，查看平法图中文字说明"结构混凝土强度等级：墙、柱基础顶～标高 4.700 采用 C40；标高 4.700～标高 23.700 采用 C35；标高 23.700 以上采用

C30",结构设计总说明中与墙混凝土相关的内容,比如"与水土接触部位采用P6抗渗混凝土""地下室混凝土掺聚合物纤维膨胀剂的要求""柱(墙)混凝土强度等级高于梁(板)时,且相差大于5MPa时,梁(板)柱(墙)节点区混凝土强度等级应与柱(墙)同,不同强度等级的混凝土交界面应按下图施工。相差不大于5MPa时,该节点处的混凝土可随梁板一同浇筑"等,明确墙混凝土的施工要求。

(4)查看墙平面图、墙身墙梁墙柱表、墙身详图等,明确墙配筋要求。逐层查看墙配筋,仔细核对与平面图标高段对应的配筋表达,明确每一段墙的配筋要求,包括墙身、墙梁、墙柱等,并结合结构设计总说明,明确该工程剪力墙混凝土保护层厚度等施工要求。

(5)查看层高表、相关文字说明,结合平法图集,掌握墙钢筋连接构造、洞口加筋构造等。识图结构设计总说明中,已经知道该工程上部结构的嵌固端为地下室顶板面。查看层高表,确认表述一致,明确嵌固端位置在地下室顶板面。

按照该工程剪力墙抗震等级为二级的要求,结合平法图集,做到施工时能明确地下室外墙、剪力墙墙身、墙梁、墙柱的钢筋连接锚固构造,剪力墙洞口加筋等具体要求。

## 4.6 识 读 要 点

掌握剪力墙平法施工图的基本识读方法以后,还需要反复练习,结合实际灵活应用,才能融会贯通、提升剪力墙平法施工图的识读能力与技巧。

识读剪力墙平法施工图时,需要特别关注以下要点:

(1)剪力墙柱、剪力墙梁的抗震等级。剪力墙由剪力墙身、剪力墙柱、剪力墙梁三类构件构成。在框架剪力墙结构中,当框架和剪力墙抗震等级不同时,注意剪力墙柱、剪力墙梁(含LLk)抗震等级应按剪力墙的抗震等级确定。

(2)剪力墙底部加强部位。按照结构设计规范要求,剪力墙底部加强部位的高度从地下室顶板算起,当结构计算嵌固端位于地下一层底板或以下时,底部加强部位宜延伸到计算嵌固端。剪力墙底部加强部位的范围由设计人员确定,并在层高表中标注。

由于一级、二级抗震等级的剪力墙竖向筋采用绑扎搭接时,底部加强部位必须分批搭接,非底部加强部位可在同一部位搭接,因此施工人员识读层高表时,必须关注剪力墙底部加强部位的范围,才能确定剪力墙墙身竖向筋的连接构造标准。

(3)剪力墙身竖向筋构造。当设计在图中明确剪力墙中有偏心受拉墙肢时,竖向钢筋均应采用机械连接或焊接连接。

抗震等级为一级的剪力墙,水平施工缝处需设置附加竖向插筋时,设计应注明构件位置,并注写附加竖向插筋的规格、数量及钢筋间距。

(4)剪力墙身水平筋构造。墙身水平筋应贯穿连梁(含LLk),连梁的箍筋应在水平筋的内侧,连梁纵筋布置在箍筋内侧,应注意连梁纵筋的净距。墙身水平筋也应贯穿暗梁,暗梁中钢筋的布置与连梁相同。

(5)剪力墙身拉筋构造。墙身拉筋应在水平筋、竖向筋的交点处设置,同时钩住水平筋、竖向筋。拉筋间距不应大于600mm,拉筋直径不应小于6mm。当钢筋间距不大于150mm时,宜设置梅花拉筋(图4.11);当钢筋间距150mm<S≤200mm时,宜设置矩

形拉筋（图4.10）。

关于拉筋间距强调以下两点：

1) ⏀6@450×600"矩形"拉筋，表示拉筋水平方向间距为450mm、竖向间距为600mm。

2) ⏀6@600"梅花"拉筋，600是指同一根水平分布钢筋（竖向分布钢筋）上相邻拉筋的间距。

（6）约束边缘构件和构造边缘构件。规范规定，底层墙肢底截面的轴压比大于表4.11规定的一级、二级、三级抗震等级的剪力墙，以及部分框支剪力墙结构的剪力墙，应在底部加强部位及相邻的上一层的墙肢端部设置约束边缘构件。除上述部位以外的其他部位可设置构造边缘构件。

底层墙肢底截面的轴压比不大于表4.11规定的一级、二级、三级抗震剪力墙，以及四级抗震剪力墙，墙肢端部可设置构造边缘构件。

表4.11　　　　　　　　剪力墙设置构造边缘构件的最大轴压比

| 抗震等级或烈度 | 一级（9度） | 一级（6度、7度、8度） | 二级、三级 |
| --- | --- | --- | --- |
| 轴压比 | 0.1 | 0.2 | 0.3 |

国内外研究试验表明，相同条件的剪力墙，轴压比低的延性大，轴压比高的延性小。轴压比高的剪力墙，通过设置约束边缘构件，使墙肢端部成为箍筋约束混凝土，可以提高剪力墙的塑性变形能力。轴压比低的剪力墙，即使不设约束边缘构件，也有较大的塑性变形能力。

对于约束边缘构件，要注意以下两类构造要求：

1) 当约束边缘构件沿墙肢长度$l_c$大于约束边缘构件尺寸（阴影区尺寸）时，设计人员会在该区域（非阴影区）设置拉筋或封闭箍筋，拉筋或箍筋由设计标注明确，竖向间距同阴影区，非阴影区纵筋连接要求与墙身竖向筋相同。

2) 当设计明确墙身水平筋计入体积配箍率时，墙身水平筋应伸入约束边缘构件，在墙端90°弯折后钩住对边竖向筋，内、外排水平筋之间设置足够的拉筋，从而形成复合箍，起到有效约束混凝土的作用。

（7）连梁的箍筋构造。连梁箍筋应满足相同抗震等级框架梁加密区箍筋的要求。一般连梁内的箍筋间距不变，只有LLk设有箍筋加密区与非加密区，箍筋加密区长度应满足框架梁要求。LLk的纵筋锚固长度及在墙内的箍筋设置均同连梁LL。

# 能 力 测 试 题

**一、识读高层商务大厦的"墙施工图"，完成下列单选题。**

1. 该工程中，约束边缘构件设置的标高范围为（　　）。
　　A. −0.050～9.450　　　　　　　　B. −0.050～14.200
　　C. 基础顶面～14.200　　　　　　D. −5.700～14.200

2. 该工程中，Q2竖向分布筋在基础中构造做法经济合理的一项为（　　）。

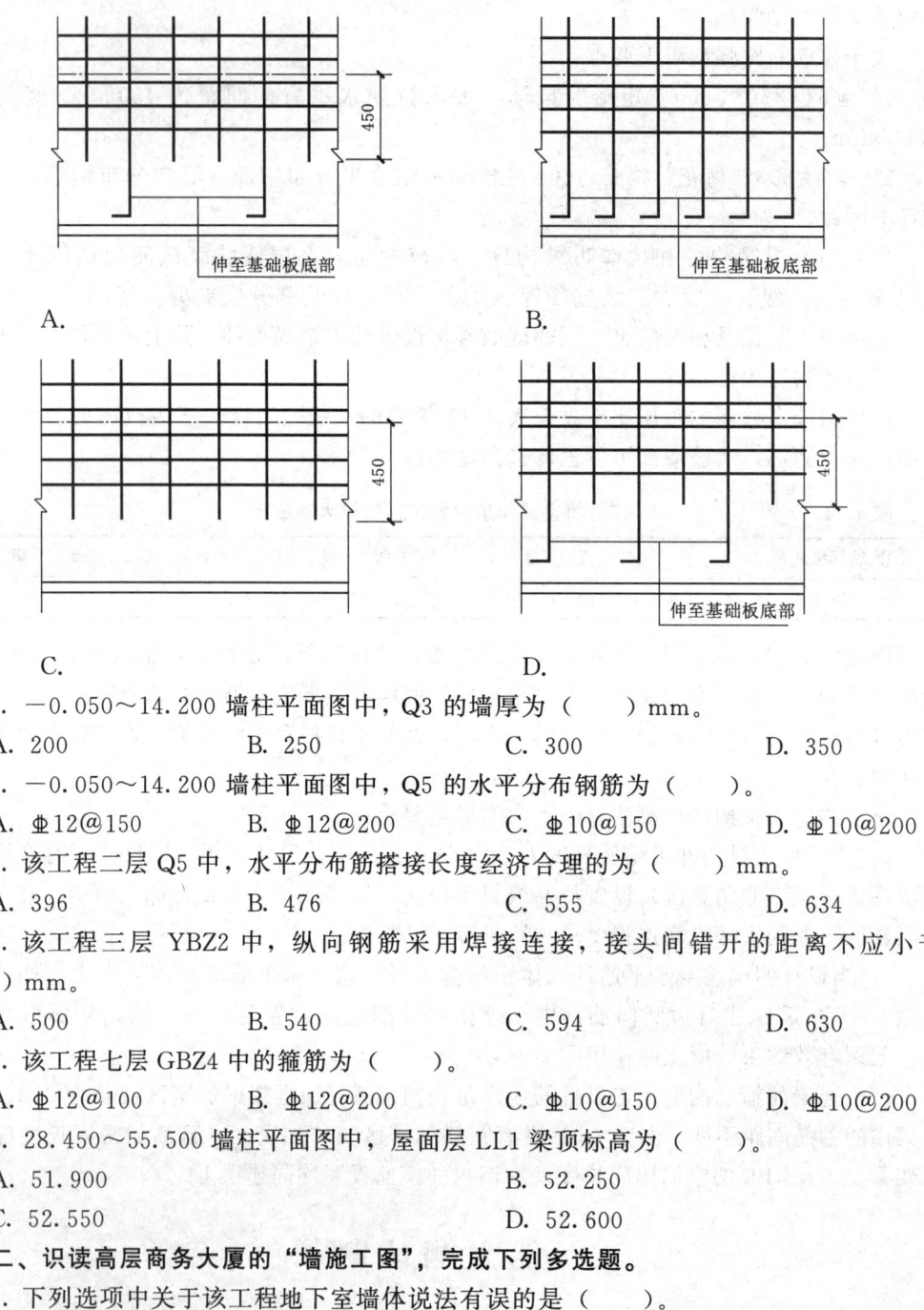

A.                                                 B.

C.                                                 D.

3. －0.050～14.200 墙柱平面图中，Q3 的墙厚为（    ）mm。
   A. 200           B. 250           C. 300           D. 350
4. －0.050～14.200 墙柱平面图中，Q5 的水平分布钢筋为（    ）。
   A. ⌀12@150       B. ⌀12@200       C. ⌀10@150       D. ⌀10@200
5. 该工程二层 Q5 中，水平分布筋搭接长度经济合理的为（    ）mm。
   A. 396           B. 476           C. 555           D. 634
6. 该工程三层 YBZ2 中，纵向钢筋采用焊接连接，接头间错开的距离不应小于（    ）mm。
   A. 500           B. 540           C. 594           D. 630
7. 该工程七层 GBZ4 中的箍筋为（    ）。
   A. ⌀12@100       B. ⌀12@200       C. ⌀10@150       D. ⌀10@200
8. 28.450～55.500 墙柱平面图中，屋面层 LL1 梁顶标高为（    ）。
   A. 51.900                          B. 52.250
   C. 52.550                          D. 52.600

二、识读高层商务大厦的"墙施工图"，完成下列多选题。

1. 下列选项中关于该工程地下室墙体说法有误的是（    ）。
   A. 墙顶标高均为－1.800m
   B. SQ1 的拉筋的布置方式为矩形
   C. WQ1 的墙厚为 300mm
   D. 剪力墙上设置边长为 300mm 的洞口时，可不设洞口附加筋
   E. 侧墙等应尽可能一次性全面浇灌

2. 下列选项中关于 28.450～55.500 墙柱平面图说法正确的是（　　）。
A. AL1 的箍筋为 $\Phi$8@200
B. 墙水平筋计入边缘构件体积配箍率
C. 墙体水平分布筋伸入连梁锚固
D. 墙身分布钢筋排数均为 2 排
E. GBZ9 混凝土强度等级为 C30

# 任务 5

# 梁施工图识读

**【知识与能力目标】** 能识读梁平法施工图，明确梁（楼层框架梁、屋面框架梁、非框架梁、悬挑梁）的截面尺寸、标高、配筋构造等。

## 5.1 图 纸 形 成

按照平法制图规则绘制的梁施工图包括梁平法施工图和梁标准构造详图。

1. 梁平法施工图

梁平法施工图是在梁平面布置图上采用平面注写方式或截面注写方式表达梁截面尺寸、定位及配筋等信息。梁平法施工图中，应按规定加注层高表，并用粗实线表示图中梁的结构楼层及标高。

梁平面布置图，应分别按梁的不同标准层，将全部梁和与其相关联的柱、墙一起绘制。绘图时剪力墙、柱轮廓线采用粗实线，梁可见边线用细实线表示，不可见边线用细虚线表示。对于轴线未居中的梁，除梁边与柱边平齐外，应标注其偏心定位尺寸。

2. 梁标准构造详图

梁标准构造详图包括梁纵筋锚固、连接、截断、梁箍筋加密范围等，可直接选用平法图集，也可单独绘制。

梁施工图是梁构件定位放线、施工的依据。

## 5.2 图 示 内 容

梁施工图应按现行国家标准《房屋建筑制图统一标准》（GB/T 50001—2017）、《建筑制图标准》（GB/T 50104—2010）、《建筑结构制图标准》（GB/T 50105—2010）的要求绘制。

梁平面布置图绘制比例最常用的是 1∶100，也可采用 1∶50、1∶150、1∶200 等。梁截面详图的绘制比例常采用 1∶20、1∶25 或 1∶50。

梁平法施工图还应按照现行平法图集的制图规则绘制。

梁平法施工图分为平面注写和截面注写两种方式，平面注写方式最为常见，因此下面按照内容主次关系、识读顺序，主要介绍梁平法施工图（平面注写方式）中表达的内容，详见表 5.1。截面注写方式只是表达方式不同，图示内容基本一致。

表 5.1　　　　　　　　　梁平法施工图的图示内容（平面注写）

| 序号 | 类别 | 主要内容 |
|---|---|---|
| 1 | 轴网 | (1) 定位轴线、轴线编号。<br>(2) 轴线总尺寸、轴线尺寸 |
| 2 | 构件 | (1) 柱、墙构件轮廓。<br>(2) 梁轮廓。<br>(3) 梁偏心定位尺寸 |
| 3 | 梁集中标注 | (1) 梁编号：类型、序号、跨数及有无悬挑。<br>(2) 梁截面尺寸：$b \times h$。<br>(3) 梁箍筋。<br>(4) 梁上部通长角筋或架立筋。<br>(5) 梁侧向构造钢筋或受扭钢筋。<br>(6) 梁顶面标高高差 |
| 4 | 梁原位标注 | (1) 梁支座上部纵筋。<br>(2) 梁下部纵筋。<br>(3) 附加箍筋或吊筋。<br>(4) 其他：集中标注不适用的内容 |
| 5 | 层高表 | (1) 结构层号、结构层楼面标高、结构层高。<br>(2) 本图对应的结构层号及标高。<br>(3) 混凝土强度等级：可在层高表中加注 |
| 6 | 其他标注 | (1) 图名：明确本图对应的结构层号。<br>(2) 比例。<br>(3) 混凝土强度等级：可文字说明 |

梁标准构造详图的内容包括梁纵筋构造、梁箍筋构造等，详见平法图集，根据具体要求选用。在 5.4 标准构造要求中也会介绍主要标准构造详图，此处不再列出。

## 5.3　平法制图规则

1. 梁类型

现浇混凝土结构中，梁的类型主要有楼层框架梁、屋面框架梁、楼层框架扁梁、框支梁、托柱转换梁、非框架梁、悬挑梁、井字梁。按照土建施工（结构类）中级职业技能要求，下面重点介绍楼层框架梁、屋面框架梁、非框架梁、悬挑梁，类型代号见表 5.2。

表 5.2　　　　　　　　　　　梁类型代号

| 梁类型 | 梁代号 | 梁类型 | 梁代号 |
|---|---|---|---|
| 楼层框架梁 | KL | 非框架梁 | L |
| 屋面框架梁 | WKL | 悬挑梁 | XL |

**注**　非框架梁 L 表示端支座为铰接；当非框架梁 L、井字梁 JZL 端支座上部纵筋为充分利用钢筋抗拉强度时，在梁代号后加"g"。

## 2. 平面注写方式

平面注写方式是在梁的平面布置图上，分别在不同编号的梁中各选出一根梁，在其上注写截面尺寸和配筋具体数值的方式。

平面注写包括集中标注与原位标注，集中标注表达梁的通用数值，原位标注表达梁的特殊数值，原位标注优先。

梁集中标注（可从梁的任意一跨引出）的内容有六项，其中前四项为必注值，详见表5.3。

表5.3　　　　　　　　　　梁的集中标注内容（平面注写）

| 序号 | 类　别 | 主　要　内　容 |
|---|---|---|
| 1 | 梁编号 | 梁类型代号、序号、跨数及有无外伸代号 |
| 2 | 截面尺寸 | 截面宽度与高度：$b \times h$ |
| 3 | 箍筋 | 箍筋级别、直径、加密区与非加密区间距及肢数（肢数写在括号内）<br>注：加密区与非加密区的不同间距及肢数用"/"分隔；<br>加密区与非加密区箍筋肢数相同时，肢数只需注写一次；<br>非框架梁、悬挑梁采用不同箍筋间距及肢数时，也用"/"分隔，先注写梁支座端部箍筋（包括箍筋的道数、钢筋级别、直径、间距与肢数），在斜线后注写跨中部分的箍筋间距及肢数 |
| 4 | 上部通长筋或架立筋 | （1）当只有通长筋时，注写通长筋根数、级别、直径。<br>（2）当既有通长筋又有架立筋时，采用"+"，注写时须将梁角部纵筋写在"+"前，架立筋写在"+"后的括号内。<br>（3）当全部采用架立筋时，则将其全部写入括号内。<br>注：当梁下部纵筋各跨相同或多数跨相同时，可同时加注梁下部纵筋的配筋值，用";"将上部与下部纵筋配筋值隔开，少数跨不同者，加注原位标注 |
| 5 | 侧面纵向钢筋 | （1）当梁腹板高度$h_w \geq 450$mm时，需配置纵向构造钢筋，以G打头注写两侧总配筋值，对称配置。<br>（2）当配置抗扭纵向钢筋时，以N打头注写两侧总配筋值，对称配置 |
| 6 | 顶面标高高差 | 梁顶面标高相对于该结构楼面基准标高的高差值，有高差时注写在"（　　）"内，低于楼面为负值 |

注　1. 梁编号中的（××）代表无外伸，（××A）为一端有外伸，（××B）为两端有外伸，外伸端不计入跨数。
　　2. 当纵筋多于一排时，用"/"将各排纵筋自上而下分开。
　　3. 当同排纵筋有两种直径时，用"+"将两种直径的纵筋相连，注写时角部纵筋写在前面。
　　4. 当悬臂梁采用变截面时，用"/"分隔根部与端部的高度值，即为$b \times h_1/h_2$，$h_1$为根部高度，$h_2$为端部较小的高度，$b$为梁的宽度。

梁侧向构造钢筋的锚固长度与搭接长度可取$15d$，受扭纵筋的锚固长度与搭接长度应按受拉钢筋取值，锚固方式同梁下部纵筋。

对于多跨梁，由于梁跨度、荷载、截面的不同，各截面的配筋也不一样，当集中标注中某项数值不适用于梁的某部位时，则应将该项数值原位标注。梁原位标注内容详见表5.4，其中第3项为对集中标注的修正内容，施工时须按原位标注数值取用。

表 5.4　　　　　　　　　梁的原位标注内容（平面注写）

| 序号 | 类别 | 主要内容 |
|---|---|---|
| 1 | 支座上部纵筋 | 含通长筋在内的所有上部纵筋的根数、级别、直径。<br>注：<br>（1）当梁中间支座两边的纵筋相同时，可仅在支座的任一边标注；当梁中间支座两边的上部纵筋不同时，须在支座两边分别标注。<br>（2）当上部纵筋多于一排时，用"/"将各排纵筋自上而下分开。<br>（3）当同排纵筋有两种直径时，用"+"将两种直径的纵筋相连，角部纵筋写在前面 |
| 2 | 下部纵筋 | 跨中位置原位注写该跨下部纵筋根数、级别、直径。<br>注：<br>（1）当与集中标注中注写相同时，可不再重复注。<br>（2）当梁下部纵筋不全部伸入支座时，将梁支座下部纵筋减少的数量写在括号内 |
| 3 | 对集中标注的修正内容 | 集中标注的内容不适用某跨或悬挑部分时原位标注；包括截面尺寸、箍筋、梁面标高等，施工时按照原位标注数值取用 |
| 4 | 附加箍筋或吊筋 | 将附加箍筋或吊筋直接画在主梁上：<br>（1）用线引注总配筋值（附加箍筋的肢数注写在括号内）。<br>（2）当多数附加箍筋和吊筋相同时，可用文字统一说明，少数不同时原位引注 |

梁支座上部纵筋：对于图中水平方向（X 方向）的梁标注在梁的上方、该支座的左侧或右侧；对于图中垂直方向（Y 方向）的梁标注在梁的左侧、该支座的下方或上方。

梁的下部纵筋：图中水平方向（X 方向）的梁标注在梁下部、跨中位置，图中垂直方向（Y 方向）的梁标注在梁右侧、跨中位置。

当两楼层之间设有层间梁时（如结构夹层位置处的梁），应将设置该部分梁的区域划出另行绘制结构平面布置图，然后在其上表达梁的集中标注与原位标注。

3. 截面注写方式

截面注写方式，就是在分标准层绘制的梁平面布置图上，分别在不同编号的梁中各选择一根梁用剖面号引出配筋图，并在其上注写截面尺寸和配筋具体数值的方式来表达梁平面整体配筋。

对所有梁编号，从相同编号的梁中选一根梁，先将单边截面号画在该梁上，再将截面配筋详图画在本图或其他图上。当某梁的顶面标高与结构层标高不同时，尚应在梁的编号后注写梁顶面标高的高差（注写规定同前）。

在梁截面配筋详图上注写截面尺寸 $b \times h$、上部筋、下部筋、侧面构造筋或受扭筋和箍筋的具体数值时，表达方式同前。

截面注写方式既可单独使用，也可与平面注写方式结合使用。实际工程设计中，常采用平面注写方式，仅对其中梁布置过密的局部或为表达异型截面梁的截面尺寸及配筋时采用截面注写方式表达。

## 5.4 标准构造要求

**1. 框架梁纵筋构造**

(1) 上部纵筋截断构造。框架梁上部纵筋主要承受支座负弯矩，因此上部纵筋在端支座处应伸入柱内锚固，在中支座处应贯穿，跨中处允许截断，框架梁上部纵筋截断构造要求如图 5.1 所示。

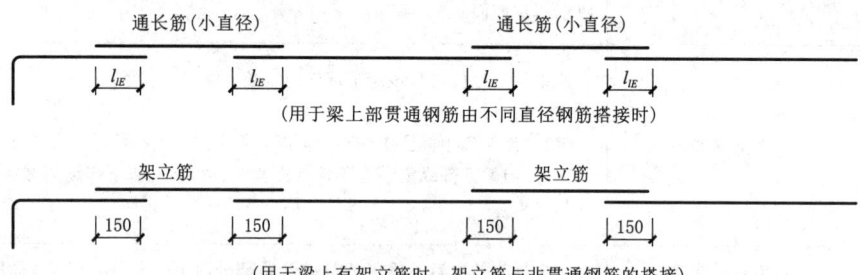

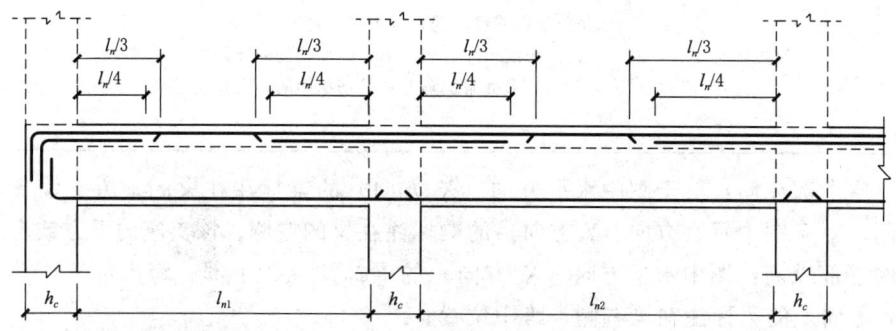

图 5.1 框架梁上部纵筋截断构造

注：1. 图中 $h_c$ 为柱截面沿框架方向的高度。
    2. 跨度值 $l_n$ 为左跨 $l_{ni}$ 和右跨 $l_{ni+1}$ 之较大值，其中 $i=1, 2, 3, \cdots$。
    3. 梁顶面应至少配置两根通长纵筋，当受力纵筋作为通长筋时，无须截断；当考虑造价原因，允许在跨中采用小直径通长筋与支座受力筋搭接。

(2) 纵筋连接构造。当框架梁上部通长钢筋与非贯通钢筋直径相同时，连接位置宜位于跨中 $l_{ni}/3$ 范围内，且在同一连接区段内钢筋接头面积百分率不宜大于 50%。

当框架梁跨中采用小直径通长筋时，其与受力筋的连接如图 5.1 所示。

当框架梁上部通长钢筋的数量少于箍筋肢数时，内部箍筋的角部应设置架立筋，通长钢筋放在两侧，架立筋放在中间，架立筋与受力筋的连接如图 5.1 所示。

框架梁下部纵筋连接位置宜位于支座 $l_{ni}/3$ 范围内，且在同一连接区段内钢筋接头面积百分率不宜大于 50%，连接范围宜避开梁端箍筋加密区。

当梁的下部根数较多时，且分别从两侧锚入中间节点时，为避免节点下部钢筋过分拥挤，可将中间节点下部梁的纵向钢筋贯穿节点，在节点以外搭接。为了避让梁端塑性铰区和箍筋加密区，搭接位置宜在节点以外梁弯矩较小的 $1.5h_0$ 以外，框架梁下部纵筋在节点外搭接如图 5.2 所示。

（3）端支座锚固构造。框架梁（KL）纵筋在端支座的锚固可采用直锚，如图 5.3 所示，直锚做法最经济合理。当柱截面尺寸无法满足直锚要求时，采用弯锚，如图 5.4 所示。另外，也可采用端部加螺栓锚头的机械锚固，如图 5.5 所示。

屋面框架梁（WKL）上部纵筋在端支座的锚固做法见柱顶纵向钢筋锚固做法，详见任务 3 中"3.4 标准构造要求"，分为柱筋入梁和梁筋入柱两种构造要求，如图 3.9 和图 3.10 所示。

屋面框架梁下部纵筋在端支座的锚固做法同框架梁下部纵筋，如图 5.3～图 5.5 所示。

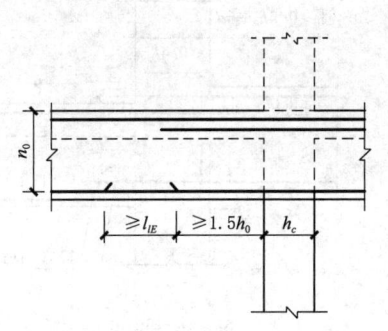 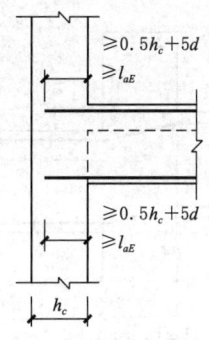

图 5.2　框架梁下部纵筋在节点外搭接　　图 5.3　框架梁端支座直锚

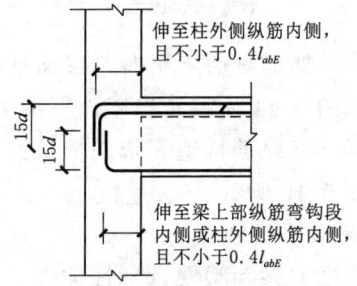 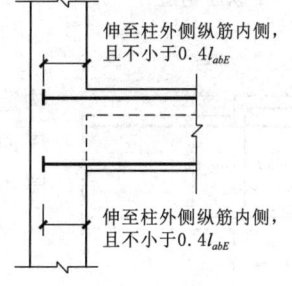

图 5.4　框架梁端支座弯锚　　图 5.5　框架梁端支座机械锚固

（4）中支座构造。框架梁的上部纵筋在中柱节点处应贯穿节点，下部纵筋在中支座的锚固可采用直锚，如图 5.6 所示，直锚做法最经济合理。

当支座两边梁宽不同或错开布置时，将无法直通的纵筋弯锚入柱内；或当支座两边纵筋根数不同时，可将多出的纵筋弯锚入柱内，框架梁中支座纵筋构造见图 5.7，屋面框架梁中支座纵筋构造见图 5.8。

（5）梁面或梁底不平纵筋构造。当框架梁梁面或梁底不平，高差不大且满足要求时，框架梁纵筋允许直接弯折，如图 5.9 所示；否则应弯锚，如图 5.10 所示。

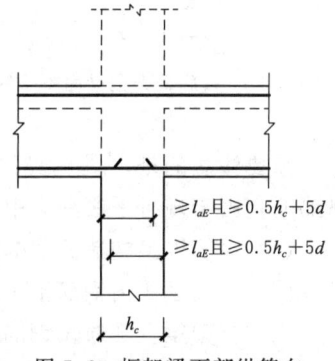

图 5.6　框架梁下部纵筋在中支座直锚

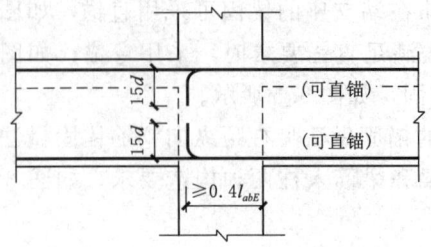 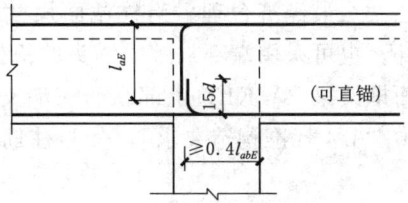

图 5.7 框架梁中支座纵筋构造　　　　图 5.8 屋面框架梁中支座纵筋构造

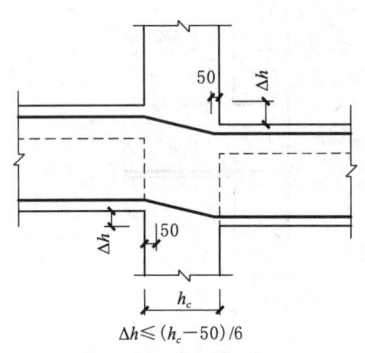 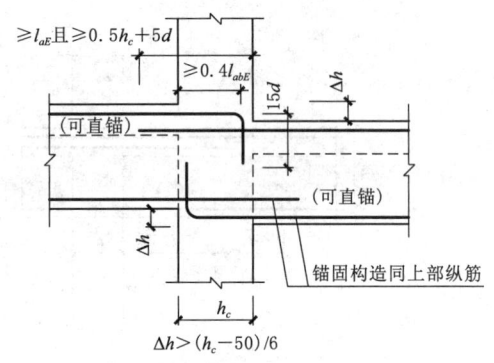

图 5.9 框架梁梁面、梁底　　　　图 5.10 框架梁梁面、梁底
不平纵筋构造（一）　　　　　不平纵筋构造（二）

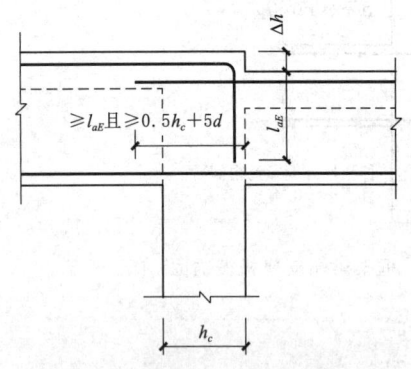

当屋面框架梁梁面不平时，屋面框架梁上部纵筋构造要求如图 5.11 所示；当屋面框架梁梁底不平时，屋面框架梁下部纵筋构造要求同框架梁下部纵筋，如图 5.9 和图 5.10 所示。

2. 框架梁箍筋构造

为保证框架梁端塑性铰延性能力，对梁端箍筋加密区长度、箍筋最大间距和箍筋最小直径的要求做了规定，框架梁梁端箍筋加密区如图 5.12 所示。

3. 非框架梁纵筋构造

图 5.11 屋面框架梁梁面不平纵筋

（1）上部纵筋截断构造。非框架梁上部纵筋截断构造要求如图 5.13 所示。

需要注意的是，图 5.13 中上部纵筋仅绘制一排，当非框架梁受力较大需要采用两排纵筋时，由于现行平法图集中未明确，因此需要设计人员确认第二排纵筋截断长度。

（2）纵筋连接构造。非框架梁上部有通长钢筋时，连接位置宜位于跨中 $l_{ni}/3$ 范围内，且在同一连接区段内钢筋接头面积百分率不宜大于 50%。

当非框架梁上部通长钢筋的数量少于箍筋肢数时，内部箍筋的角部应设置架立筋，架立筋与端部受力筋在支座 $l_{ni}/3$ 范围内搭接，搭接长度及范围如图 5.13 所示。

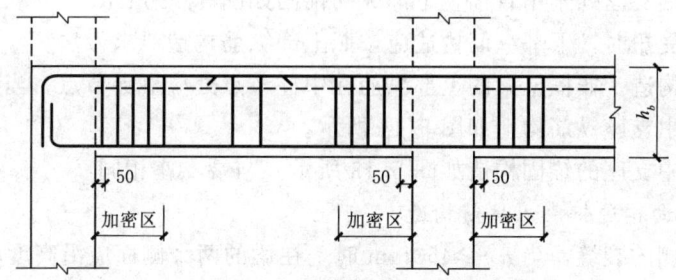

图 5.12 框架梁梁端箍筋加密区

注：1. 当抗震等级为一级时，加密区长度要求：不小于 $2.0h$，且不小于 500mm；当抗震等级为二～四级时，加密区长度要求：不小于 $1.5h$，且不小于 500mm。
2. 当梁尽端与主梁相连时，此端可不设加密区；梁端箍筋规格及数量由设计确定。
3. 当架立筋与梁上部纵筋绑扎搭接时，搭接范围内不少于一根箍筋。
4. 本图框架梁箍筋加密区范围同样适用于框架梁与剪力墙平面内连接的情况。

另外，框架梁上部纵筋和下部纵筋采用绑扎搭接时，搭接接头区域的配箍构造措施对保证搭接钢筋传力至关重要，对于搭接长度范围内的箍筋，要求直径≥$d/4$（$d$ 为搭接连接钢筋最大直径），间距不大于 100mm 及 $5d$（$d$ 为搭接钢筋最小直径）。

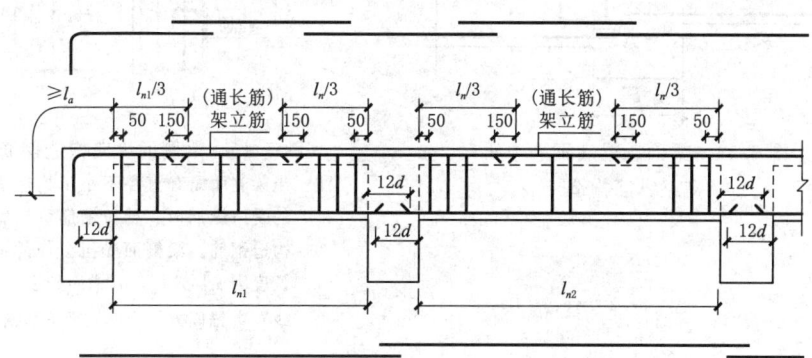

图 5.13 非框架梁上部纵筋截断构造要求

注：1. 跨度值 $l_n$ 为左跨 $l_{ni}$ 和右跨 $l_{ni+1}$ 之较大值，其中 $i=1,2,3,\cdots$。
2. 当端支座为柱、剪力墙（平面内连接）时，梁端部应设箍筋加密区，设计应确定加密区长度，设计未确定时取该工程框架梁加密区长度。
3. 纵筋在端支座应伸至主梁外侧纵筋内侧后弯折，当直段长度不小于 $l$ 时可不弯折。
4. 当梁中纵筋采用光圆钢筋时，图中 $12d$ 应改为 $15d$。

非框架梁下部钢筋连接位置宜位于支座 $l_{ni}/4$ 范围内，且在同一连接区段内钢筋接头面积百分率不宜大于 50%。

（3）端支座锚固构造。非框架梁上部纵筋在端支座的锚固构造，按照现行平法图集要求，施工存在一定难度。平法图集要求非框架梁的上部纵筋在端支座处，按铰接考虑时，伸入主梁内水平段长度不小于 $0.35l_{ab}$，再弯折 $15d$；按固定端考虑时，伸入主梁内直锚或水平段长度不小于 $0.6l_{ab}$，再弯折 $15d$。实际工程中，因为主梁的截面宽度一般较小，无法满足水平段的锚固要求，因此也有设计单位给出上部纵筋在端支座处采用伸入主梁内总长度不小于 $l_a$ 的构造要求，如图 5.12 所示，此处特别说明。

下部纵筋在端支座处采用直锚,下部纵筋锚固如图5.12所示。

当非框架梁受扭时,下部纵筋构造应按照上部纵筋构造要求做法。

(4)中支座构造。非框架梁的上部纵筋在中柱节点处应贯穿节点,当梁顶、梁底不平时,上部纵筋在中支座纵筋构造如图5.14所示。

下部纵筋在中支座的锚固构造如图5.13所示,与端支座相同。

4. 梁侧面纵向构造钢筋、拉筋构造

为控制梁两侧的裂缝,当$h_w \geqslant 450\text{mm}$时,在梁的两个侧面应沿高度配置纵向构造钢筋,纵向构造钢筋间距$a \leqslant 200\text{mm}$。需要注意,$h_w$是腹板高度,当梁两侧无现浇板时,$h_w$从梁面起算,到梁下部纵筋的合力中心线;当梁两侧设置现浇板时,$h_w$从现浇板底起算,到梁下部纵筋的合力中心线,如图5.15所示。梁侧面构造纵筋的搭接与锚固长度可取$15d$。

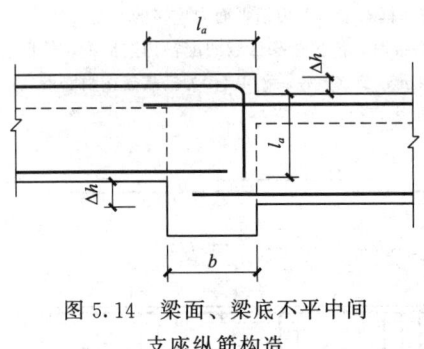

图5.14 梁面、梁底不平中间
支座纵筋构造

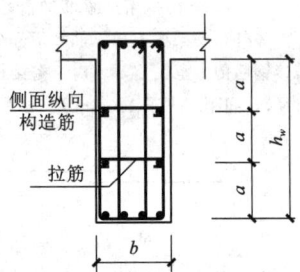

图5.15 梁侧面纵向构造钢筋

注:当梁侧面配有直径不小于构造纵筋的受扭纵筋时,受扭钢筋可以替代构造钢筋。梁侧面受扭纵筋的搭接长度为$l_{aE}$或$l_a$,其锚固长度为$l_{aE}$或$l_a$,锚固方式同框架梁下部纵筋。

梁侧面纵向构造钢筋需要设置拉筋,当梁宽不大于350mm时,拉筋直径为6mm;当梁宽大于350mm时,拉筋直径为8mm。拉筋间距为非加密区箍筋间距的2倍。当设有多排拉筋时,上下两排拉筋竖向错开设置。

5. 梁附加筋构造

附加箍筋的配筋值由设计标注,附加箍筋设置范围如图5.16所示。需要注意,附加箍筋范围内梁正常箍筋或加密区箍筋照常设置。

附加吊筋设置时,弯起段应伸入梁的上边缘,具体构造要求如图5.17所示。

6. 悬挑梁构造

悬挑梁按照楼层、屋面、悬挑跨度等,平法图集给出了多种构造做法,这里总结如下:

(1)悬挑梁根部上部纵筋锚固。

直锚:上部纵筋伸入柱内,直锚长度不小于$l_a$且不小于$0.5h_c + 5d$。

弯锚:楼层悬挑梁不能直锚时,上部纵筋应伸至柱外侧纵筋内侧,水平段长度不小于$0.4l_{ab}$,弯锚垂直段长度不小于$15d$。屋面悬挑梁不能直锚时,上部纵筋应伸至柱外侧纵筋内侧,水平段长度不小于$0.6l_a$,弯锚后伸至梁底且垂直段长度不小于$l_a$。

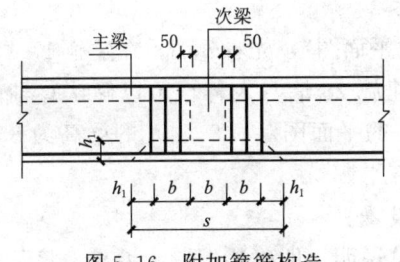
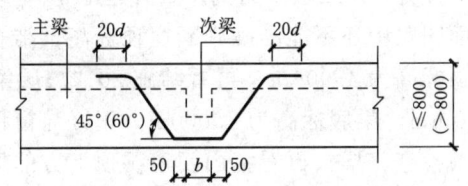

图 5.16 附加箍筋构造

注：$b$ 为次梁宽度；$h_1$ 为次梁底至主梁底的距离；$s$ 为附加箍筋范围。

图 5.17 附加吊筋构造

注：$b$ 为次梁宽度；$d$ 为吊筋直径。

当楼层悬挑梁与框架柱内侧框架梁面不平时，允许纵筋 1∶6 弯折。

（2）悬挑梁外端上部纵筋构造。上部纵筋伸至悬挑梁外端向下弯折，垂直段长度不小于 $12d$。

当悬挑长度较大时，上部纵筋除第一排的两根角筋伸至悬挑梁外端向下弯折 $12d$ 外，其余上部纵筋在近端部处下弯，具体可查看平法图集要求，不再赘述。

（3）悬挑梁下部纵筋构造。下部纵筋进入框架柱内锚固，长度不小于 $15d$，伸至悬挑梁外端截断。

悬挑梁构造要求需要注意以下两点：

1）悬挑梁不是框架梁，没有抗震等级，因此构造要求中不采用抗震构造，除非悬挑梁考虑竖向地震作用时，设计人员才需要按照抗震构造要求设计。

2）平法图集提供的悬挑梁构造要求，其中部分不属于规范要求，因此实际工程中，设计人员也会自行设计，在施工图中给出悬挑梁的设计构造做法，此时施工应按图纸要求。

## 5.5 识 读 案 例

下面引入高层商务大厦的梁施工图，总共 7 张施工图：结施 06 "地下一层梁平法施工图"、结施 07 "顶板梁平法施工图"、结施 20 "二层梁配筋平面图"、结施 21 "三～六层梁配筋平面图"、结施 22 "七、八层梁配筋平面图"、结施 23 "九～十一层梁配筋平面图"、结施 24 "屋面层梁配筋平面图、机房顶层梁配筋平面图"，进行梁施工图的识读。

通常先逐层阅读梁平法施工图，熟悉梁平面布置，再识读梁截面尺寸、配筋等注写信息，最后根据平法标准构造详图考虑梁钢筋构造等施工要求，具体识读步骤如下：

（1）查看梁平面图，结合建筑平面图，明确梁定位布置是否合理。从下往上逐层查看，以地下一层梁为例，先看结施 06，并对照建施 06 "地下室二层平面图"，核对轴网、轴线编号、轴线尺寸与建筑图是否一致，编号及尺寸是否标注齐全，分尺寸与总尺寸有无矛盾。根据建筑平面图中墙的位置，逐一检查梁的平面布置与建筑平面图是否一致，位置是否合理。

（2）查看梁截面尺寸，结合建筑平面图、建筑立面图、建筑详图等，查看门窗洞口顶部梁高设置是否合理。

逐层查看，以二层梁为例，查看建施09"一层平面图"，先看外墙，在建施17"②轴~⑩轴立面图"中还不能准确判断窗顶标高，结合建施28墙身大样，可以确认ⓒ轴南侧的外墙窗顶标高为4.000m，再看结施20"二层梁配筋平面图"，L8（4）的梁高为850mm，上翻150mm，梁底标高为4.000m，正好与窗顶齐平。

外墙检查完毕，再看室内门窗洞顶上方的梁设置。

（3）查看层高表或文字说明，结合结构设计总说明，明确梁混凝土要求。该工程地下部分梁板图的层高表中注写了梁板混凝土强度等级，地上部分由于图幅受限未注写，查看结施06的层高表，可以知道本工程梁混凝土强度等级分C35和C30两种，二层及以下采用C35，其余均为C30。

（4）查看梁平法图中梁编号、附加箍筋、附加吊筋，明确梁支座配筋构造。逐层查看梁平法图，识读梁编号、跨数和图中标注的附加箍筋、附加吊筋，注意区分主次梁相互搁置关系，明确梁支座配筋情况。

（5）查看梁平法图，明确梁配筋要求。逐层查看梁平法图，识读梁配筋情况：通长筋、支座上部纵筋、下部纵筋、抗扭筋、箍筋、构造钢筋等。

该工程部分梁采用预制叠合梁，还需要结合装配式结构设计说明、预制构件厂家深化图等，明确预制叠合梁的构造要求、施工要求，比如叠合梁边跨与柱连接构造、叠合梁施工支撑的设置要求等。

梁施工图的识读，不是一步到位，可以分阶段先粗读再细读，确保施工前发现问题、解决问题，准确无误后再开始施工。

（6）查看结构设计说明，结合平法图集，掌握梁钢筋构造。按照该工程框架抗震等级为三级的要求，结合平法图集，做到施工时能明确楼层框架梁、屋面框架梁、非框架梁、悬挑梁等具体构造要求，如混凝土保护层厚度、钢筋锚固与连接、上部钢筋截断长度、纵筋锚固长度、箍筋加密等构造要求。

（7）查看预留管线情况，掌握梁内预埋管道情况等。检查预埋管线与梁的相互关系，掌握梁内穿管的构造要求、施工要求等。

## 5.6 识读要点

掌握梁平法施工图的基本识读方法以后，还需要反复练习，结合工程实际灵活应用，才能融会贯通、提升梁平法施工图的识读能力与技巧。

识读梁平法施工图时，需要特别关注以下要点：

（1）小直径通长筋。一般情况下，梁上部通长筋直径沿梁全长不变，但是从经济角度出发，也可在跨中采用小直径的通长筋。此时，集中标注中梁上部通长筋注写的是较小直径的钢筋，原位标注的梁支座筋中不包含该通长筋。

例如，梁集中标注中上部通长角筋为2Φ14，支座原位标注为4Φ18，施工时梁两端的通长筋为角筋2Φ18，到跨中截断后采用小直径通长筋2Φ14。

（2）主梁和次梁。两个方向的梁相交时，需要正确判断哪个是主梁，哪个是次梁。可根据梁高判断，截面高度大的梁为主梁。主梁的梁底标高通常低于次梁，次梁纵筋才能布置在主梁纵筋的上方。

注：特殊情况下，次梁的梁底标高低于主梁，此时需要采用相应构造措施。

另外，可根据梁的跨数和附加箍筋位置确定。主次梁相交处，对于次梁是支座，对于主梁不是支座，从跨数上可以区分。同时，主次梁相交处的附加箍筋一般绘制在主梁上。

（3）框架梁纵筋锚固。采用直锚构造是最经济合理、施工方便的形式，因此确定框架梁纵筋锚固构造时，首先要判断是否可以采用直锚。对于高层建筑，特别是底部几层的柱截面尺寸较大的，一般容易满足直锚要求。

当框架梁纵筋在柱内水平锚固长度不能满足直线锚固要求时，采用弯折锚固的形式。

框架梁纵筋锚固长度计算时，需要注意混凝土强度的取值，是按照框架柱的混凝土强度取值，而不是按框架梁混凝土的强度取值。

（4）框架梁箍筋加密。当框架梁的某一端以主梁作为支座时，该梁端可不设箍筋加密区，具体要求由设计人员在施工图中明确。

## 能 力 测 试 题

**一、识读高层商务大厦的"梁平法施工图"，完成下列单选题。**

1. 二层梁配筋平面图（题 1 图）中，KL12（1）上部纵筋伸入框架柱内水平段长度经济合理的为（    ）mm。（混凝土等级按 C35 考虑）
 A. 625　　　　　B. 475　　　　　C. 450　　　　　D. 300

2. 屋面层梁配筋平面中，WKL14（1）上部支座钢筋与边柱外侧钢筋的搭接长度 $L$ 经济合理的为（    ）mm。搭接方式如题 2 图所示。

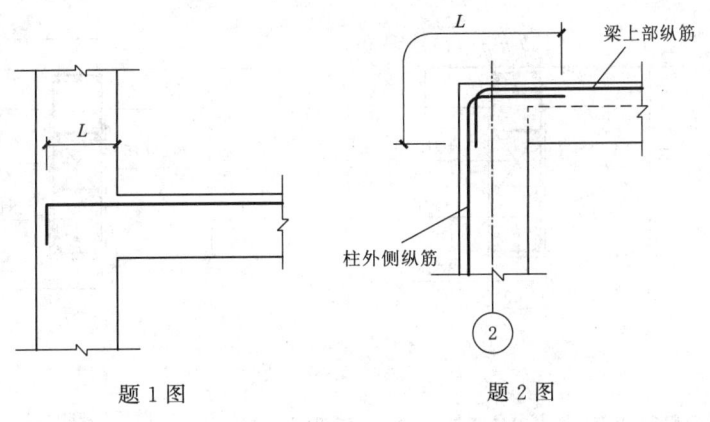

题 1 图　　　　　　　　　　　　　题 2 图

 A. 740　　　　　B. 1005　　　　　C. 1110　　　　　D. 1258

3. 地下一层梁平法施工图中，L18（1）下部纵筋伸入支座长度经济合理的是（    ）mm。
 A. 200　　　　　B. 220　　　　　C. 250　　　　　D. 264

4. 地下一层梁平法施工图中，KL2（6）吊筋水平段长度 $L$ 经济合理的是（　　）mm。

A. 300　　　　　　　　　　B. 350
C. 400　　　　　　　　　　D. 450

题 4 图

5. 二层梁配筋平面图中，L13（1）的后浇混凝土叠合层厚度不小于（　　）mm。

A. 100　　　　　　　　　　B. 110
C. 120　　　　　　　　　　D. 130

6. 二层梁配筋平面图中，KL7（1）底部纵筋伸入剪力墙长度经济合理的是（　　）mm。

A. 600　　　B. 825　　　C. 925　　　D. 750

7. 二层梁配筋平面图中，L17（4）中 1—1 剖面绘制正确的是（　　）。

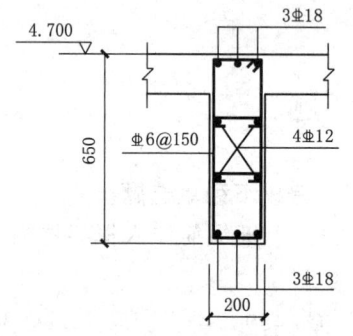

A.

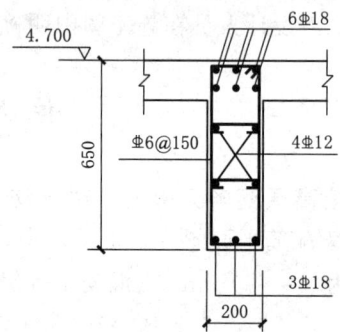

B.

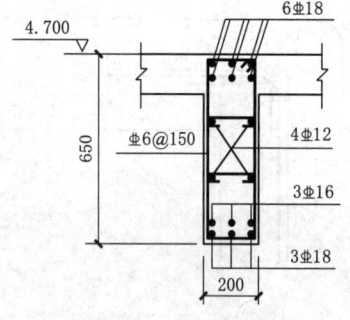

C.

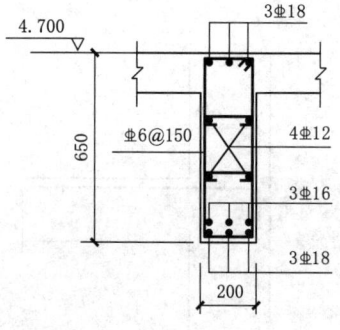

D.

8. 屋面层梁配筋平面中，WKL15（1）上部支座钢筋与边柱外侧钢筋的搭接长度 $L$ 经济合理的是（　　）mm。搭接方式如题 8 图所示。

A. 820　　　　　　　　　　B. 1260
C. 1384　　　　　　　　　D. 1573

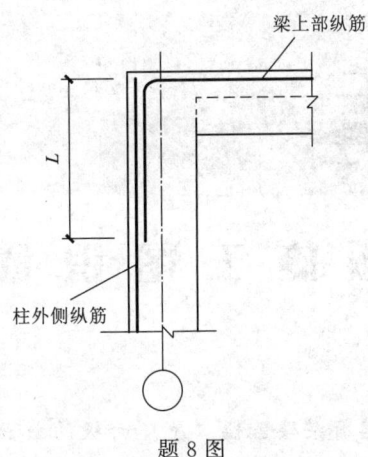

题 8 图

**二、识读高层商务大厦的"梁平法施工图",完成下列多选题。**

1. 关于地下一层梁平法施工图中,KL40(6)中侧向构造筋"G4C14"说法正确的是( )。

   A. 伸入端柱内的长度至少为 210mm

   B. 搭接长度需满足 180mm

   C. 每侧配有 4⫶14 的构造筋

   D. 拉筋采用⫶8@400

   E. 设侧向构造筋是因为梁高不小于 450mm

2. 有关本工程配筋构造,下列叙述正确的是( )。

   A. 附加箍筋应设置在主次梁相交处的次梁上

   B. 二层 XL1 梁面标高为 4.850m

   C. 三层 KL16(1)梁端箍筋加密区长度为 1500mm

   D. 二层 XL1 下部纵筋伸入柱内长度需满足 270mm

   E. 九层 KL13(4)在⑩轴支座处的上部纵筋为 4⫶25

# 任务 6

# 板施工图识读

**【知识与能力目标】** 能识读有梁楼盖楼（屋）面板的截面尺寸、标高及配筋构造，明确悬挑板的截面尺寸、标高及配筋构造；能识读板洞口尺寸、定位及加筋构造等。

## 6.1 图纸形成

按照平法制图规则绘制的板施工图包括板平法施工图和板标准构造详图。

1. 板平法施工图

板平法施工图是在板平面布置图上采用平面注写方式来表达的施工图。板平法施工图中应按规定加注层高表。

板平面布置图应分别按板的不同标准层，将全部板和与其相关联的梁、柱、墙一起绘制。绘图时剪力墙、柱轮廓线用粗实线表示，梁可见边线用细实线表示，不可见边线用细虚线表示。对于轴线未居中的梁，除梁边与柱边平齐外，还应标注其偏心定位尺寸。

2. 板标准构造详图

板标准构造详图包括板钢筋锚固、板钢筋连接、板开洞等，可直接选用平法图集，也可单独绘制。

板施工图是板构件定位放线、施工的依据。

## 6.2 图示内容

板施工图应按现行国家标准《房屋建筑制图统一标准》（GB/T 50001—2017）、《建筑制图标准》（GB/T 50104—2010）、《建筑结构制图标准》（GB/T 50105—2010）的要求绘制。

板平面布置图绘制比例最常用的是 1∶100，也可采用 1∶50、1∶150、1∶200 等。

板平法施工图还应按照现行平法图集的制图规则绘制。为方便表达，图面从左到右为 $X$ 向，从下到上为 $Y$ 向。

板平法施工图中表达的内容，按照内容主次关系，识读顺序详见表 6.1。

表 6.1　　　　　　　　　　　　板平法施工图的图示内容

| 序号 | 类别 | 主要内容 |
|---|---|---|
| 1 | 轴网 | 定位轴线、轴线编号与轴线尺寸 |
| 2 | 构件 | (1) 梁轮廓。<br>(2) 梁偏心定位尺寸。<br>(3) 板轮廓 |
| 3 | 板集中标注 | (1) 板编号：板的类型代号、序号。<br>(2) 板厚。<br>(3) 上部贯通筋：钢筋级别、直径及间距。<br>(4) 下部纵筋：钢筋级别、直径及间距。<br>(5) 板面标高高差 |
| 4 | 板原位标注 | (1) 板支座上部非贯通纵筋。<br>(2) 悬挑板上部受力钢筋 |
| 5 | 层高表 | (1) 结构层号、结构层楼面标高、结构层高。<br>(2) 本图对应的结构层号及标高。<br>(3) 混凝土强度等级：可在层高表中加注 |
| 6 | 其他标注 | (1) 图名：明确本图对应的结构层号。<br>(2) 比例。<br>(3) 混凝土强度等级：可文字说明 |

## 6.3　平法制图规则

楼盖分为有梁楼盖和无梁楼盖，按照土建施工（结构类）中级职业技能要求，下面重点介绍有梁楼盖的平法制图规则。有梁楼盖就是以梁为支座的楼面与屋面板。

1. 板类型

板的类型分为楼面板、屋面板、悬挑板，类型代号规定见表6.2。

表 6.2　　　　　　　　　　　　板类型代号

| 板类型 | 板代号 | 板类型 | 板代号 |
|---|---|---|---|
| 楼面板 | LB | 悬挑板 | XB |
| 屋面板 | WB | | |

2. 平面注写方式

对于普通楼面，两个方向均以一跨为一板块。所有板块应逐一编号，相同编号的板块可择其一做集中标注，其他仅注写置于圆圈内的板编号，以及当板面标高不同时的标高高差。

同一编号板块的类型、板厚和贯通纵筋均应相同，但板面标高、跨度、平面形状以及板支座上部非贯通纵筋可以不同，如同一编号板块的平面形状可为矩形、多边形及其他形状等。

有梁楼盖平面注写包括集中标注与原位标注，集中标注的内容有五项，详见表6.3。

表 6.3　　有梁楼盖的集中标注内容

| 序号 | 类别 | 主要内容 |
|---|---|---|
| 1 | 板块编号 | 板类型代号、序号 |
| 2 | 板厚 | 板厚度：h=×××。<br>当悬挑板的端部改变厚度时，用"/"分隔根部与端部的高度值，注写为 h=×××/×××。<br>注：在图中统一说明板厚时，此项可不注 |
| 3 | 上部贯通纵筋 | 用 T 表示上部贯通纵筋，注写钢筋类型、直径、间距；<br>X 向配筋以 X 打头，Y 向配筋以 Y 打头；两向配筋相同时，以 X&Y 打头注写；当贯通筋采用两种钢筋"隔一布一"方式时，用"/"分隔，间距为两种钢筋之间的间距。<br>注：<br>(1) 当为单向板时，分布筋可不必注写，在图中统一说明。<br>(2) 板块上部不设贯通纵筋时则不注 |
| 4 | 下部纵筋 | 用 B 表示下部纵筋，注写钢筋类型、直径、间距。<br>X 向配筋以 X 打头，Y 向配筋以 Y 打头。<br>两向配筋相同时，以 X&Y 打头注写。<br>当采用两种钢筋"隔一布一"方式时，用"/"分隔，间距为两种钢筋之间的间距。<br>当悬挑板下部配置构造筋时，X 向配筋以 Xc 打头，Y 向配筋以 Yc 打头。<br>注：当为单向板时，分布筋可不必注写，在图中统一说明 |
| 5 | 顶面标高高差 | 板顶面标高相对于该结构楼面基准标高的高差值，有高差时注写在"（　）"内，低于楼面为负值 |

板支座原位标注的内容为：板支座上部非贯通纵筋和悬挑板上部受力钢筋，详见表 6.4。

表 6.4　　有梁楼盖的原位标注内容

| 序号 | 类别 | 主要内容 |
|---|---|---|
| 1 | 板支座上部非贯通纵筋 | (1) 绘制钢筋。<br>(2) 钢筋上方注写：钢筋编号、配筋值、连续布置跨数（跨数注写在括号内，仅一跨时可不注写）。<br>(3) 钢筋下方注写：支座中线向跨内的伸出长度；对称伸出时，可仅注写一侧；一侧贯通全跨时可不注写 |
| 2 | 悬挑板上部受力钢筋 | (1) 绘制钢筋。<br>(2) 钢筋上方注写：钢筋编号、配筋值、连续布置跨数（跨数注写在括号内，仅一跨时可不注写） |

板支座原位标注的钢筋应在配置相同跨的第一跨表达（当为梁悬臂部位单独配置时则在原位表达）。在配置相同跨的第一跨（或梁悬臂部位），垂直于板支座（梁或墙）绘制一段适宜长度的中粗实线（当该筋通长设置在悬挑板或短跨板上部时，实线段应画至对边或

贯通短跨），以该线段代表支座上部非贯通纵筋，并在线段上方注写钢筋编号（如①、②等）、配筋值、横向连续布置的跨数（注写在括号内，且当为一跨时可不注），以及是否横向布置到梁的悬挑端（与梁表达类似，在跨数后面带 A 表示一端的悬臂部位，带 B 表示两端的悬臂部位）。

板支座上部非贯通筋自支座中线向跨内的伸出长度，注写在线段的下方位置。

当板支座处已配置上部贯通纵筋，但需增配板支座上部非贯通纵筋时，应结合已配置的贯通纵筋直径与间距采取"隔一布一"方式配置，保持非贯通纵筋间距与贯通纵筋相同。

在板平面布置图中，不同部位的板支座上部非贯通筋及悬挑板上部钢筋，可仅在一个部位注写，对其他相同者则仅需在代表钢筋的线段上注写编号及按规定注写横向连续布置的跨数。

## 6.4 标准构造要求

1. 楼面板、屋面板钢筋连接构造

楼面板 $LB$ 和屋面板 $WB$，上部贯通筋应在跨中连接，等跨连续板时连接区域为 1/2 净跨内，不等跨连续板时连接区域避开距支座 1/3 净跨（相邻跨度取大值）；下部钢筋宜在距支座 1/4 净跨内连接。

在连接范围内，相邻纵筋连接接头应相互错开，其位于同一连接区段内的钢筋接头面积百分率不应大于 50%。

2. 楼面板、屋面板上部钢筋的支座锚固构造

楼面板 $LB$ 和屋面板 $WB$ 上部钢筋在端部支座的锚固构造，按照现行平法图集要求，分为梁支座和剪力墙支座两类。

（1）梁支座：上部钢筋伸至梁支座外侧纵筋内侧后弯折 $15d$，铰接时水平段长度应不小于 $0.35l_{ab}$，固定端时水平段长度应不小于 $0.6l_{ab}$，如图 6.1 所示。

（2）剪力墙支座（中间层）：上部钢筋伸至墙外侧水平筋内侧后弯折 $15d$，水平段长度应不小于 $0.4l_{ab}$。

（3）剪力墙支座（顶层）：上部钢筋伸至墙外侧水平筋内侧后弯折 $15d$，铰接时水平段长度应不小于 $0.35l_{ab}$，固定端时水平段长度应不小于 $0.6l_{ab}$。

以上几种情况中，当平直段长度不小于 $l_a$ 时都可不弯折。

由于规范中对板筋端支座锚固构造未作要求，因此有设计人员不采用平法图集的构造要求，在施工图中给出上纵筋在端支座处伸入梁（或剪力墙）内总长度不小于 $l_a$ 的构造要求，如图 6.2 所示，此时施工应按设计要求。

楼面板、屋面板上部钢筋在中支座贯通设置。

3. 楼面板、屋面板下部钢筋的支座构造

楼面板 $LB$ 和屋面板 $WB$ 的下部钢筋在梁（或剪力墙）支座直锚，长度不小于 $5d$ 且至少到梁（或剪力墙）的中线，如图 6.1 所示，中支座构造做法与端支座相同。

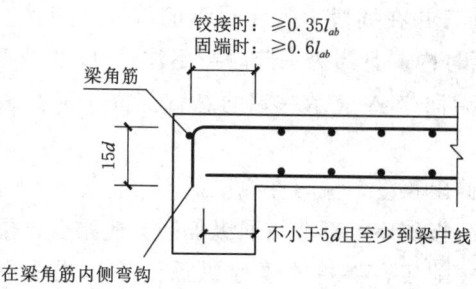

图 6.1 楼面板和屋面板钢筋的端支座锚固构造（梁支座）（一）

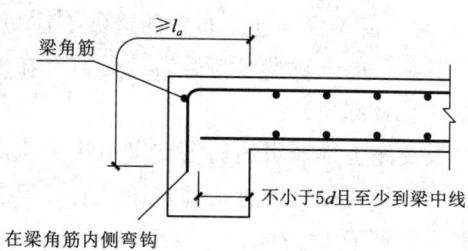

图 6.2 楼面板和屋面板钢筋的端支座锚固构造（梁支座）（二）

### 4. 悬挑板钢筋构造

悬挑板 $XB$ 的上部钢筋在悬挑板内贯通设置，伸至外端后向下弯折。上部钢筋伸入支座内直锚，平直段长度不小于 $l_a$；当无法满足直锚要求时，伸至梁外侧角筋内侧弯折 $15d$，水平段长度应不小于 $0.6l_{ab}$，如图 6.3 所示。

当悬挑板一侧跨内板上部筋可作为悬挑板上部筋时，伸至悬挑板外端后向下弯折。

悬挑板 $XB$ 的下部钢筋不是必须设置的，当板厚较大时作为构造筋设置时，下部钢筋在支座的锚固构造如图 6.3 所示。

对于楼面板 $LB$、屋面板 $WB$、悬臂板 $XB$，支座边第一根钢筋应放置在距支座边缘 $1/2$ 板筋间距的位置。

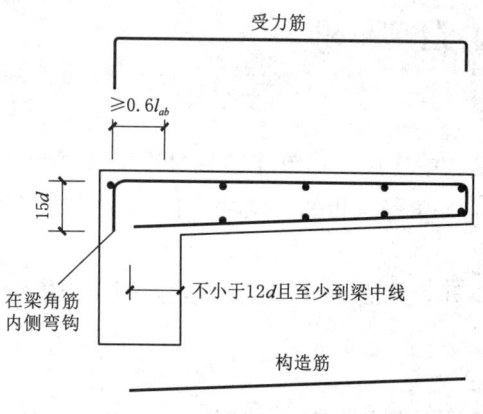

图 6.3 悬挑板钢筋构造

### 5. 板上开洞构造

（1）矩形洞边长和圆形洞直径不大于 300mm。当矩形洞边长和圆形洞直径不大于 300mm 时，受力钢筋按照 1∶6 角度弯折绕过孔洞，不另设补强钢筋。

对于洞口贴梁边或墙边设置，板受力钢筋无法绕过的，可在洞口处直接切断后向下（或向上）弯折封边，如图 6.4 所示。

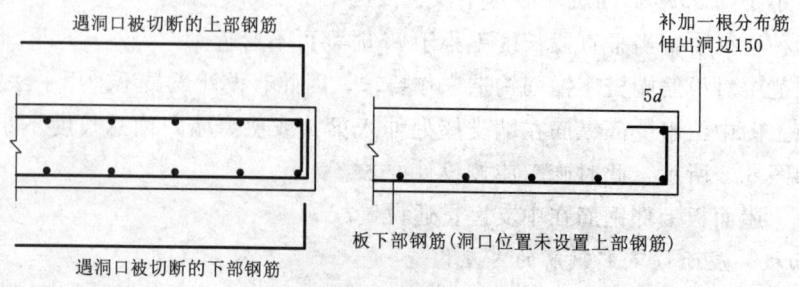

图 6.4 洞边被切断钢筋端部构造

（2）矩形洞边长和圆形洞直径在 300～1000（含）mm 之间。矩形洞边长和圆形洞直径在 300～1000（含）mm 之间时，洞口边需设置补强钢筋，如图 6.5 所示。

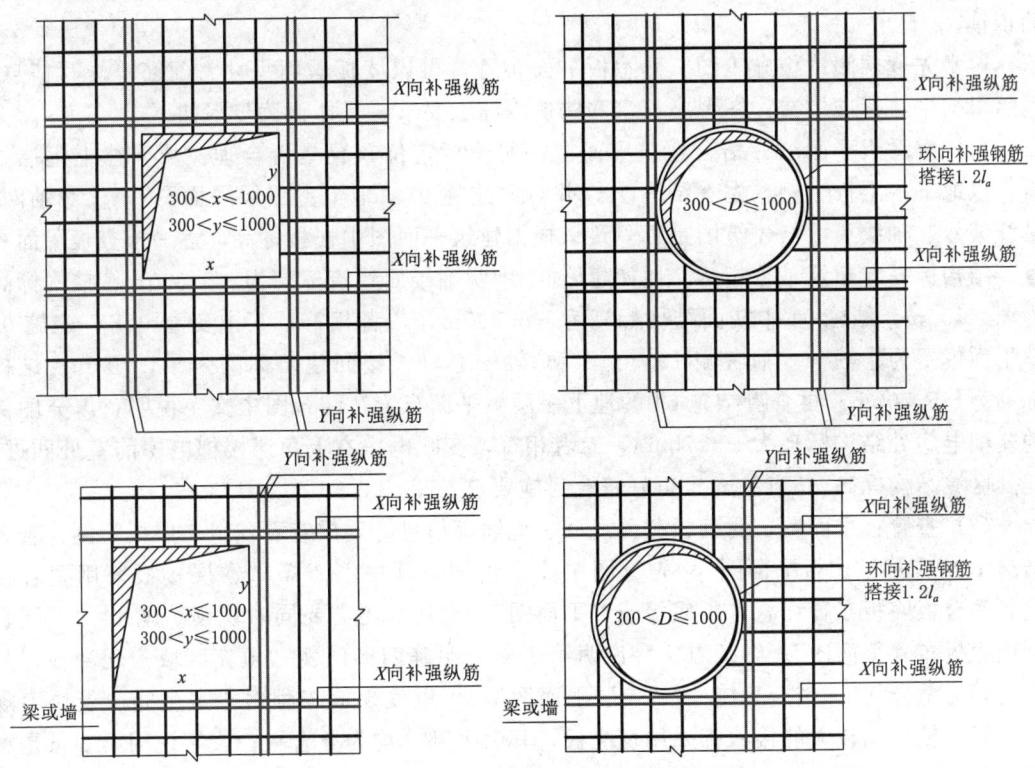

图 6.5　洞口补强钢筋构造

当设计明确补强钢筋做法时，应按注写的规格、数量与长度设置。

当设计未注写时，$X$ 向、$Y$ 向分别按每边配置两根直径不小于 12mm 且不小于同向被切断纵向钢筋总面积的 50% 补强，两根补强钢筋之间的净距为 30mm；环向补强采用上下各配置一根直径不小于 10mm 的钢筋。补强钢筋类型同被切断的板钢筋。

$X$ 向、$Y$ 向补强纵筋伸入支座的锚固方式同板中钢筋，当不伸入支座时，设计应标注。

洞边被切断钢筋端部构造，如图 6.4 所示。

（3）矩形洞边长和圆形洞直径大于 1000mm。当矩形洞边长和圆形洞直径大于 1000mm 时，采用洞口加筋方式不可靠，应由设计采取相应措施，例如洞口边加设小梁，施工时按设计要求。

## 6.5　识　读　案　例

以下引入高层商务大厦的板施工图，总共 9 张施工图：结施 04 "地下一层板平面图"、结施 05 "一层平面图"、结施 13 "二层结构板平面图"、结施 14 "二层叠合板底板布置平面图"、结施 15 "三～六层结构板平面图"、结施 16 "三～六层叠合板底板布置平面图"、结施17"七~十一层结构板平面图"、结施18"七~十一层叠合板底板布置平面图"、结施19"屋面层结构板平面图、机房顶层结构板平面图",进行板施工图的识读。

通常先逐层阅读板施工图,熟悉板平面布置,再识读板截面尺寸、配筋等注写信息,最后根据平法标准构造详图考虑板钢筋构造等施工要求。具体识读步骤如下:

(1) 查看板平面图,结合建筑平面图,明确板定位布置是否合理。从下往上逐层查看,以地下一层板为例,先看结施04,并对照建施07"地下室一层平面图",核对轴网、轴线编号、轴线尺寸与建筑图是否一致。根据建筑平面图中楼板标高,逐一检查板平面布置、结构标高与建筑是否相符。比如建施07中明确楼面建筑标高为-5.600m、结构标高为-5.700m,结施04中楼面结构标高为-5.700m,二者相符;其中变配电房,建施07中平面位置为①轴~⑥轴右侧1000mm、ⓒ轴~ⓓ轴,楼面建筑标高为-4.700m、结构标高为-5.700m。再查看结施04的地下一层板平面布置,结合图中文字说明,填充图例的变配电房处结构标高为-5.700m,二者相符,变配电房右上角遇楼梯电梯前室处凹进,此处区域结构标高-5.700m也正好符合建施要求。

(2) 查看板平面图,明确板截面尺寸、配筋等信息。逐层查看,以二层板为例,查看结施13"二层结构板平面图",先看图中文字说明,其中第1条"本层楼板采用叠合楼板,叠合板底板布置详叠合板底板布置平面图",也就是还需要同时识读结施14"二层叠合板底板布置平面图";继续看文字说明第1条,明确四种图例"填充区域为现浇板,其余的均为叠合板",结合建施10"二层平面图",可以发现该工程对于卫生间、板块不规则、板跨较小和较大的楼板都采用现浇板,其余大部分均为叠合板;文字说明第2条是关于楼板标高,在第一步中已经掌握;接着看第3条、第4条,按从图纸下方起向图纸向上方的顺序,逐一掌握楼板厚度和配筋。

(3) 查看层高表或文字说明,结合结构设计总说明,明确板混凝土要求。该工程地下部分梁板图的层高表中注写了梁板混凝土强度等级,地上部分由于图幅受限未注写,查看结施06的层高表可以知道本工程板混凝土强度等级分C35和C30两种,二层及以下采用C35,其余均为C30。

(4) 查看结构设计说明,结合平法图集,掌握板钢筋构造。结合平法图集,做到施工时能明确楼板、屋面板的混凝土保护层厚度、板上部钢筋的截断长度、板纵向钢筋的锚固与连接等构造要求。

(5) 查看预留孔洞和管线情况,掌握板上开洞和板内预埋管道情况等。查看管道井、预埋管线等情况,结合结构设计总说明和图中文字说明等,掌握板上开洞和板内预埋管线的构造要求、施工要求等。

## 6.6 识读要点

有梁楼盖中板的平法施工图识读技巧总结如下:首先根据建施图核对结施图的轴线网、轴线编号、轴线尺寸;然后结合本图文字说明识读每块楼板板厚、标高和配筋信息;若图中有楼板开洞或者墙体设置构造柱等情况,需参照结构设计总说明完成识读;另外,若图中出现墙身索引,应结合建施图和结构梁图核对标高、尺寸等信息。

识读板施工图时,需要特别关注以下要点:

(1)板面结构标高。需复核楼板面结构标高与建筑楼面标高关系。建施图中需降板区域(如阳台、卫生间等),结构板面标高需相应降低。

(2)上部贯通纵筋和非贯通纵筋。板上部贯通纵筋和支座上部非贯通纵筋同时设置时,应按"隔一布一"方式布置。例如,通长筋为 ⊈8@200,上部非贯通纵筋为 ⊈8@200,则此支座上部实配钢筋为 ⊈8@100。

(3)折板钢筋。折板中的内折角处受拉钢筋应断开,并各自伸入受压区锚固,不允许连续。

(4)板面开洞。板面开洞处,需按设计要求设置洞口补强钢筋。关于补强钢筋配筋值,如果图中明确,按图施工;如果图中未明确,可按现行平法图集要求施工。

# 能 力 测 试 题

一、识读高层商务大厦的"板施工图",完成下列单选题。

1. 二层叠合板底板布置平面图中,$DLB$ 厚度为(    )mm。
   A. 60　　　　　　B. 70　　　　　　C. 130　　　　　　D. 160

2. 地下一层板平面图中,变配电房板厚为(    )mm。
   A. 150　　　　　　B. 200　　　　　　C. 250　　　　　　D. 300

3. 地下一层板平面图中,Ⓐ轴~Ⓑ轴范围的机械停车位处,板底钢筋伸入外墙 $WQ1$ 的长度 $L$,如题 3 图所示,经济合理的尺寸为(    )mm。

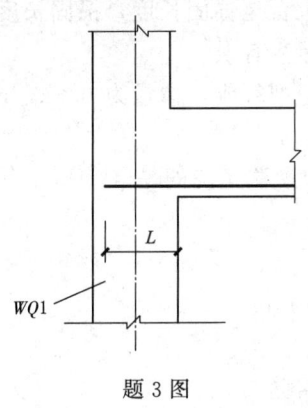

题 3 图

   A. 50　　　　　　B. 60　　　　　　C. 150　　　　　　D. 175

4. 一层平面图中,①号节点中受力钢筋的配筋为(    )。
   A. ⊈8@150　　　　　　　　　　B. ⊈10@150
   C. ⊈12@150　　　　　　　　　 D. 同楼板钢筋

5. 一层平面图中,地下室顶板标高高差较大时,加强钢筋伸入梁的长度 $L$,如题 4 图所示,经济合理的尺寸为(    )mm。

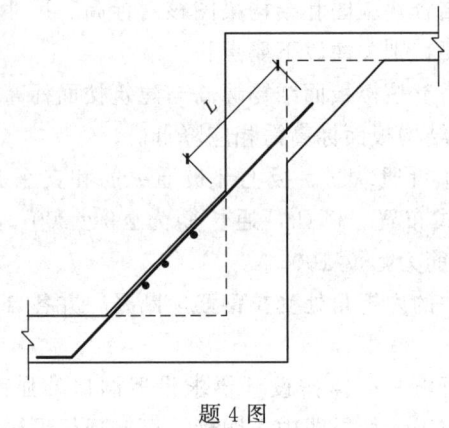

题 4 图

A. 350 B. 370 C. 390 D. 410

6. 该工程中,二层设备平台处楼板厚度为( )mm。

A. 130 B. 150 C. 160 D. 180

7. 二层结构板平面图中,填充为处楼板预留板筋为( )双层双向。

A. ⊕8@200 B. ⊕8@150 C. ⊕8@100 D. ⊕8@50

8. 屋面层结构板平面图中,电梯机房楼板面标高为( )。

A. 52.250 B. 52.255 C. 52.600 D. 55.500

## 二、识读高层商务大厦的"板施工图",完成下列多选题。

1. 下列关于本工程地下室底板说法正确的是( )。

A. 未注明区域配筋为⊕20@150 双层双向

B. 底板板底筋可截断锚入承台至锚固长度,锚固长度为 $l_{aE}$

C. 底板平面图中吸水水沟标注有误

D. 底板混凝土需掺聚丙烯阻裂纤维,掺量为 0.9kg/m³

E. 底板外挑长度均为 500mm

2. 下列关于本工程机房顶层说法正确的是( )。

A. 机房顶层板厚均为 120mm

B. DTL 定位遗漏

C. 未注明小梁高度均为 400mm

D. 吊钩起重量不应超过 3t

E. 外露的女儿墙应设置伸缩缝

# 任务 7

# 结构详图识读

**【知识与能力目标】** 能识读现浇混凝土板式楼梯的截面尺寸、定位及配筋构造；能识读现浇混凝土梁式楼梯的截面尺寸、定位及配筋构造；能识读结构节点截面尺寸、定位及配筋构造等。

## 7.1 图 纸 形 成

结构详图主要包括楼梯、坡道等结构详图和节点配筋详图。

1. 楼梯、坡道等结构详图

楼梯、坡道等部位的结构构件在梁板平面图中很难表达清楚，因此采用局部平面详图和剖面详图相结合的方式来表达结构构件的截面尺寸、定位及配筋等。

2. 节点配筋详图

建筑详图中的节点，比如雨篷、檐沟、外墙线脚等需要配筋，通过绘制节点配筋详图来表达。

结构详图是楼梯、坡道、节点等细部定位放线、施工的依据。

## 7.2 图 示 内 容

结构详图应按现行国家标准《房屋建筑制图统一标准》(GB/T 50001—2017)、《建筑制图标准》(GB/T 50104—2010)、《建筑结构制图标准》(GB/T 50105—2010)的要求绘制。

当楼梯、坡道等采用平法施工图表达时，施工图还应按照现行平法图集的制图规则绘制。

楼梯、坡道等局部平面详图和局部剖面详图绘制比例常用 1∶50；节点配筋详图绘制比例常用 1∶10、1∶20 等。

不管是楼梯、坡道等结构详图，还是节点配筋详图，表达的内容都可以统一归类，按照图示内容主次关系，识读顺序见表 7.1。

表 7.1　　　　　　　　　　结构详图的图示内容

| 序号 | 类别 | 主要内容 |
| --- | --- | --- |
| 1 | 轴线 | 定位轴线、轴线编号 |
| 2 | 构件 | 梁、板等 |

续表

| 序号 | 类别 | 主要内容 |
|---|---|---|
| 3 | 截面尺寸 | 构件截面尺寸 |
| 4 | 定位尺寸、标高 | (1) 构件与轴线的关系。<br>(2) 构件结构面相对标高 |
| 5 | 配筋信息 | (1) 受力筋的配筋值。<br>(2) 构造筋的配筋值 |
| 6 | 详图编号 | 详图（索引）编号 |
| 7 | 其他标注 | (1) 图名。<br>(2) 比例。<br>(3) 混凝土强度等级等必要的文字说明 |

## 7.3 平法制图规则

结构详图可绘制纵剖配筋图、截面配筋图等表达结构详图的配筋要求，也可以参照现浇混凝土框架、梁、板的平法制图规则注写表达。

另外，楼梯按照传力方式不同可分为板式楼梯和梁式楼梯。对于板式楼梯，还可按照板式楼梯的平法制图规则绘制板式楼梯平法图，此处介绍板式楼梯的平法制图规则。

注：板式楼梯的梯板以梯段长向两端的平台梁为支座，梯板跨度沿梯段长度方向。梁式楼梯的梯板主要以梯段短向两端的斜梁为支座，梯板跨度沿梯段宽度方向。实际工程中，板式楼梯最为常见，梁式楼梯适用于梯板长度在4500mm以上的楼梯。

1. 梯板类型

楼梯编号由梯板类型代号和序号组成，常见梯板类型见表7.2。

表7.2　　　　　　　　　　梯　板　类　型

| 梯板代号 | 梯板组成形式 | 抗震构造措施 | 滑动支座 | 适用结构 |
|---|---|---|---|---|
| AT | 踏步段 | 无 | 无 | 剪力墙结构、砌体结构 |
| BT | 踏步段＋低端平板 | | | |
| CT | 踏步段＋高端平板 | | | |
| DT | 踏步段＋低端平板＋高端平板 | | | |
| ET | 低端踏步段＋中位平板＋高端踏步段 | | | |
| ATa | 踏步段 | 有 | 低端梯梁处 | 框架结构、框架-剪力墙结构中框架部分 |
| ATb | 踏步段 | | 低端梯梁挑板处 | |
| CTa | 踏步段＋高端平板 | | 低端梯梁处 | |
| CTb | 踏步段＋高端平板 | | 低端梯梁挑板处 | |
| ATc | 踏步段 | | 无 | |

**2. 平面注写方式**

板式楼梯平法施工图有平面注写、剖面注写和列表注写三种表达方式,下文介绍目前常用的平面注写方式。

平面注写方式是在楼梯平面布置图上采用注写截面尺寸和配筋具体数值的方式来表达楼梯施工图,包括集中标注和外围标注。其中,集中标注的内容有5项,见表7.3;外围标注的内容见表7.4。

表7.3 板式楼梯的集中标注内容

| 序号 | 类别 | 主要内容 |
|---|---|---|
| 1 | 梯板编号 | 梯板类型代号、序号 |
| 2 | 梯板厚度 | 梯板厚度:$h=\times\times\times$ |
| 3 | 踏步段总高度、踏步级数 | 踏步段总高度和踏步级数,用"/"分隔 |
| 4 | 梯板支座上部纵筋、下部纵筋 | 梯板支座上部纵筋和下部纵筋的配筋值,用";"分隔 |
| 5 | 梯板分布筋 | 用F打头注写分布筋的配筋值。<br>注:也可在图中统一说明 |

表7.4 板式楼梯的外围标注内容

| 序号 | 类别 | 主要内容 |
|---|---|---|
| 1 | 楼梯间轴网 | (1) 定位轴线、轴线编号。<br>(2) 轴线尺寸 |
| 2 | 标高、方向 | (1) 楼层结构标高。<br>(2) 层间结构标高。<br>(3) 楼梯的上下方向 |
| 3 | 平面几何尺寸 | (1) 梯板尺寸:梯板宽度、梯板长度。<br>(2) 平台板尺寸。<br>(3) 梯柱定位尺寸。<br>(4) 梯梁定位尺寸 |
| 4 | 平台板配筋 | 平台板PTB编号、板面结构标高、配筋值。<br>注:可参照板平法制图规则标注 |
| 5 | 梯梁配筋 | 梯梁TL编号、截面尺寸、梁面结构标高、配筋值。<br>注:可参照梁平法制图规则标注 |
| 6 | 梯柱配筋 | 梯柱TZ编号、截面尺寸、标高段范围、配筋值。<br>注:可参照柱平法制图规则标注 |

## 7.4 标准构造要求

结构详图中结构构件的构造要求,根据不同类型可选用现浇混凝土框架、梁、板的标准构造要求,此处介绍板式楼梯的梯板标准构造要求。

**1. AT~ET型梯板构造**

AT~ET型共5类梯板,两端支座可采用铰接或固端,构造无抗震要求。

BT～ET 型为折板楼梯，注意折板处梯板纵筋构造做法。

AT 型梯板构造如图 7.1 所示，BT 型梯板构造如图 7.2 所示，CT 型和 DT 型梯板构造与图 7.2 类似，详见平法图集 16G101-2。ET 型梯板因为平板位于中间，跨中受力最大处刚度变小，梯板上部纵筋全跨贯通，不得在跨中截断，详见平法图集，此处不再图示。

AT～ET 型梯板构造要点如下：

（1）上部纵筋锚固长度 $0.35l_{ab}$ 用于铰接，$0.6l_{ab}$ 用于固端时，由设计指明采用何种情况。

（2）梯板上部纵筋需伸至支座对边再向下弯折。

（3）梯板上部纵筋有条件时可直接伸入平台板内锚固，从支座内边算起总锚固长度不小于 $l_a$，如图 7.1 和图 7.2 中虚线所示。

另外需要注意，图 7.1 和图 7.2 中的梯板下部纵筋锚固与现浇混凝土板底筋的构造统一要求，未按 16G101 平法图集。

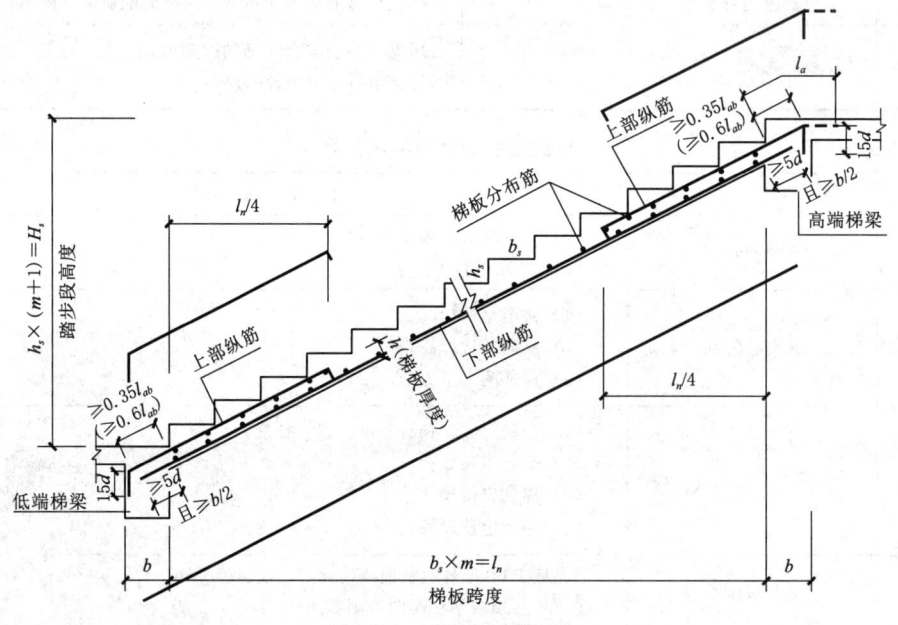

图 7.1 AT 型梯板构造

2. ATa、ATb、CTa、CTb 型梯板构造

ATa、ATb、CTa、CTb 型共 4 类梯板，采用双层双向配筋，构造应按照抗震要求，且均在低端设置滑动支座。带"a"的滑动支座设置在低端梯梁处，带"b"的滑动支座设置在低端梯梁挑板处。

ATa 型梯板构造如图 7.3 所示，ATb 型梯板构造与 ATa 型基本相同，具体详见平法图集。

CTa 型梯板构造如图 7.4 所示，CTb 型梯板构造与 CTa 型基本相同，具体详见平法图集。

ATa、ATb、CTa、CTb 型梯板构造要点如下：

（1）分布筋在受力筋外侧，与 AT～ET 型完全不同。板面（底）分布筋分别向下

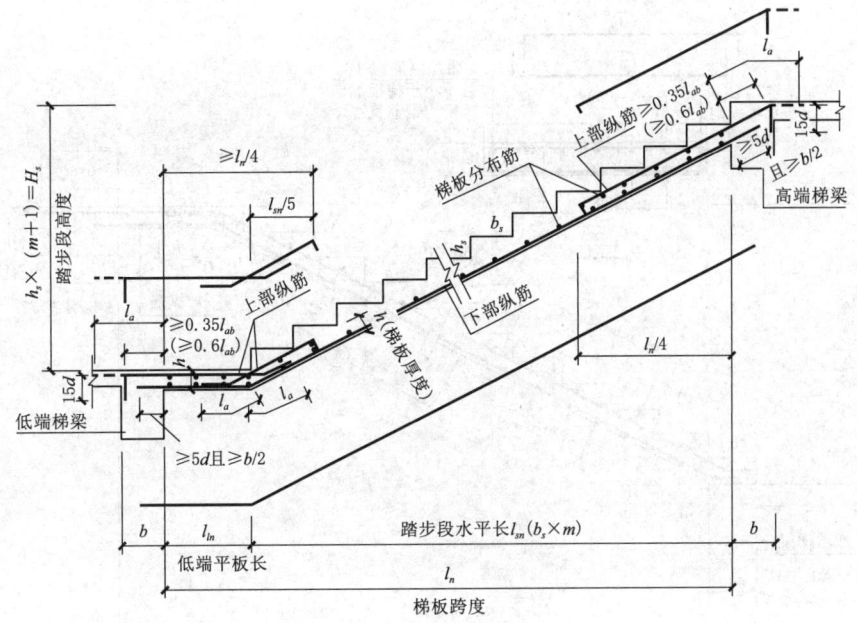

图 7.2 BT 型梯板构造

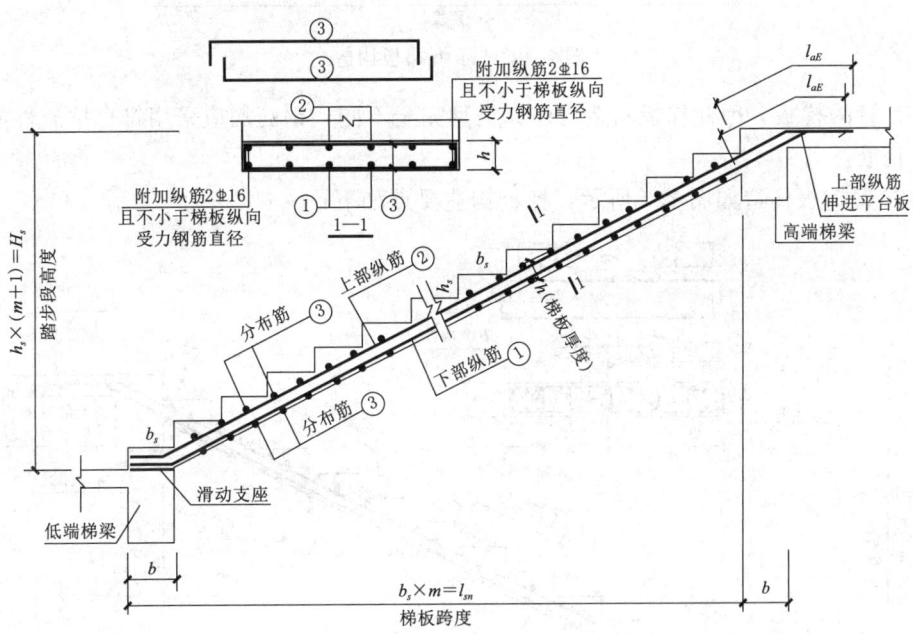

图 7.3 ATa 型梯板构造

(上)弯折,形成箍筋样式。

(2)梯板两端均附加纵筋。

(3)高端梯梁处,CTa、CTb 梯板上部纵筋需伸至支座对边再向下弯折。

3. ATc 型梯板构造

ATc 型梯板采用双层双向配筋,不仅构造应按照抗震要求,而且是唯一参与结构抗

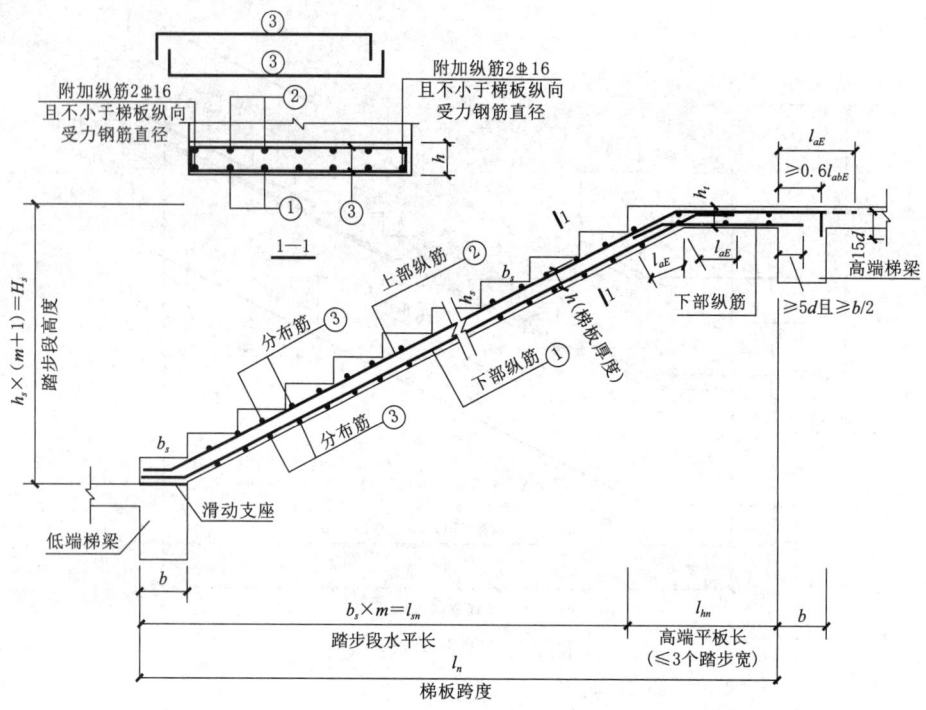

图 7.4 CTa 型梯板构造

震整体计算的梯板,因此梯板构造与前面类型完全不同,钢筋均应采用符合抗震性能要求的热轧钢筋。

ATc 型梯板构造如图 7.5 所示,梯板构造要点如下:

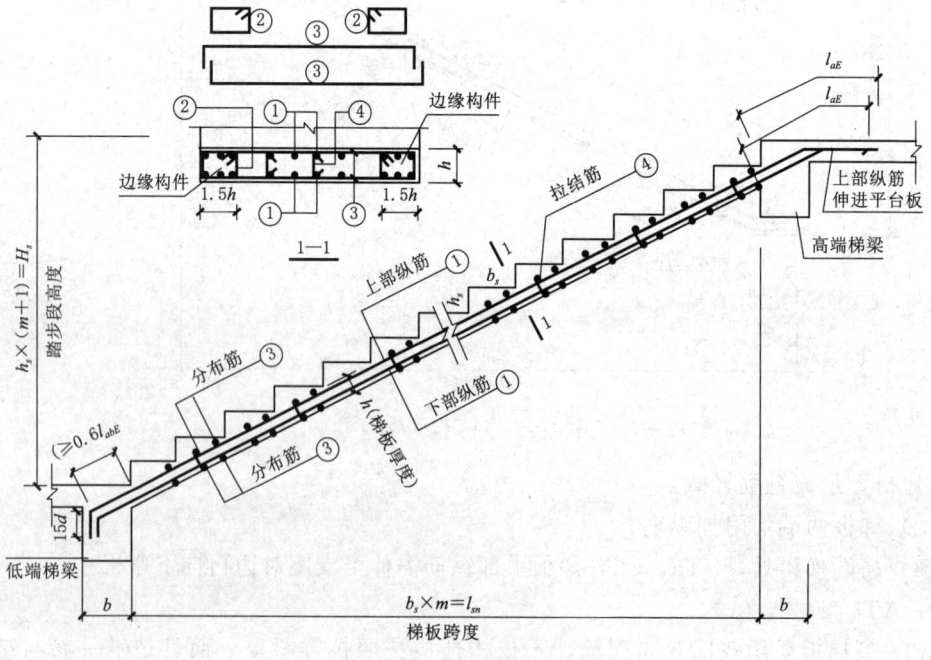

图 7.5 ATc 型梯板构造

(1) 分布筋在受力筋外侧，板面（底）分布筋分别向下（上）弯折，形成箍筋样式。

(2) 梯板两端均设置边缘构件，边缘构件一般由设计明确配筋值。

(3) 梯板拉结筋采用$\Phi$6@600。

## 7.5 识 读 案 例

下面引入高层商务大厦的结构详图，总共7张施工图：结施25"1号/2号楼梯大样一"、结施26"1号/2号楼梯大样二"、结施27"1号/2号楼梯大样三"、结施28"墙身大样（一）"、结施29"墙身大样（二）"、结施30"墙身大样（三）"、结施31"墙身大样（四）"，进行结构详图的识读。

通常先识读楼梯、坡道等结构详图，再识读墙身等节点配筋详图，结合平法图集构造要求，掌握结构细部做法，具体识读步骤如下：

(1) 查看楼梯详图，明确梯板、梯梁、梯柱、平台板做法。结施25和结施26是1号、2号楼梯平面详图，结施27是1号、2号楼梯剖面详图，结合建筑平面图，先明确楼梯位置，再逐层查看楼梯平面和剖面布置。

对照楼梯建筑详图，明确梯板、梯梁、梯柱、平台板平面位置和标高是否正确，梯段起始位置、踏步级数、踏面宽度、踢面高度与建筑详图是否一致。

(2) 查看梯板、梯梁、梯柱、平台板截面尺寸和配筋。

(3) 结合平法图集或施工图要求，明确楼梯钢筋构造做法。

注意：该工程编号为YTB的梯段板均为预制梯段板，混凝土等级同框架梁，其余均为现浇。预制梯板配筋详图参图集15G367-1中第25页，配筋规格见配筋表。

(4) 查看墙身等节点配筋详图，结合建筑施工图，明确细部节点配筋等信息。

结施28的墙身大样1，结合结施13的索引，可知道墙身1的平面索引位置在本工程南外墙的②轴～③轴段，结合建筑施工图逐层查看配筋，如二层窗间墙位置设置的过梁尺寸及配筋、搁置要求等。

节点配筋详图的识读，需要结合建施图、结施图，多张图纸对照看，确认无误后方可施工。

## 7.6 识 读 要 点

掌握结构详图的基本识读方法以后，还需要反复练习，结合工程实际灵活应用，才能融会贯通、提升施工图的识读能力与技巧。需要特别关注以下要点：

**1. 楼梯混凝土强度等级**

当上下相邻层梁板混凝土强度等级不同时，如二层梁板混凝土强度等级为C35，三层梁板混凝土强度等级为C30，应特别注意二～三层楼梯的混凝土强度等级。

楼梯的施工缝通常设在该楼层楼梯第一跑的1/3处，楼梯施工缝以下混凝土强度等级同下层梁板混凝土强度等级。楼梯施工缝起至上层楼面的梯板（含梯梁）与上层梁板同时施工，混凝土强度等级宜与上层楼面梁板混凝土强度等级相同，以方便混凝土浇筑。当然，最终应由设计人员明确。

2. 翻边构造

工程中楼梯平台板遇悬空处、墙体遇易积水楼屋面处，都会设置混凝土翻边，有的需要配筋，有的采用素混凝土，都必须注意翻边混凝土必须与梁板同时浇筑。这些小细节施工时容易遗漏，事前需要认真识图，不可以事后发现遗漏再补做。

## 能 力 测 试 题

**一、识读高层商务大厦的"楼梯大样图及墙身大样图"，完成下列单选题。**

1. 该工程 2 号楼梯 4.700 标高楼梯梁 TL4 的支座为（　　）。
   A. 楼梯间隔墙　　　　　　　　B. 框架梁
   C. XTL　　　　　　　　　　　D. 梯柱 TZ-1

2. 该工程 1 号楼梯结构形式为（　　）。
   A. 板式楼梯　　B. 梁式楼梯　　C. 悬挑楼梯　　D. 剪刀梯

3. 该工程 1 号楼梯-5.650m 标高楼梯平台板为（　　）板。
   A. 2 边支承　　B. 3 边支承　　C. 4 边支承　　D. 悬臂

4. 该工程 1 号楼梯，楼梯预制板 YTB10 的宽度为（　　）mm。
   A. 1300　　　　B. 1320　　　　C. 1420　　　　D. 1500

5. 根据图集 16G101-2，本工程 1 号楼梯 TB1 的类型为（　　）。
   A. AT　　　　　B. BT　　　　　C. CT　　　　　D. DT

6. 该工程 2 号楼梯 11.825 m 标高的休息平台受力筋为（　　）。
   A. $\Phi 8@200$　　B. $\Phi 8@150$　　C. $\Phi 10@150$　　D. $\Phi 8@100$

7. 楼梯间防火隔墙端部构造柱的箍筋为（　　）。
   A. $\Phi 6@100$　　B. $\Phi 6@200$　　C. $\Phi 8@100$　　D. $\Phi 8@150$

**二、识读高层商务大厦的"楼梯大样图及墙身大样图"，完成下列多选题。关于该工程节点构造，说法正确的是（　　）。**

A. 挡土墙配筋为双层双向 $\Phi 10@150$

B. 墙身 5 的过梁截面高度均为 300mm

C. 出屋面排气道顶盖板厚为 110mm

D. 门窗过梁搁在两侧框架柱

E. 主屋面女儿墙结构高度为 1500mm

# 第2部分　结构标准构造详图绘制

结构构件配筋的标准构造详图应按现行国家标准《房屋建筑制图统一标准》(GB/T 50001—2017)、《建筑制图标准》(GB/T 50104—2010)、《建筑结构制图标准》(GB/T 50105—2010) 等要求绘制。

1. 比例

结构标准构造详图的绘制比例常采用 1:50、1:25、1:20 等，如梁、柱纵剖配筋详图的绘制比例常用 1:50，梁、柱截面配筋详图的绘制比例常用 1:20、1:25。

2. 图线

绘制结构配筋构造详图时，线宽通常采用粗（基本线宽 $b$）、中（线宽 $0.5b$）、细（线宽 $0.25b$）三种。对于简单的图样，可只采用粗、细两种；对于复杂的图样，可采用粗、中粗（线宽 $0.7b$）、中、细四种。以三种线宽为例，根据表达内容的层次，常用图线要求选用见表 0.1。

表 0.1　　　　　结构配筋构造详图的图线

| 序号 | 类别 | 线型 |
| --- | --- | --- |
| 1 | 钢筋混凝土构件轮廓线 | 中实线 |
| 2 | 钢筋线 | 粗实线 |
| 3 | 尺寸线、标高符号线、标注引出线 | 细实线 |

3. 钢筋图例

绘制结构配筋构造详图时，普通钢筋表示方法见表 0.2。

表 0.2　　　　　　普 通 钢 筋

| 序号 | 类别 | | 图例 |
| --- | --- | --- | --- |
| 1 | | 钢筋横断面 | ● |
| 2 | 钢筋端部 | 无弯钩的钢筋（长度相同） | ── |
| 3 | | 无弯钩的钢筋（长度不同、投影重叠）<br>注：短钢筋的端部用45°斜画线表示 | ─╱─ |
| 4 | | 带半圆弯钩的钢筋 | ⌐──⌐ |
| 5 | | 带直钩的钢筋 | ┌──┐ |
| 6 | 钢筋搭接 | 无弯钩的钢筋搭接 | ──╱──╲── |
| 7 | | 带半圆弯钩的钢筋搭接 | ⌐──⌐⌐──⌐ |

续表

| 序号 | 类别 | 图例 |
|---|---|---|
| 8 | 焊接的钢筋接头 | |
| 9 | 机械连接的钢筋接头 | |

### 4. CAD 绘图规则

应用 CAD 软件绘制结构构件配筋的标准构造详图时，有多种绘图习惯，按照常用方式统一规定如下：

(1) 实物的绘制比例。不管结构构造详图绘图比例要求是 1∶50 或 1∶20 或其他，应用 CAD 软件绘制结构构件轮廓时，截面尺寸统一按照实物尺寸 1∶1 绘制。

例：梁截面尺寸为 250mm×600mm，CAD 中绘制矩形宽 250mm、高 600mm。

(2) 出图后线宽、字高等要求须按比例换算。钢筋粗实线采用 PL 绘制，出图后线宽 0.5mm，钢筋横断面直径 1mm。应用 CAD 软件绘制时，必须按照出图比例进行换算。

例：梁配筋截面图出图比例 1∶20，箍筋采用 Pline 绘制时，线宽为 0.5×20＝10，纵筋横断面采用 Donut 绘制时，外直径为 1×20＝20。

字高设置按同样方法换算。

(3) 箍筋和构件轮廓间距。箍筋和构件轮廓间距不需要按照保护层厚度取值，统一规定出图后值为 1mm 左右。

例：梁配筋截面图出图比例 1∶20，绘制箍筋时，对梁构件轮廓线向内 Offset 偏移复制，间距 1×20＝20。

(4) 钢筋符号。钢筋符号注写应采用建筑类的 sh× 字体，输入特殊符号 "%%130" 生成 HPB300 钢筋符号 "Φ"，输入 "%%132" 生成 HRB400 钢筋符号 "Φ"。

(5) 尺寸标注样式。结构标准构造详图的绘制比例常采用 1∶50、1∶25、1∶20 等，尺寸标注样式设置时需要特别注意以下三点：

1) 样式名按照比例命名，方便查询选用。

2) 全局比例按照绘制比例设置。

3) 基线间距、文字高度等数值按照出图后尺寸要求设置，方便多种比例尺寸标注样式设置，设置完成一种比例的尺寸标注样式后，其他比例只需复制后修改全局比例即可。

# 任务 8

# 基础标准构造详图绘制

**【知识与能力目标】** 能应用 CAD 绘图软件和基础构造标准要求，绘制基础的标准构造详图。

## 8.1 绘 制 内 容

基础标准构造详图包括柱纵向钢筋在基础中构造、墙身竖向分布钢筋在基础中构造、独立基础配筋构造、条形基础底板配筋构造、基础梁纵向钢筋与箍筋构造、基础梁端部及外伸部位构造、基础梁梁底不平和变截面部位钢筋构造、基础梁侧腋构造等，绘制内容见表 8.1。

表 8.1　　　　　　　　　　基础标准构造详图绘制内容

| 序号 | 类　　别 | 主　要　内　容 |
|---|---|---|
| 1 | 柱纵向钢筋在基础中构造 | (1) 绘制基础及柱轮廓。<br>(2) 绘制纵向钢筋，根据构造要求计算纵筋伸入基础的长度与弯折长度，标注配筋信息及必要的尺寸。<br>(3) 根据构造要求绘制箍筋或锚固区横向钢筋，标注配筋信息 |
| 2 | 墙身竖向分布钢筋在基础中构造 | (1) 绘制基础及墙身轮廓。<br>(2) 绘制墙身竖向分布钢筋，根据构造要求计算竖向分布钢筋伸入基础的长度与弯折长度，标注配筋信息及必要的尺寸。<br>(3) 根据构造要求绘制水平分布钢筋或锚固区横向钢筋，标注配筋信息 |
| 3 | 独立基础配筋构造 | (1) 绘制独立基础轮廓。<br>(2) 根据构造要求绘制基础底板钢筋。<br>(3) 标注配筋信息及尺寸 |
| 4 | 条形基础底板配筋构造 | (1) 绘制条形基础轮廓。<br>(2) 根据构造要求绘制基础底板钢筋。<br>(3) 标注配筋信息及尺寸 |
| 5 | 基础梁纵向钢筋与箍筋构造 | (1) 绘制基础梁轮廓。<br>(2) 根据构造要求绘制基础梁纵向钢筋。<br>(3) 根据构造要求绘制基础梁箍筋。<br>(4) 标注配筋信息及尺寸 |

续表

| 序号 | 类 别 | 主 要 内 容 |
|---|---|---|
| 6 | 基础梁端部及外伸部位构造 | (1) 绘制基础轮廓。<br>(2) 根据构造要求绘制端部或外伸部位的钢筋构造。<br>(3) 标注配筋信息及尺寸 |
| 7 | 基础梁梁底不平和变截面部位钢筋构造 | (1) 绘制基础轮廓。<br>(2) 根据构造要求绘制有高差或梁宽不同时的钢筋构造。<br>(3) 标注配筋信息及尺寸 |
| 8 | 基础梁侧腋构造 | (1) 绘制基础梁与柱结合部侧腋轮廓。<br>(2) 根据构造要求绘制加腋位置的钢筋构造。<br>(3) 标注配筋信息及尺寸 |

## 8.2 绘 制 案 例

**1. 柱纵向钢筋在基础中的构造详图**

根据高层商务大厦施工图，绘制结施 08 中②轴交ⓒ轴框架柱 KZ1A 在基础中的插筋详图，绘图比例 1∶1，出图比例 1∶50。

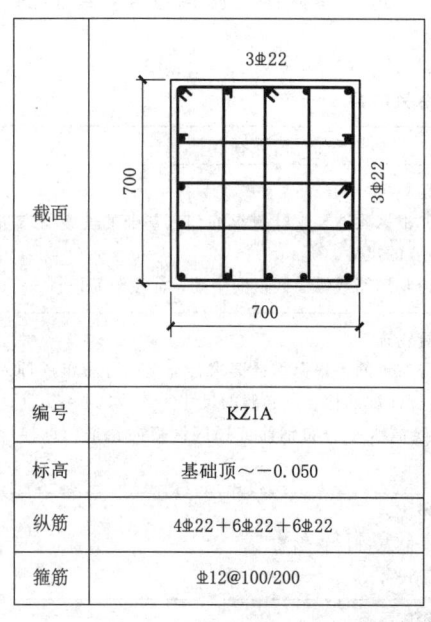

图 8.1 KZ1A 柱配筋信息

绘图之前需要对图纸进行识读，找出与绘图相关的信息。首先在结施 08 中的找到 KZ1A，该柱在基础顶至 4.470 标高的混凝土强度等级为 C40；在结施 09 中查找 KZ1A 的配筋信息，如图 8.1 所示；根据结通 01 结构设计总说明，柱抗震等级为三级；查看结施 01、结施 02，柱下为两桩承台 CT2-2，承台尺寸、标高、配筋等具体信息如图 8.2 所示。

(1) 绘制柱及基础轮廓。在结施 08 中查找框架柱 KZ1A 的截面尺寸，在结施 01、结施 02 中查找②轴交ⓒ轴桩承台 CT2-2 的尺寸及形状，绘制柱和基础轮廓。按照绘图比例 1∶1，出图比例 1∶50 的绘制要求，轮廓线采用细实线、轴线采用细单点长画线绘制，可采用直线（Line）、圆（Circle）、偏移（Offset）、剪切（Trim）、填充（Hatch）等 CAD 命令进行绘制。绘制好轮廓后标注柱尺寸、基础高度及基顶标高，标注尺寸时应将尺寸样式（Dimstyle）中的全局比例修改为 50。绘制好的轮廓图如图 8.3 所示。

(2) 绘制柱纵筋。查看结施 09 中 KZ1A 柱纵筋配筋信息，根据《混凝土结构施工图

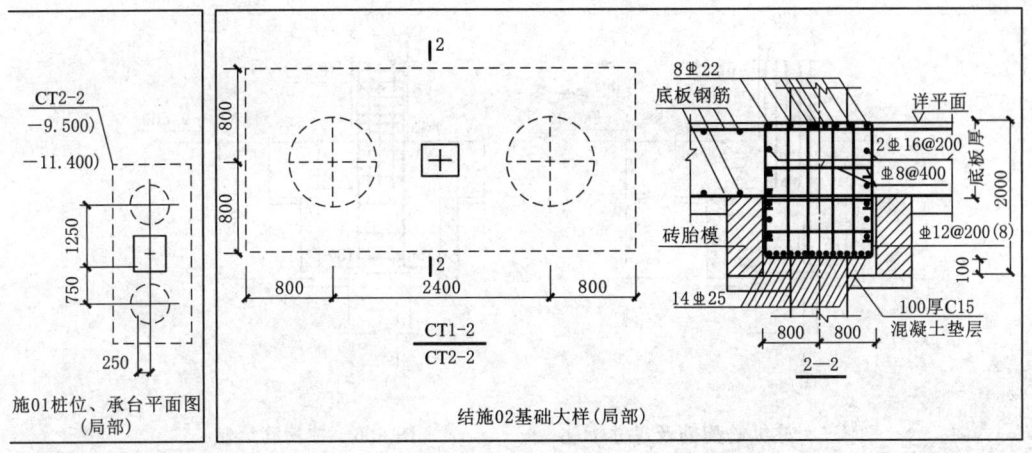

图 8.2 KZ1A 柱下承台信息

平面整体表示方法制图规则和构造详图(独立基础、条形基础、筏形基础、桩基础)》(16G101-3)图集(简称16G101-3图集),基础高度大于1400mm,柱四角纵筋伸至底板钢筋网片上,其余纵筋锚固在基础顶面下 $l_{aE}$。钢筋为粗实线,采用多段线(Pline)线绘制,根据出图比例1:50的要求,多段线线宽设置为25,如图8.4所示。

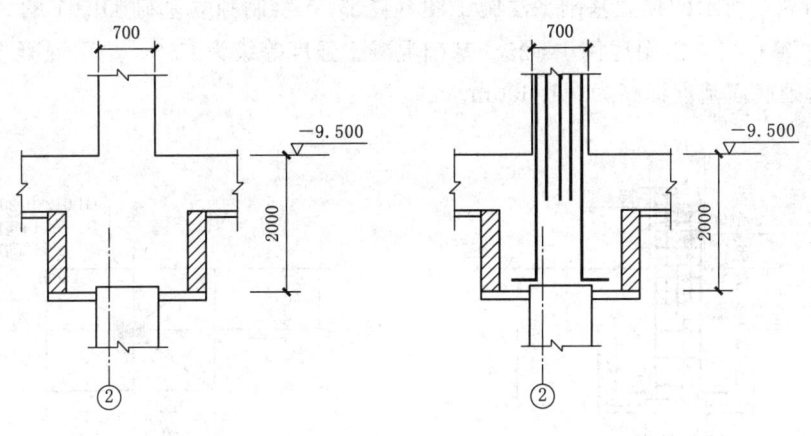

图 8.3 柱及基础轮廓绘制　　图 8.4 柱纵筋绘制

(3) 标注纵筋配筋信息及必要的尺寸。根据结施09中KZ1A柱纵筋配筋信息,在图中标注柱纵筋16⌀22。

根据结构设计总说明及结施08图纸,查表得 $l_{aE}=30d=30\times22=660(mm)$,在图中标注柱纵筋深入承台的尺寸为660mm。

柱角筋伸至底板钢筋网片上并弯折,弯折长度根据16G101-3图集要求,取$6d$和150的较大值,为150mm,如图8.5所示。

(4) 绘制柱箍筋。根据结施09中KZ1A柱箍筋配筋信息,以及16G101-3图集中对基础插筋中的箍筋要求(间距不大于500mm且不少于两道矩形封闭箍筋),箍筋为粗实线,绘制方法同上面柱纵筋,如图8.6所示。

## 任务 8  基础标准构造详图绘制

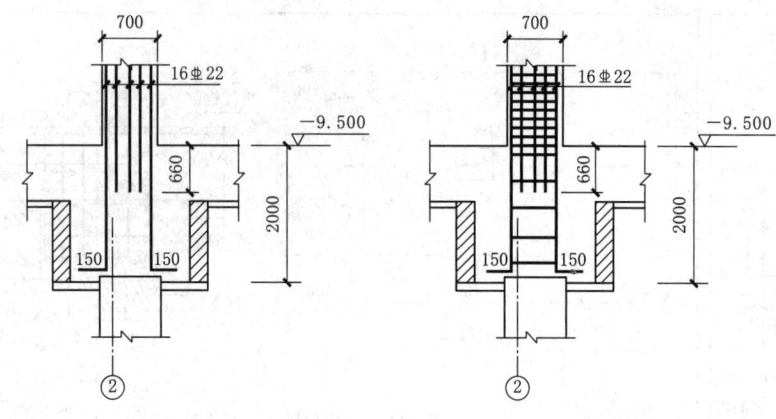

图 8.5  柱纵筋配筋及尺寸标注　　图 8.6  柱箍筋绘制

(5) 标注箍筋配筋信息及必要的尺寸。根据结施 09 中 KZ1A 柱箍筋配筋信息,在图中标注柱箍筋 12@100。

根据 16G101-3 图集中对基础插筋中的箍筋要求,在基础插筋中标注"5C12(非复合箍)",并标注柱箍筋起步距离 50mm 和 100mm,如图 8.7 所示。

2. 独立基础构造详图

根据图 8.8 所示的独立基础平法施工图(局部),绘制独立基础 $DJ_p01$ 的 $A—A$ 断面图,绘图比例 1∶1,出图比例 1∶25。基础混凝土强度等级为 C30,垫层混凝土强度等级为 C15,基础底面基准标高为 $-1.600m$。

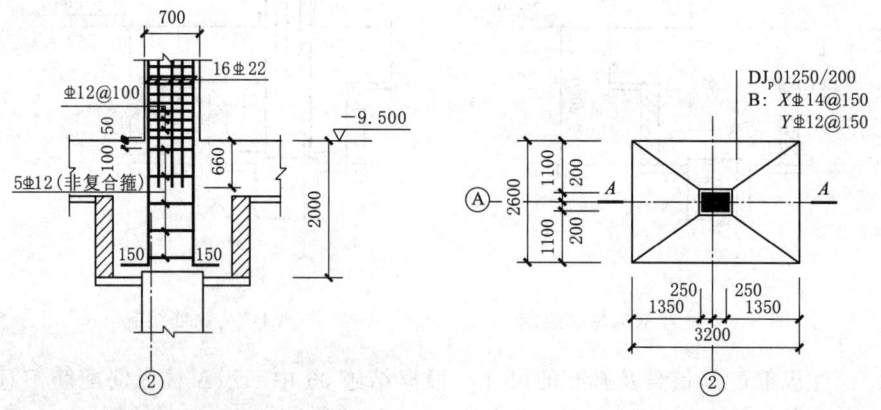

图 8.7  柱箍筋信息标注　　图 8.8  独立基础($DJ_p01$)平法施工图(局部)

(1) 绘制独立基础轮廓。在图 8.8 中查看基础形式及截面尺寸,绘制基础轮廓。基础截面形式为坡形,基底标高 $-1.600m$,基础垫层尺寸根据 16G101-3 图集,厚度为 100mm。轮廓线采用细实线、轴线采用细单点长画线绘制,并标注相应的尺寸及标高,标注尺寸时应将尺寸样式(Dimstyle)中的全局比例修改为 25。绘制好的基础轮廓图如图 8.9 所示。

(2) 绘制独立基础底板钢筋。查看图 8.8 中独立基础的配筋信息,底部 $X$ 方向配筋

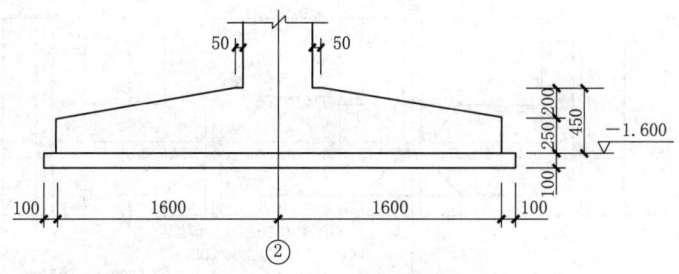

图 8.9 基础轮廓绘制

为 $\Phi14@150$，$Y$ 方向配筋为 $\Phi12@150$，根据独立基础底板双向交叉钢筋长向设置在下、短向设置在上的规则，绘制基础钢筋。$X$ 方向钢筋采用多段线（Pline）命令绘制，根据出图比例 1∶25 的要求，多段线线宽设置为 12.5；$Y$ 方向钢筋采用圆环（Donut）命令绘制，圆环内径为 0，外径为 25。标注钢筋信息及图名、比例，绘制好的基础断面如图 8.10 所示。

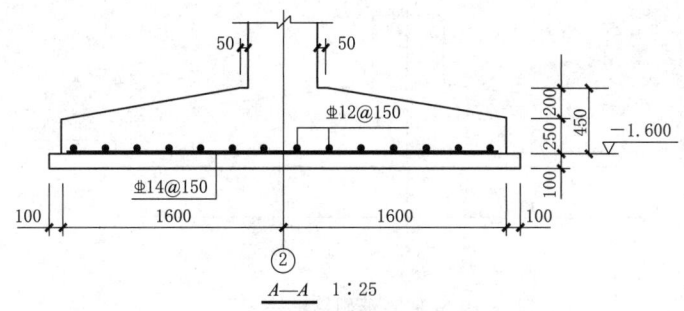

图 8.10 基础钢筋绘制

3．条形基础构造详图

根据图 8.11 所示的条形基础平法施工图（局部），绘制条形基础指定 $B—B$ 位置的断面图，绘图比例 1∶1，出图比例 1∶25。基础混凝土强度等级为 C30，垫层混凝土强度等级为 C15，基础底面基准标高为 −1.800m。

（1）绘制条形基础轮廓。在图 8.11 中查看基础形式及截面尺寸，绘制基础轮廓。条形基础底板为坡形，基底标高为 −1.800m，基础梁截面尺寸为 350mm×800mm，基础垫层尺寸根据 16G101-3 图集规定，厚度为 100mm。轮廓线采用细实线绘制、轴线采用细单点长画线绘制，并标注相应的尺寸及标高，标注尺寸时应将尺寸样式（Dimstyle）中的全局比例修改为 25。绘制好的轮廓图如图 8.12 所示。

（2）绘制基础梁钢筋。查看图 8.11 中基础梁配筋信息，基础梁上部钢筋为 4Φ20，下部钢筋为 4Φ22，箍筋为 $\Phi8@150$，四肢箍，侧面纵向构造钢筋为 2Φ12，根据 16G101-3 图集规定，拉筋为 $\Phi8@300$。绘制梁箍筋和拉筋，箍筋和拉筋采用多段线（Pline）命令绘制，线宽设置为 12.5，并标注箍筋配筋信息。纵筋采用圆环（Donut）命令绘制，绘制上部、下部纵筋及侧面纵向构造钢筋，并标注配筋信息，如图 8.13 所示。

# 任务 8　基础标准构造详图绘制

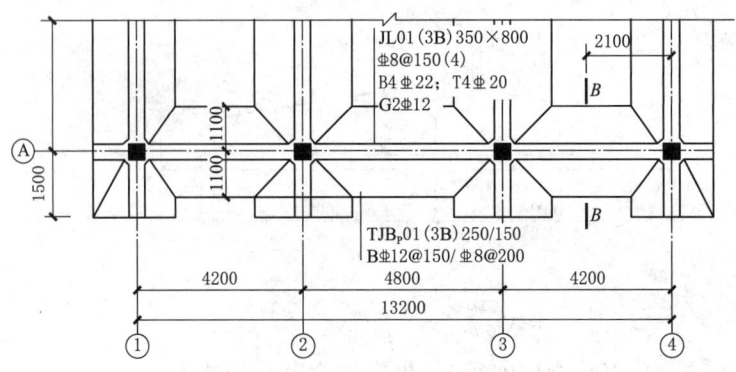

基础平面图　1∶100

注：±0.000相当于黄海高程6.500，基础底面基准标高：-1.800。

图 8.11　基础平法施工图（局部）

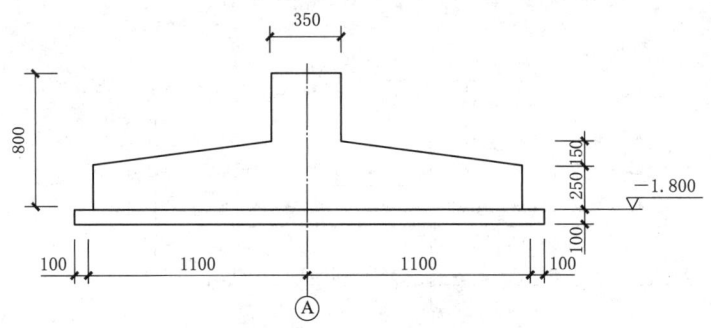

图 8.12　基础轮廓绘制

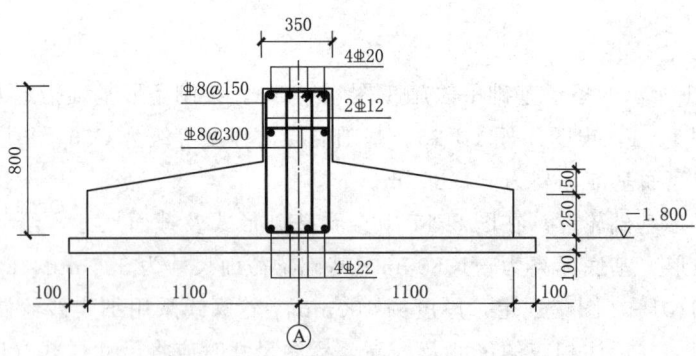

图 8.13　基础梁钢筋绘制

（3）绘制基础底板钢筋。查看图 8.11 中基础底板配筋信息，基础底板受力钢筋为 ⌀12@150，分布钢筋为 ⌀8@200。受力钢筋采用多段线（Pline）命令绘制，根据出图比例 1∶25 的要求，线宽设置为 12.5，分布钢筋采用圆环（Donut）命令绘制。标注钢筋信息及图名比例，绘制好的基础断面如图 8.14 所示。

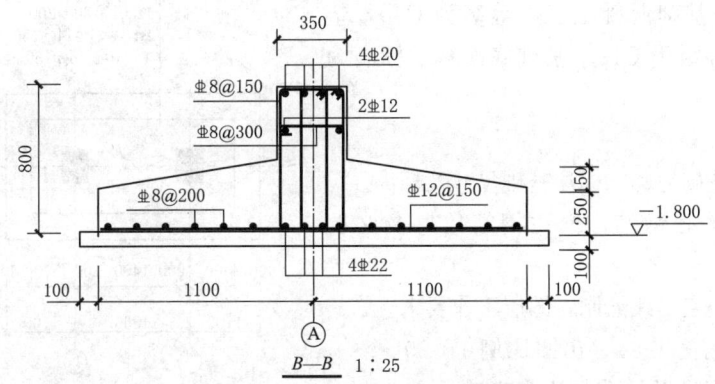

图 8.14 基础底板钢筋绘制

## 8.3 绘 制 要 点

在进行基础标准构造详图绘制的时候,除了熟练识读基础平法施工图外,还需结合结构设计总说明、柱平法施工图、剪力墙平法施工图等图纸,同时要熟悉 16G101-3 图集中标准构造详图部分的内容。在基础标准构造详图绘制中,经常涉及关于墙柱钢筋在基础中的锚固、基础底板钢筋位置、基础梁的钢筋锚固构造等内容,必须深刻理解才能正确绘制。基础标准构造详图绘制要点如下:

1. 墙柱钢筋在基础中的锚固

墙、柱钢筋在基础中构造需要判断基础高度是否满足直锚,这时需要进行抗震锚固长度 $l_{aE}$ 计算。在图中查找剪力墙或框架柱的抗震等级、混凝土强度等级、钢筋种类及直径,通过结构设计总说明或 16G101-3 图集得到抗震锚固长度 $l_{aE}$,并判断墙、柱纵筋在基础底板上的弯折长度是 $6d$ 且不小于 150mm,还是 $15d$。

2. 基础底板钢筋位置

基础绘图时,要熟悉钢筋的布置位置,才能熟练进行绘图。独立基础底板双向交叉钢筋长向设置在下,短向设置在上。双柱普通独立基础底部双向交叉钢筋,根据基础两个方向从柱外边缘至基础外缘的伸出长度,较大者方向的钢筋设置在下,较小者方向的钢筋设置在上。双柱普通独立基础顶部钢筋,受力钢筋设置在上,分布钢筋设置在下。条形基础底板底部钢筋,受力钢筋设置在下,分布钢筋设置在上。条形基础底板的分布钢筋在梁宽范围内不设置。

3. 基础梁的钢筋锚固构造

基础梁梁底不平和变截面部位钢筋构造经常要涉及钢筋伸入基础内的锚固长度 $l_a$,绘图时需要注意钢筋伸入锚固时的起始位置。

## 能 力 测 试 题

识读图 8.15 所示独立基础(DJ$_j$01)平法施工图(局部),绘制独立基础 DJ$_j$01 的

## 任务 8  基础标准构造详图绘制

$C-C$ 断面图，基础混凝土强度等级为 C30，垫层混凝土强度等级为 C15，基础底面基准标高为 $-1.800\text{m}$。

绘制要求：

(1) 绘制基础轮廓，标注基础尺寸及标高。

(2) 绘制基础钢筋，标注钢筋信息及必要的构造尺寸。

(3) 钢筋用粗实线绘制，图层不作要求。

(4) 绘图比例 $1:1$，出图比例 $1:25$。

附：能力测试题评分标准参考表 8.2。

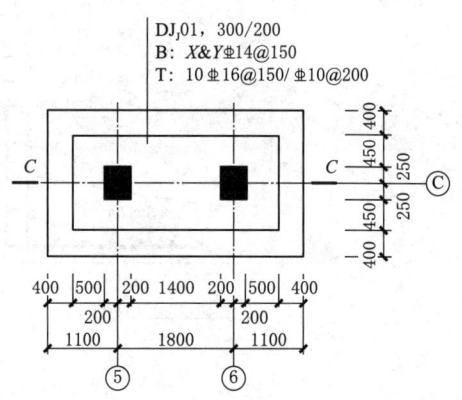

图 8.15  独立基础（$DJ_J 01$）平法施工图（局部）

表 8.2  评 分 标 准

| 序号 | 内 容 | 评分说明 | 分值 |
|---|---|---|---|
| 1 | 基础轮廓<br>（3.0 分） | 基础轮廓绘制正确 | 1.0 |
| | | 基础尺寸标注正确（每错漏一处扣 0.25 分，扣完为止） | 1.5 |
| | | 基础标高 $-1.800$ 标注正确 | 0.5 |
| 2 | 基础底板底部钢筋<br>（2.0 分） | 底板底部 $x$ 方向钢筋绘制正确并标注 $\Phi 14@150$ | 1.0 |
| | | 底板底部 $y$ 方向钢筋绘制正确并标注 $\Phi 14@150$ | 1.0 |
| 3 | 基础底板顶部钢筋<br>（3.0 分） | 底板顶部受力钢筋绘制正确并标注 $10\Phi 16@150$ | 1.0 |
| | | 底板顶部分布钢筋绘制正确并标注 $\Phi 10@200$ | 1.0 |
| | | 受力钢筋伸入长度 560 正确 | 1.0 |
| | | 合计总分 | 8.0 |

# 任务 9

# 柱标准构造详图绘制

**【知识与能力目标】** 能应用 CAD 绘图软件和柱构造标准要求，绘制指定柱的标准构造详图。

## 9.1 绘 制 内 容

柱标准构造详图包括柱纵向钢筋连接构造、剪力墙上柱纵筋构造、梁上柱纵筋构造、柱箍筋加密区范围、柱变截面位置纵向钢筋构造、柱顶纵向钢筋构造等，绘制内容见表 9.1。

表 9.1　　　　　　　　　　　柱标准构造详图绘制内容

| 序号 | 类　别 | 主　要　内　容 | |
|---|---|---|---|
| 1 | 柱纵向钢筋连接构造 | （1）绘制柱轮廓及纵筋。<br>（2）根据构造要求确定柱非连接区位置。<br>（3）在连接区绘制钢筋连接接头，标注错开连接的距离 | |
| 2 | 剪力墙上柱纵筋构造 | （1）绘制墙、柱轮廓。<br>（2）根据构造要求绘制纵筋及箍筋。<br>（3）标注尺寸及配筋信息 | |
| 3 | 梁上柱纵筋构造 | （1）绘制梁、柱轮廓。<br>（2）根据构造要求绘制纵筋及箍筋。<br>（3）标注尺寸及配筋信息 | |
| 4 | 柱箍筋加密区范围 | （1）绘制柱轮廓及纵筋。<br>（2）根据构造要求确定箍筋加密区，绘制柱箍筋。<br>（3）标注箍筋加密区范围及箍筋配筋信息 | |
| 5 | 柱变截面位置纵向钢筋构造 | （1）绘制柱轮廓。<br>（2）根据构造要求确定变截面位置纵向钢筋构造，绘制柱纵筋。<br>（3）标注尺寸及配筋信息 | |
| 6 | 柱顶纵向钢筋构造 | 中柱 | （1）绘制柱轮廓。<br>（2）根据构造要求判断直锚或弯锚，绘制柱纵筋。<br>（3）标注尺寸及配筋信息 |
| | | 边柱、角柱 | （1）绘制柱轮廓。<br>（2）根据构造要求绘制柱纵筋。<br>（3）标注尺寸及配筋信息 |

## 9.2 绘 制 案 例

**1. 柱纵向钢筋连接构造及柱箍筋加密区范围**

根据高层商务大厦施工图，绘制结施 11 中⑩轴交 D 轴 KZ2 柱 18.950～23.700m 标高范围柱纵剖面图。柱箍筋的加密区范围尺寸取值：箍筋间距按图中标注要求设置，不允许作人为调整，且考虑第一道箍筋按照柱根位置首个箍筋的定位构造要求。绘图比例 1∶1，出图比例 1∶50。

在结施 11 中找到 KZ2 的定位尺寸及配筋信息，如图 9.1 所示；根据结施 08 说明，KZ2 柱在 18.950～23.700m 标高的混凝土强度等级为 C35；根据结通 01 结构设计总说明，该柱抗震等级为三级，柱纵筋采用机械连接；查看结施 22，与该柱相连的框架梁截面尺寸均为 400mm×700mm。

（1）绘制轮廓。在结施 11 中查找框架柱 KZ2 的截面尺寸，在结施 21 中查找与该柱相连的框架梁截面尺寸，绘制柱轮廓。轮廓线采用细实线、轴线采用细单点长画线、不可见的轮廓线采用细虚线绘制，并标注相应的尺寸及标高，标注尺寸时将尺寸样式（Dimstyle）中的全局比例修改为 50。绘制好的轮廓图如图 9.2 所示。

（2）绘制柱纵筋。查看结施 11 中 KZ2 柱纵筋配筋信息，绘制柱纵筋，纵筋为粗实线，采用多段线（Pline）命令绘制，线宽设置为 25，并标注纵筋 16Φ22，如图 9.3 所示。

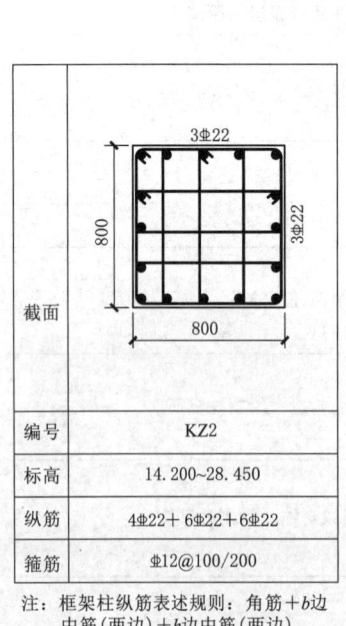

图 9.1 KZ2 柱配筋信息

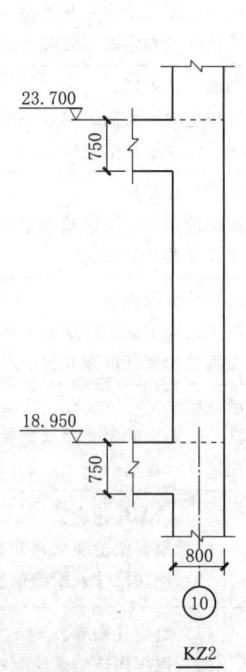

图 9.2 柱轮廓绘制

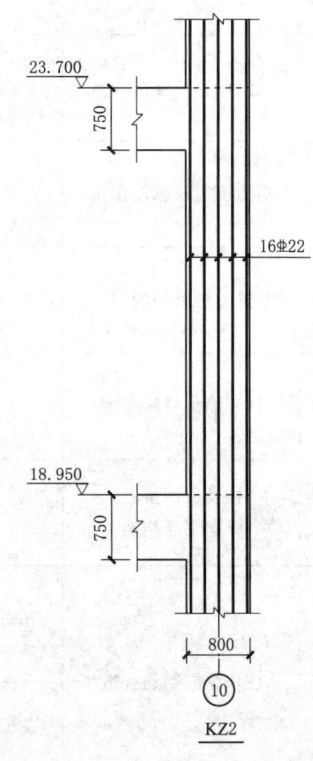

图 9.3 柱纵筋绘制

(3) 绘制柱箍筋。查看结施 11 中 KZ2 柱箍筋配筋信息，根据《混凝土结构施工图平面整体表示方法制图规则和构造详图（现浇混凝土框架、剪力墙、梁、板）》（16G101-1）图集（简称 16G101-1 图集）对柱箍筋加密区的要求，绘制柱箍筋，箍筋为粗实线，绘制方法同上面柱纵筋，如图 9.4 所示。

(4) 标注箍筋配筋信息及必要的尺寸。根据结施 11 中 KZ2 柱箍筋配筋信息及 16G101-1 图集，柱箍筋加密区为 $H_n/6$、$h_c$、500mm 三者取大值，$H_n$ 为楼层净高，$h_c$ 为柱长边尺寸。$H_n/6=(4750-750)/6=4000/6=667$（mm），柱长边尺寸为 800mm，三个数值取大值为 800mm，且考虑首个箍筋的定位尺寸为 50mm，得到箍筋加密区范围尺寸为 850mm。在图 9.4 中标注柱箍筋加密区范围及箍筋配筋值⊈12@100，非加密区范围及箍筋配筋值⊈12@200，如图 9.5 所示。

(5) 绘制纵向钢筋连接点及标注尺寸。查看结构设计总说明及 16G101-1 图集对纵向钢筋的连接要求，柱纵筋采用机械连接，绘制柱纵筋的钢筋连接点（钢筋连接位置第一批接头与第二批接头可互换），并标注错开连接的距离 $35d=35×22=770$（mm），如图 9.6 所示。

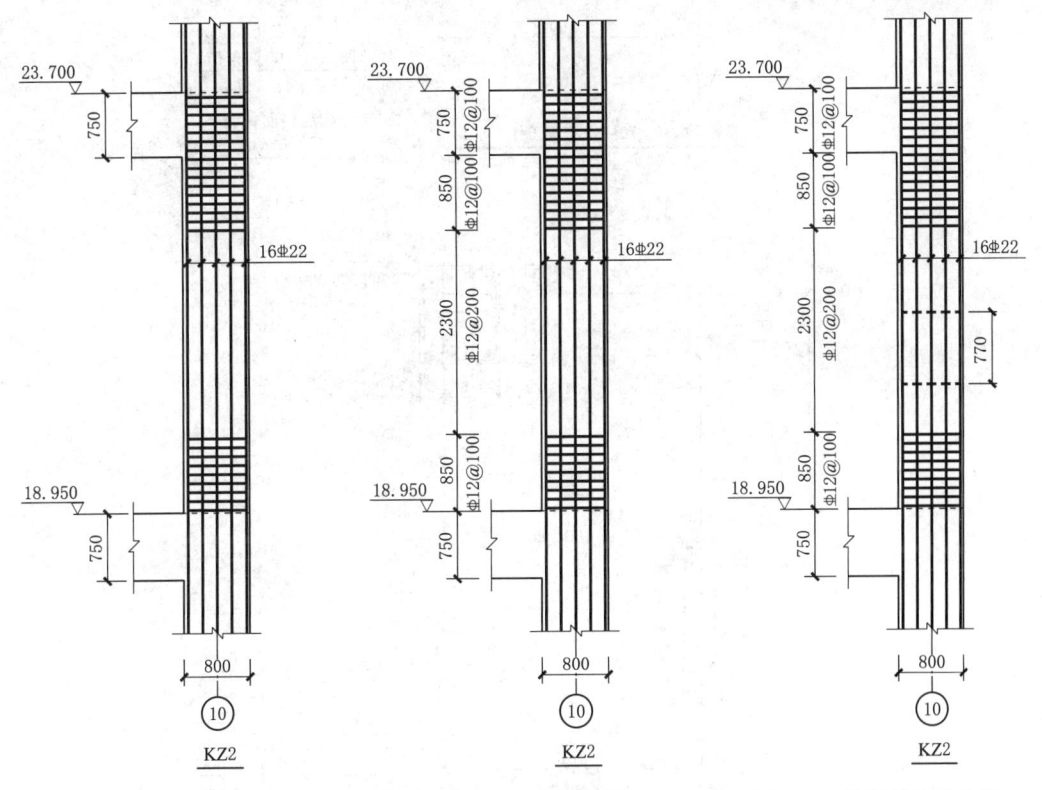

图 9.4 柱箍筋绘制　　图 9.5 柱箍筋信息标注　　图 9.6 柱纵筋连接构造

**2. 柱变截面位置纵向钢筋构造详图**

根据图 9.7 所示的柱平法施工图（局部），绘制 KZ4 在 7.470 标高变截面位置的构造详图，绘图比例 1:1，出图比例 1:50。柱混凝土强度等级为 C30，与柱相连的梁截面尺寸为 250mm×500mm，框架抗震等级为四级，钢筋锚固长度 $l_{aE}=35d$。

# 任务 9 柱标准构造详图绘制

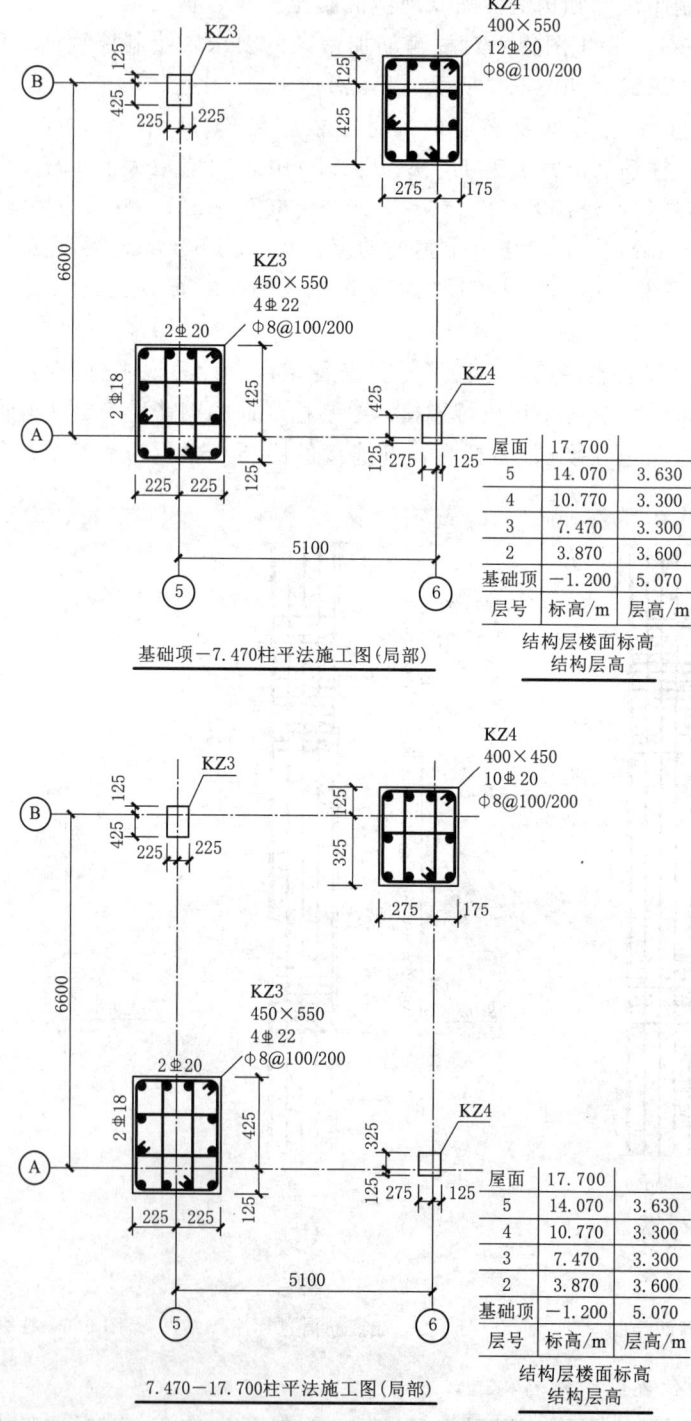

图 9.7 柱平法施工图（局部）

(1) 绘制轮廓。根据图 9.7 中信息绘制轮廓，KZ4 柱截面尺寸为 400mm×550mm 和 400mm×450mm，梁截面尺寸为 250mm×500mm。轮廓线采用细实线、轴线采用细单点长画线绘制，并标注相应的尺寸及标高，标注尺寸时应将尺寸样式（Dimstyle）中的全局比例修改为 50。绘制好的轮廓图如图 9.8 所示。

(2) 绘制柱纵筋。查看图 9.7 中钢筋配筋信息，7.470m 标高以下柱纵筋为 12⌀20，7.470m 标高以上柱纵筋为 10⌀20。上柱与下柱尺寸的差值为 100mm，与柱相连的梁高为 500mm，根据 16G101-1 图集规定，$\Delta/h_b=100/500=1/5>1/6$，上下钢筋应断开分别进行锚固。绘制柱纵筋，纵筋为粗实线，采用多段线（Pline）命令绘制，线宽设置为 25，如图 9.9 所示。

(3) 标注配筋信息及构造尺寸。上下钢筋断开分别进行锚固，下柱钢筋伸至梁顶向柱内弯折 $12d=12×20=240$（mm）；上柱钢筋从楼面开始伸入之内锚固的长度为 $1.2l_{aE}=1.2×35d=1.2×35×20=840$（mm）；下柱多出的 2020 钢筋从梁底开始伸入柱内的长度为 $1.2l_{aE}=840$mm，绘制好的详图如图 9.10 所示。

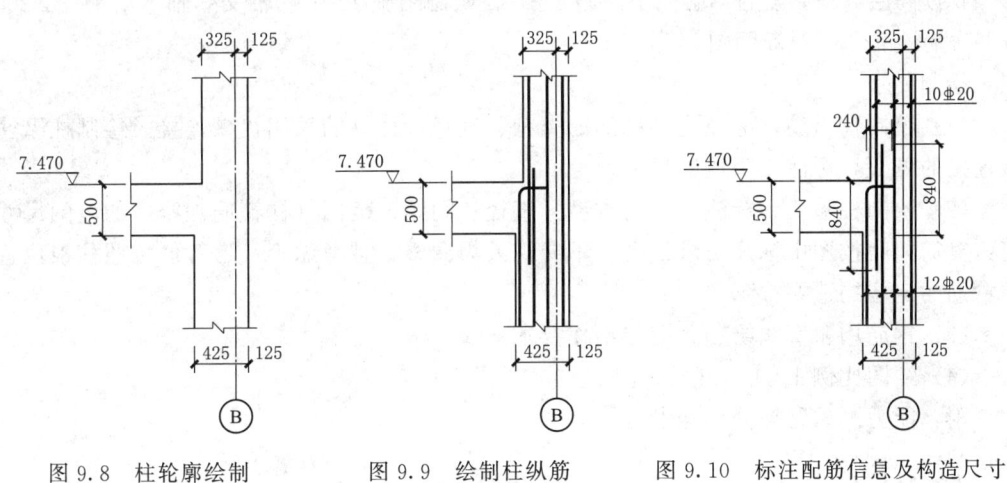

图 9.8 柱轮廓绘制　　　图 9.9 绘制柱纵筋　　　图 9.10 标注配筋信息及构造尺寸

## 9.3 绘 制 要 点

在进行柱标准构造详图绘制的时候，除了熟练识读柱平法施工图外，还需结合结构设计总说明、梁平法施工图、基础施工图等图纸，同时熟悉 16G101-1 图集中柱标准构造详图部分的内容。在柱标准构造详图中，经常涉及关于抗震锚固长度、柱箍筋加密区范围、柱钢筋的连接构造等内容，必须深刻理解才能正确绘制。柱标准构造详图绘制要点如下。

**1. 抗震锚固长度**

在柱顶纵筋构造、变截面纵筋构造、梁上柱纵筋构造、剪力墙上柱纵筋构造等构造详图绘制中，经常会涉及柱的抗震基本锚固长度 $l_{abE}$ 或抗震锚固长度 $l_{aE}$ 的计算。在图中查找框架柱的抗震等级、混凝土强度等级、钢筋种类及直径，通过结构设计总说明或

16G101-1 图集可查找到抗震基本锚固长度 $l_{anE}$ 或抗震锚固长度 $l_{nE}$。同时要关注锚固长度开始计算的起始位置。

2. 柱箍筋加密区范围

绘制柱箍筋时，如柱箍筋为两种间距时，需计算加密区范围，加密区范围按照 16G101-1 图集要求，在底层柱根部位取 1/3 柱净高，在楼层位置取 1/6 柱净高、柱长边尺寸、500mm 三者的最大值，同时梁柱相交的部位也是箍筋加密区。在计算箍筋加密区范围时，同时要考虑首个箍筋的定位构造要求。

3. 钢筋连接构造

进行钢筋连接构造时，首先要在结构设计总说明中查找该柱的纵筋连接方式以及接头面积百分率，然后在柱的非连接区绘制钢筋连接接头，最后标注接头错开的尺寸。

# 能 力 测 试 题

识读高层商务大厦的"墙柱平法施工图"，绘制结施 12 中⑥轴交Ⓒ轴 KZ4 柱 33.200～37.950 标高范围柱纵断面图。

绘制要求：

（1）绘制柱纵筋，标注全部纵筋的类型、直径；柱纵筋采用机械连接，绘制柱纵筋机械连接的位置，标注接头位置尺寸。

（2）绘制柱箍筋，标注箍筋的类型、直径、间距、范围（柱箍筋加密区的范围尺寸取值；箍筋间距按图中标注要求设置，不允许人为调整，且考虑第一道箍筋按照柱根位置首个箍筋的定位构造要求）。

（3）钢筋用粗实线绘制，图层不作要求。

（4）绘图比例 1∶1，出图比例 1∶50。

附：能力测试题评分标准参考（表 9.2）。

表 9.2　　　　　　　　　　评 分 标 准

| 序号 | 内　容 | 评分说明 | 分值 |
|---|---|---|---|
| 1 | 柱轮廓绘制（2.0 分） | 柱轮廓绘制正确 | 1.0 |
| | | 柱尺寸 700、梁高 750 标注正确，每处 0.5 分 | 1.0 |
| 2 | 柱纵筋种类、数量、直径（2.0 分） | 柱纵筋位置绘制正确（纵向绘制 5 根线） | 1.0 |
| | | 柱纵筋种类、数量、直径 1620 标注正确 | 1.0 |
| 3 | 箍筋加密区范围及密区箍筋标注（3.0 分） | 框架柱上、下端箍筋加密尺寸 750（或 700）标注正确 2 处，每处 0.5 分 | 1.0 |
| | | 加密区箍筋⌀10@100 标注正确 2 处，每处 0.5 分 | 1.0 |
| | | 节点核心区箍筋⌀10@100 标注正确 | 1.0 |
| 4 | 箍筋非加密区范围及非加密区箍筋标注（1.0 分） | 框架柱箍筋非加密区尺寸 2500（或 2600）标注正确 | 0.5 |
| | | 非加密区箍筋⌀10@200 标注正确 | 0.5 |

续表

| 序号 | 内 容 | 评 分 说 明 | 分值 |
|---|---|---|---|
| 5 | 柱纵筋连接<br>（2.0分） | 柱纵筋连接位置表示正确（纵筋分批可由学生自定） | 1.0 |
| | | 柱纵筋连接接头的间距700标注正确 | 1.0 |
| 合计总分 | | | 10.0 |

# 任务 10

# 墙标准构造详图绘制

【知识与能力目标】能应用 CAD 绘图软件和剪力墙构造标准要求，绘制指定的剪力墙标准构造详图。

## 10.1 绘 制 内 容

剪力墙标准构造详图包括墙身竖向分布钢筋在基础中构造、边缘构件纵向钢筋在基础中构造、剪力墙水平分布钢筋构造、剪力墙竖向钢筋构造、约束边缘构件（YBZ）构造、构造边缘构件（GBZ）构造、剪力墙连梁配筋构造、地下室外墙（DWQ）钢筋构造、剪力墙洞口补强构造等，绘制内容见表 10.1。

表 10.1 　　　　　　　剪力墙标准构造详图绘制内容

| 序号 | 类　别 | 主　要　内　容 |
|---|---|---|
| 1 | 剪力墙水平分布钢筋构造 | （1）绘制剪力墙轮廓及墙身水平分布钢筋。<br>（2）根据构造要求确定剪力墙水平分布钢筋构造。<br>（3）标注配筋信息及必要的构造尺寸 |
| 2 | 剪力墙竖向钢筋构造 | （1）绘制剪力墙轮廓及竖向钢筋。<br>（2）根据构造要求确定剪力墙竖向钢筋构造。<br>（3）标注配筋信息及必要的构造尺寸 |
| 3 | 约束边缘构件（YBZ）构造 | （1）绘制约束边缘构件轮廓。<br>（2）根据构造要求确定边缘构件钢筋构造。<br>（3）标注配筋信息及必要的构造尺寸 |
| 4 | 构造边缘构件（GBZ）构造 | （1）绘制构造边缘构件轮廓。<br>（2）根据构造要求确定边缘构件钢筋构造。<br>（3）标注配筋信息及必要的构造尺寸 |
| 5 | 剪力墙连梁配筋构造 | （1）绘制剪力墙连梁轮廓。<br>（2）根据构造要求绘制剪力墙连梁钢筋。<br>（3）标注配筋信息及必要的构造尺寸 |

续表

| 序号 | 类别 | 主要内容 |
|---|---|---|
| 6 | 地下室外墙（DWQ）钢筋构造 | （1）绘制地下室外墙轮廓。<br>（2）根据构造要求绘制地下室外墙钢筋。<br>（3）标注配筋信息及必要的构造尺寸 |
| 7 | 剪力墙洞口补强构造 | （1）绘制洞口轮廓。<br>（2）根据构造要求绘制剪力墙洞口补强钢筋。<br>（3）标注配筋信息及必要的构造尺寸 |

## 10.2 绘制案例

**1. 墙身水平分布钢筋构造详图**

根据高层商务大厦施工图，绘制结施 11 中五层（18.950～23.700m 标高）①轴交⑤轴～⑥轴剪力墙 Q3 水平分布钢筋构造详图。绘图比例 1∶1，出图比例 1∶25。

绘图之前需要对图纸进行识读，找出与绘图相关的信息。①轴交⑤轴～⑥轴剪力墙 Q3 图纸如图 10.1 所示；在结施 11 中找到的 Q3 配筋信息如图 10.2 所示，剪力墙墙身拉筋的布置方式为"双向"；查找结施 08，混凝土强度等级为 C35；根据结通 01 结构设计总说明，剪力墙抗震等级为二级，抗震锚固长度 $l_{aE}=37d$。

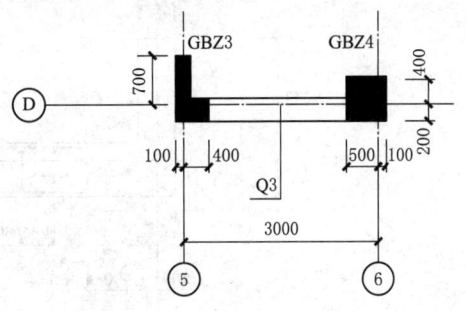

图 10.1 剪力墙图纸（局部）

剪 力 墙 身 表

| 墙号 | 墙厚 | 排数 | 标高/m | 水平分布筋 | 垂直分布筋 | 拉筋 |
|---|---|---|---|---|---|---|
| Q1 | 200 | 2 | 14.200～28.450 | ⌀10@200 | ⌀10@200 | ⌀6@600×600 |
| Q2 | 250 | 2 | 14.200～28.450 | ⌀10@200 | ⌀10@200 | ⌀6@600×600 |
| Q3 | 300 | 2 | 14.200～28.450 | ⌀10@200 | ⌀10@200 | ⌀6@600×600 |
| Q4 | 350 | 2 | 14.200～28.450 | ⌀12@200 | ⌀12@200 | ⌀6@600×600 |

图 10.2 剪力墙 Q3 配筋信息

（1）绘制剪力墙轮廓。根据图纸中的信息，剪力墙的墙厚为 300mm，⑤轴 L 形暗柱尺寸为 500mm×900mm，⑥轴端柱尺寸为 600mm×600mm，轮廓采用细实线绘制。绘制好轮廓后进行尺寸标注，标注尺寸时将尺寸样式（Dimstyle）中的全局比例修改为 25，绘制好的轮廓如图 10.3 所示。

（2）绘制剪力墙墙身钢筋。根据图纸信息，Q3 剪力墙墙身竖向和水平分布钢筋均为 ⌀10@200，墙身拉筋为 ⌀6@600×600 双向。钢筋为粗实线，水平钢筋和拉筋采用多段线（Pline）命令绘制，线宽设置为 12.5，竖向钢筋采用圆环（Donut）命令绘制，圆环内径为 0，外径为 25，并标注墙身钢筋的配筋信息，如图 10.4 所示。

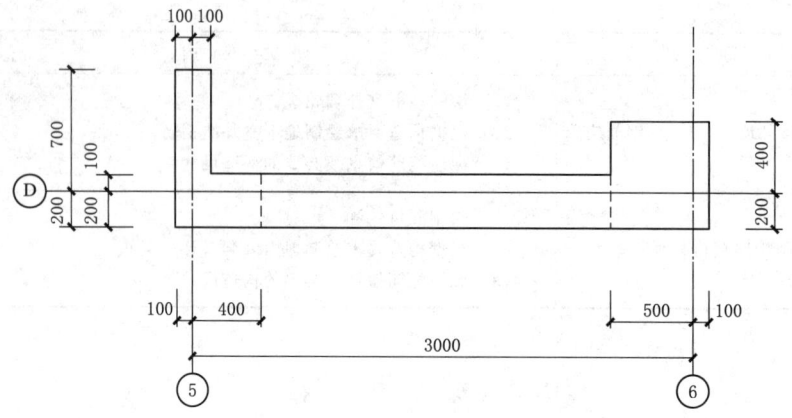

图 10.3 剪力墙轮廓绘制

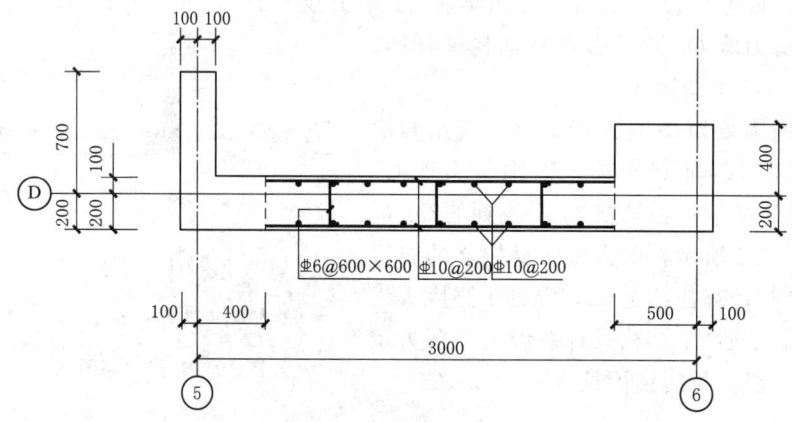

图 10.4 墙身钢筋绘制

（3）墙身水平钢筋构造绘制。根据 16G101-1 图集，剪力墙水平分布钢筋在⑤轴 L 形暗柱位置，墙身水平分布钢筋紧贴暗柱角筋内侧弯折 $10d$，水平分布钢筋直径为 10mm，弯折段长度为 100mm。

墙身水平分布钢筋在⑥轴端柱内，外侧钢筋伸至端柱角筋内侧弯折 $15d=15×10=150$（mm）。根据图纸信息，查表得 $l_{aE}=37d=37×10=370$（mm），端柱尺寸 600mm 大于 $l_{aE}$，内侧钢筋在端柱可直锚，锚固长度为 370mm。

墙身水平分布钢筋的绘制方法同上，绘制好钢筋之后标注构造尺寸，如图 10.5 所示。

2. 剪力墙竖向钢筋构造

根据高层商务大厦施工图，绘制结施 10 中剪力墙 Q4 在 4.700m 标高位置的竖向分布钢筋连接构造。绘图比例 1∶1，出图比例 1∶50。

在结施 10 中查找剪力墙 Q4 的配筋，如图 10.6 所示；根据结施 08，该标高剪力墙混凝土强度等级为 C35；根据结通 01 结构设计总说明，剪力墙抗震等级为二级，抗震锚固长度 $l_{aE}=37d$，钢筋采用绑扎搭接。

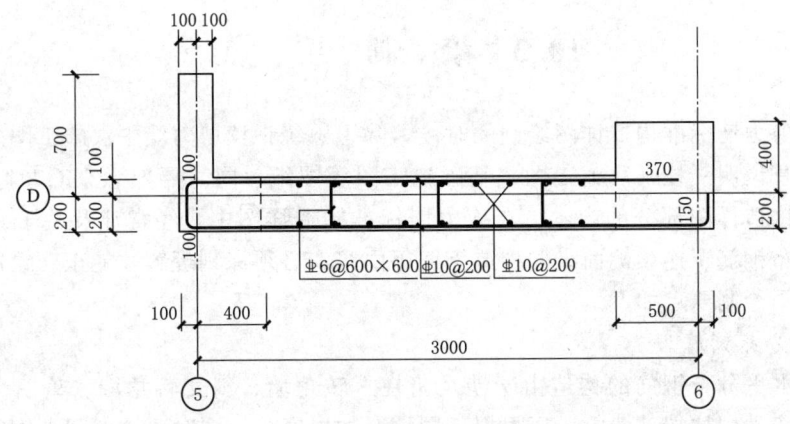

图 10.5 墙身水平钢筋伸入边缘构件构造绘制

**剪 力 墙 身 表**

| 墙号 | 墙厚 | 排数 | 标高/m | 水平分布筋 | 垂直分布筋 | 拉筋 |
|---|---|---|---|---|---|---|
| Q1 | 200 | 2 | −0.050～14.200 | ⏀10@200 | ⏀10@200 | ⏀6@600×600 |
| Q2 | 250 | 2 | −0.050～14.200 | ⏀10@200 | ⏀10@200 | ⏀6@600×600 |
| Q3 | 300 | 2 | −0.050～14.200 | ⏀10@200 | ⏀10@200 | ⏀6@600×600 |
| Q4 | 350 | 2 | −0.050～14.200 | ⏀12@200 | ⏀12@200 | ⏀6@600×600 |
| Q5 | 200 | 2 | −0.050～14.200 | ⏀12@150 | ⏀10@200 | ⏀6@450×600 |

图 10.6 剪力墙 Q4 配筋信息

(1) 绘制剪力墙竖向钢筋。根据结施 10 中层高表信息，4.700m 标高位置为剪力墙底部加强部位，根据 16G101-1 图集构造要求，该区域钢筋采用绑扎搭接时，应错开连接。绘制楼面线、标高及竖向钢筋，钢筋为粗实线，采用多段线（Pline）命令绘制，根据出图比例 1∶50 的要求，线宽设置为 25，如图 10.7 所示。

(2) 标注钢筋信息及构造尺寸。根据构造要求，一级、二级剪力墙底部加强部位钢筋搭接长度为 $1.2l_{aE}$，剪力墙竖向钢筋直径为 12mm，$1.2l_{aE}=1.2×37×12=533$（mm）。搭接位置错开距离为 500mm，并标注纵筋⏀12@200，如图 10.8 所示。

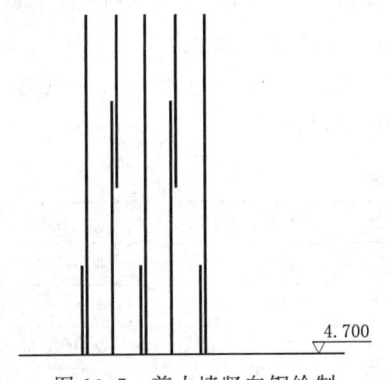

图 10.7 剪力墙竖向钢绘制

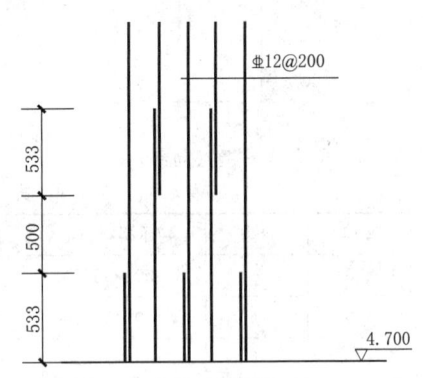

图 10.8 标注钢筋信息及尺寸

## 10.3 绘制要点

在进行剪力墙标准构造详图绘制的时候，除了熟练识读剪力墙平法施工图外，还需结合结构设计总说明、柱平法施工图、基础施工图等图纸，同时要熟悉 16G101-1 图集中剪力墙标准构造详图部分的内容。在剪力墙标准构造详图中，经常涉及关于水平分布钢筋、竖向分布钢筋、连梁侧面纵向构造钢筋等内容，必须深刻理解才能正确绘制。剪力墙标准构造详图绘制要点如下。

1. 水平分布钢筋

剪力墙水平分布钢筋的构造由于涉及暗柱、转角墙、斜交转角墙、翼墙、端柱转角墙、端柱翼墙、端柱端部墙等，要根据不同情况加以区分，同时要注意部分钢筋即使伸入端柱的长度大于抗震锚固长度 $l_{aE}$，也不能进行直锚，应伸至端柱对边紧贴角筋弯折 $15d$。

2. 竖向分布钢筋

在剪力墙竖向钢筋构造中，当钢筋采用绑扎搭接时，一级、二级抗震等级剪力墙底部加强部位的竖向分布钢筋不能在楼板顶面同一位置搭接，要注意与一级、二级抗震等级剪力墙的非底部加强部位及三级、四级抗震等级的剪力墙区分开来。

3. 连梁侧面纵向构造钢筋

剪力墙连梁侧面纵向构造钢筋，当图中未注明时，为剪力墙墙身水平分布钢筋，在绘图时要注意不要漏画，且在绘制连梁断面图时，应将侧面的钢筋绘制在箍筋外侧。

## 能 力 测 试 题

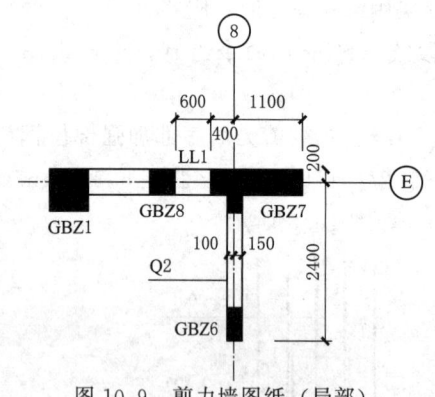

图 10.9 剪力墙图纸（局部）

识读高层商务大厦的"墙柱平法施工图"，绘制结施 12 中⑧轴位置剪力墙 Q2 水平分布钢筋构造详图。剪力墙 Q2 图纸及配筋如图 10.9 所示，混凝土强度等级为 C30，剪力墙抗震等级为二级。

绘制要求：

（1）绘制剪力墙的水平分布钢筋、竖向分布钢筋及拉筋，标注钢筋信息。

（2）绘制水平分布钢筋伸入边缘构件的构造，标注必要的构造尺寸。

### 剪 力 墙 身 表

| 墙号 | 墙厚 | 排数 | 标高/m | 水平分布筋 | 垂直分布筋 | 拉筋 |
|---|---|---|---|---|---|---|
| Q1 | 200 | 2 | 28.450～55.500 | ⌀8@200 | ⌀10@200 | ⌀6@600×600 |
| Q2 | 250 | 2 | 28.450～55.500 | ⌀10@200 | ⌀10@200 | ⌀6@600×600 |
| Q3 | 300 | 2 | 28.450～55.500 | ⌀10@200 | ⌀10@200 | ⌀6@600×600 |
| Q4 | 350 | 2 | 28.450～55.500 | ⌀12@200 | ⌀12@200 | ⌀6@600×600 |

(3) 钢筋用粗实线绘制,图层不作要求。
(4) 绘图比例1:1,出图比例1:25。
附:能力测试题评分标准参考表10.2。

表10.2　　　　　　　　　　评　分　标　准

| 序号 | 内　容 | 评分说明 | 分值 |
|---|---|---|---|
| 1 | 剪力墙轮廓绘制<br>(2.0分) | 柱轮廓绘制正确 | 1.0 |
| | | 尺寸标注正确 | 1.0 |
| 2 | 剪力墙钢筋绘制<br>(3.0分) | 水平筋绘制正确,并标注10@200 | 1.0 |
| | | 竖向筋绘制正确,并标注10@200(竖向筋在水平筋内侧,位置不对不得分) | 1.0 |
| | | 拉筋绘制正确,并标注6@600×600 | 1.0 |
| 3 | 水平筋<br>(3.0分) | 水平筋在GBZ6中伸至端部向内弯折100 | 1.5 |
| | | 水平筋在GBZ7中伸至端部向外弯折150 | 1.5 |
| | | 合计总分 | 8.0 |

# 任务 11

# 梁标准构造详图绘制

【知识与能力目标】能应用 CAD 绘图软件和梁构造标准要求,绘制指定梁的标准构造详图。

## 11.1 绘 制 内 容

梁标准构造详图包括楼层框架梁纵向钢筋构造、屋面框架梁纵向钢筋构造、梁中间支座纵向钢筋构造、梁箍筋构造、梁侧面纵向构造和钢筋及拉筋构造、附加箍筋及吊筋构造、梁的悬挑端配筋构造等,绘制内容见表 11.1。

表 11.1　　　　　　　　　　梁标准构造详图绘制内容

| 序号 | 类　别 | 主　要　内　容 |
| --- | --- | --- |
| 1 | 楼层框架梁纵向钢筋构造 | (1) 绘制梁轮廓。<br>(2) 绘制梁贯通钢筋,在端支座位置,根据构造要求判断上部、下部纵筋采用直锚或者弯锚,计算梁纵筋伸入支座的长度;在中间支座位置,计算梁下部钢筋伸入支座的长度;标注配筋信息及必要的尺寸。<br>(3) 绘制梁非贯通钢筋,计算非贯通纵筋伸入梁内的长度,标注配筋信息及必要的尺寸 |
| 2 | 屋面框架梁纵向钢筋构造 | (1) 绘制梁轮廓。<br>(2) 绘制梁贯通钢筋,在梁端支座位置,上部钢筋根据与柱的关系计算伸入支座的长度,下部纵筋采用直锚或者弯锚,计算伸入支座的长度;在中间支座位置,计算梁下部钢筋伸入支座的长度;标注配筋信息及必要的尺寸。<br>(3) 绘制梁非贯通钢筋,计算非贯通纵筋伸入梁内的长度,标注配筋信息及必要的尺寸 |
| 3 | 梁中间支座纵向钢筋构造 | (1) 绘制梁轮廓。<br>(2) 根据构造要求判断纵向钢筋是弯折通过还是断开分别锚固,绘制纵向钢筋。<br>(3) 标注钢筋配筋信息及必要的尺寸 |
| 4 | 梁箍筋构造 | (1) 绘制梁轮廓。<br>(2) 根据构造要求计算箍筋加密区范围,绘制梁箍筋。<br>(3) 标注箍筋加密区范围及箍筋配筋信息 |

续表

| 序号 | 类别 | 主要内容 |
|---|---|---|
| 5 | 梁侧面纵向构造和钢筋及拉筋构造 | (1) 绘制梁轮廓。<br>(2) 根据构造要求绘制梁侧面纵向构造钢筋或抗扭钢筋。<br>(3) 根据构造要求绘制拉筋。<br>(4) 标注配筋信息及尺寸 |
| 6 | 附加箍筋及吊筋构造 | (1) 绘制梁轮廓。<br>(2) 在附加箍筋范围内绘制梁附加箍筋。<br>(3) 根据构造要求绘制梁吊筋。<br>(4) 标注配筋信息及尺寸 |
| 7 | 梁的悬挑端配筋构造 | (1) 绘制悬挑梁轮廓。<br>(2) 根据构造要求绘制悬挑端上部钢筋、下部钢筋。<br>(3) 根据构造要求绘制悬挑端箍筋。<br>(4) 标注配筋信息及尺寸 |

## 11.2 绘 制 案 例

**1. 绘制框架梁指定位置截面图**

根据高层商务大厦施工图，绘制结施 21 中五层楼面 KL13 梁指定位置的 1—1、2—2、3—3 截面图，绘图比例 1∶1，出图比例 1∶25，梁配筋图（局部）如图 11.1 所示。据结通 01 结构设计总说明及结施 13 二层结构平面图，该梁抗震等级为三级，混凝土强度等级为 C30；查看结施 15 三~六层结构平面图，梁两侧的板厚为 130mm。

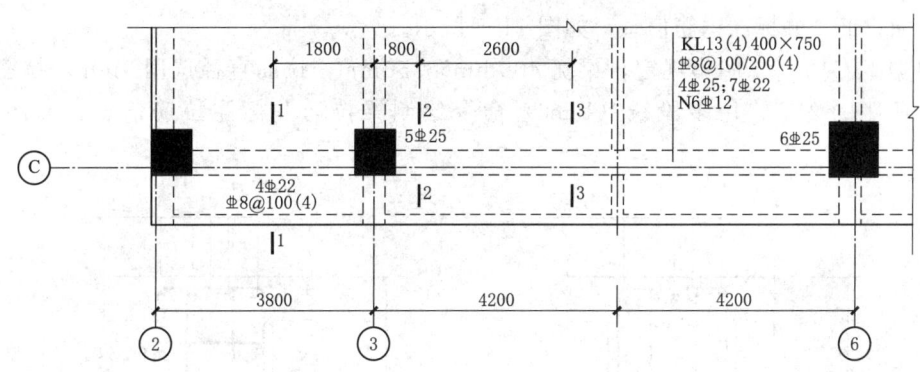

图 11.1 KL13 梁配筋图（局部）

(1) 绘制 1—1 截面轮廓。根据图 11.1 中梁集中标注信息，1—1 截面梁宽 400mm，梁高 750mm，绘制梁截面轮廓，梁轮廓采用细实线绘制。轮廓绘制好后进行梁截面尺寸标注，按照出图比例要求，标注尺寸时应将尺寸样式（Dimstyle）中的全局比例修改为 25，绘制好的梁轮廓如图 11.2 所示。

(2) 绘制梁箍筋。根据图 11.1 中梁原位标注信息，梁箍筋为 ⊈8@100 (4)，四肢箍。箍筋为粗实线，采用多段线（Pline）命令绘制，根据出图比例要求，多段线线宽设置为 12.5，绘制好的梁箍筋如图 11.3 所示。

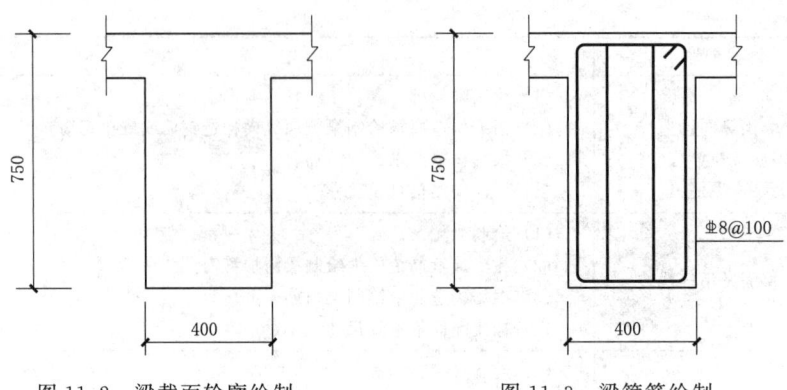

图 11.2 梁截面轮廓绘制　　　　图 11.3 梁箍筋绘制

（3）绘制梁上部及下部钢筋。根据图 11.1 中梁原位标注信息，③轴左右两侧梁上部钢筋为 5⌀25，包括集中标注的 4⌀25 通长钢筋和 1⌀25 非贯通钢筋。非贯通钢筋伸入梁内的长度为 $l_n/3$（$l_n$ 取左右两跨的较大值），查看结施 11，③轴框架柱截面尺寸 700mm×700mm，⑥轴框架柱截面尺寸 800mm×800mm，计算非贯通钢筋伸入梁内的长度为 2550mm，1—1 截面上部钢筋为 5⌀25。用圆环（Donut）命令绘制梁上部钢筋，圆环内径为 0，外径为 25，并标注钢筋信息，如图 11.4 所示。

根据图 11.1 中梁原位标注信息，②轴～③轴梁下部通长钢筋为 4⌀22，用绘制梁上部钢筋的方法或复制（Copy）命令绘制梁下部钢筋，并标注钢筋信息，如图 11.4 所示。

（4）绘制梁侧面钢筋和拉筋。根据图 11.1 中梁集中标注信息，梁侧面抗扭钢筋为 6C12，沿梁两侧均匀布置，每侧 3 根，用绘制梁上部钢筋的方法或复制（Copy）命令绘制梁侧面钢筋，并标注钢筋信息，如图 11.5 所示。

根据 16G101-1 图集规定，梁宽 400mm＞350mm，拉筋直径选用 8mm，拉筋间距为箍筋间距的 2 倍，用多段线（Pline）命令绘制梁拉筋并标注拉筋信息，如图 11.5 所示。

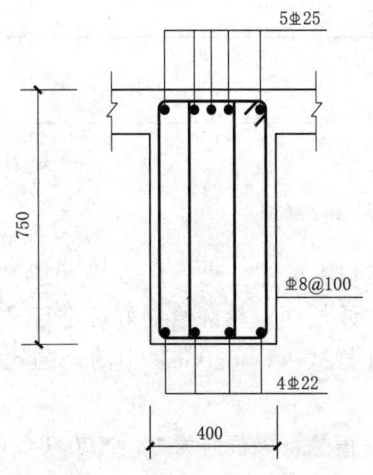 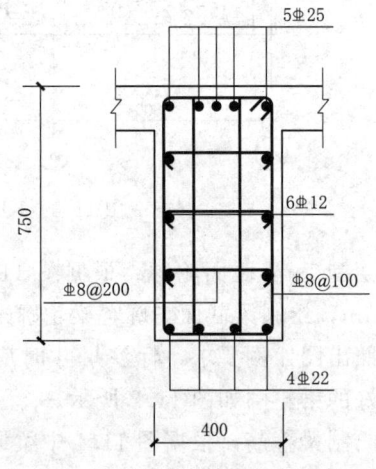

图 11.4 梁上部及下部钢筋绘制　　　　图 11.5 梁侧面钢筋及拉筋绘制

(5) 标注标高及图名。查看结施 21 中层高表信息，五层楼面结构标高为 18.950，注写梁顶标高及图名比例，如图 11.6 所示。

(6) 绘制 2—2 截面图。根据图 11.1 中梁平法标注内容，2—2 截面尺寸、标高、箍筋肢数、侧面钢筋均与 1—1 截面相同，复制 1—1 截面图，在 1—1 截面图的基础上进行修改。③轴～⑥轴梁箍筋有加密区和非加密区，框架抗震等级为三级，梁两端的箍筋加密范围为 $1.5 \times h_b = 1.5 \times 750 = 1125$（mm），考虑首个箍筋的起步距离，箍筋加密区范围取 1150mm，2—2 截面位于箍筋加密范围，箍筋间距为 100mm，标注箍筋尺寸为⊈8@100；③轴左右

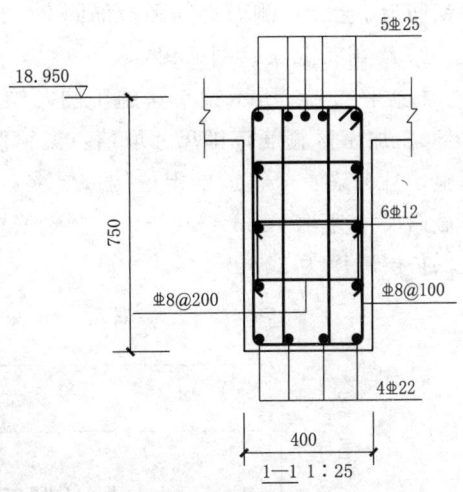

图 11.6　梁顶标高及图名绘制

两侧梁上部钢筋为 5⊈25，包括集中标注的 4⊈25 通长钢筋和 1⊈25 非贯通钢筋，根据 1—1 截面图中计算结果，非贯通钢筋伸入梁内的长度为 2550mm，2—2 截面位于该范围内，则上部钢筋为 5⊈25；根据梁集中标注内容，③轴～⑥轴梁下部通长钢筋为 7⊈22，2—2 截面下部钢筋为 7⊈22；侧面钢筋和拉筋同 1—1 截面，拉筋间距为箍筋非加密区间距的 2 倍，将拉筋标注修改为⊈8@400。绘制好的 2—2 截面图如图 11.7 所示。

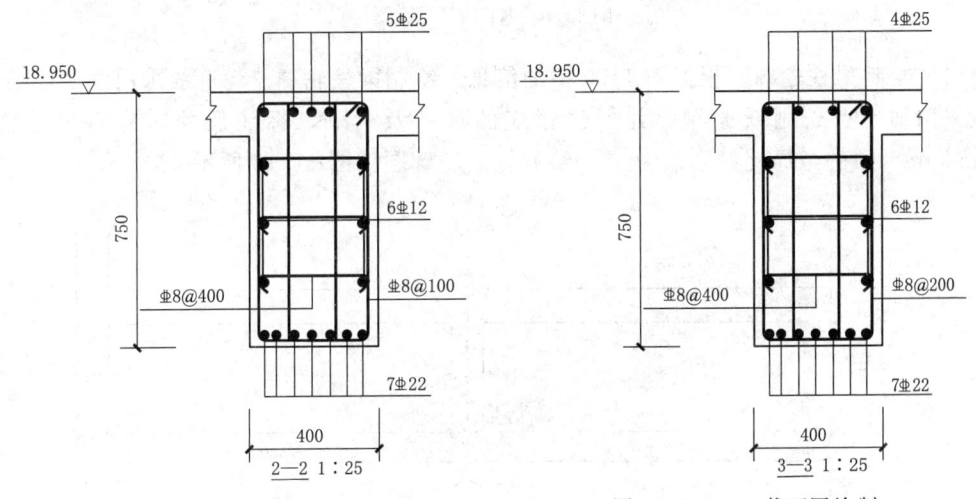

图 11.7　2—2 截面图绘制　　　　　图 11.8　3—3 截面图绘制

(7) 绘制 3—3 截面图。根据图 11.1 中梁平法标注内容，3—3 截面尺寸、标高、箍筋肢数、侧面钢筋均与 2—2 截面相同，复制 2—2 截面图，在 2—2 截面图的基础上进行修改。根据 2—2 截面图计算，梁两端的箍筋加密范围为 1150mm，3—3 截面位于箍筋非加密范围，箍筋间距为 200mm，标注箍筋尺寸为⊈8@200；③轴左右两侧梁上部钢筋为 5⊈25，包括集中标注的 425 通长钢筋和 1⊈25 非贯通钢筋，根据 1—1 截面图中计算结果，非贯通钢筋伸入梁内的长度为 2550mm，3—3 截面不位于该范围，则上部钢筋为通长钢筋 4⊈25；根据梁集中标注内容，③轴～⑥轴梁下部通长钢筋为 7⊈22，3—3 截面下

部钢筋为7⌀22;侧面钢筋和拉筋同2—2截面。绘制的3—3截面图如图11.8所示。

2.绘制框架梁纵剖面图

根据图11.9所示梁平法施工图,绘制KL1梁纵剖面图,绘图比例1:1,出图比例1:50。加密区箍筋范围尺寸取值:梁箍筋间距按图中平法标注要求设置,不允许作人为调整,且考虑首个箍筋的定位构造要求。框架抗震等级为四级,混凝土强度等级为C30,柱截面尺寸为450mm×500mm,居轴线中布置,混凝土环境类别为一类环境,梁柱混凝土保护层厚度为20mm。

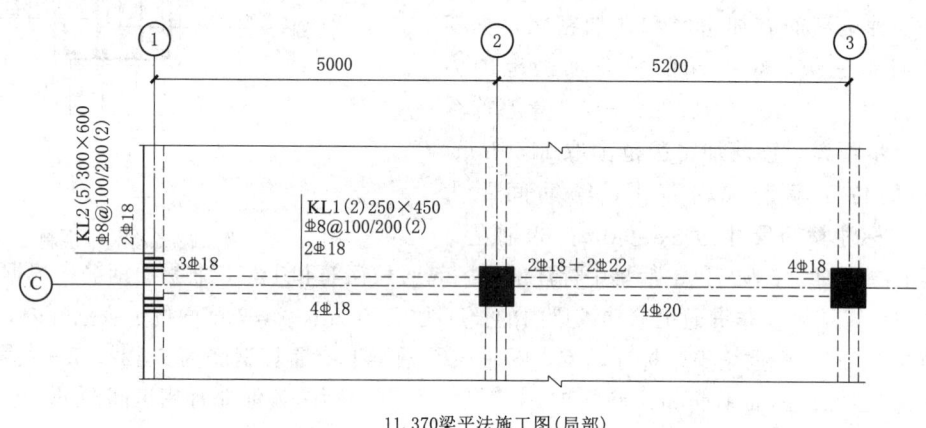

图11.9 KL1梁配筋图

(1)绘制梁柱轮廓。根据图11.9中的信息,绘制梁柱轮廓。轮廓线采用细实线绘制、轴线采用细单点长画线绘制,并标注相应的尺寸及标高,标注尺寸时应将尺寸样式(Dimstyle)中的全局比例修改为50。绘制好的轮廓图如图11.10所示。

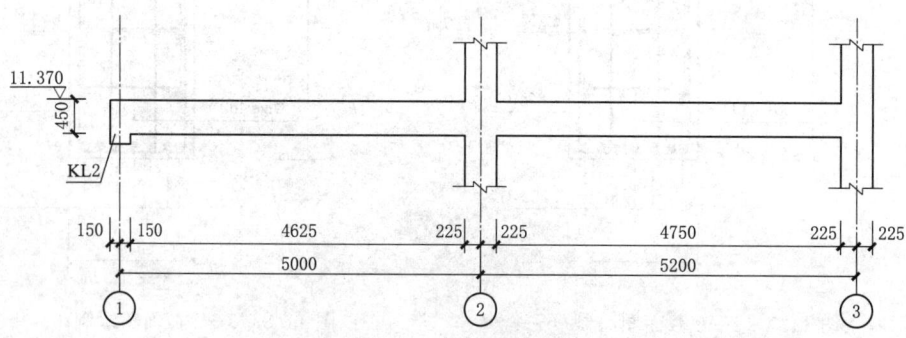

图11.10 梁柱轮廓绘制

(2)绘制梁上部通长钢筋。根据图11.9中梁集中标注内容,梁上部通长钢筋为2⌀18,通长钢筋为粗实线,采用多段线(Pline)命令绘制,多段线线宽设置为25mm。根据提供的信息,梁混凝土强度等级为C30,抗震等级为四级,钢筋为HRB400级钢筋,查16G101-1图集得到$l_{aE}=35d=35×18=630$(mm),两端钢筋均采用弯锚,左侧钢筋伸至①轴主梁外侧角筋内侧下弯$15d=15×18=270$(mm),右侧钢筋伸至③轴柱外侧纵筋

内侧下弯 $15d=15×18=270$（mm），并标注钢筋信息及必要的构造尺寸，如图11.11所示。

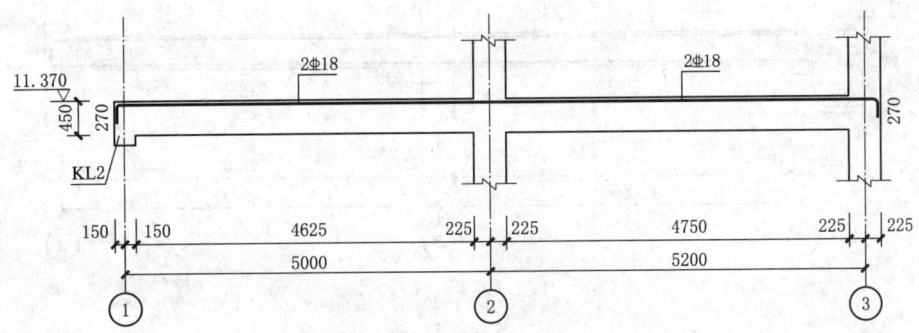

图 11.11　梁上部通长钢筋绘制

（3）绘制上部非贯通钢筋。根据图11.9中梁原位标注内容，①轴右侧为1⊈18非贯通纵筋，②轴左右两侧为2⊈22非贯通纵筋，③轴左侧为2⊈18非贯通纵筋。非贯通钢筋伸入梁内的长度为 $l_n/3$（$l_n$ 取左右两跨的较大值），计算得①轴右侧非贯通纵筋伸入支座的长度为1542mm，②轴左右两侧非贯通纵筋伸入支座的长度为1584mm，③轴左侧非贯通纵筋伸入支座的长度为1584mm，绘制钢筋断点位置，并标注钢筋信息和构造尺寸，如图11.12所示。

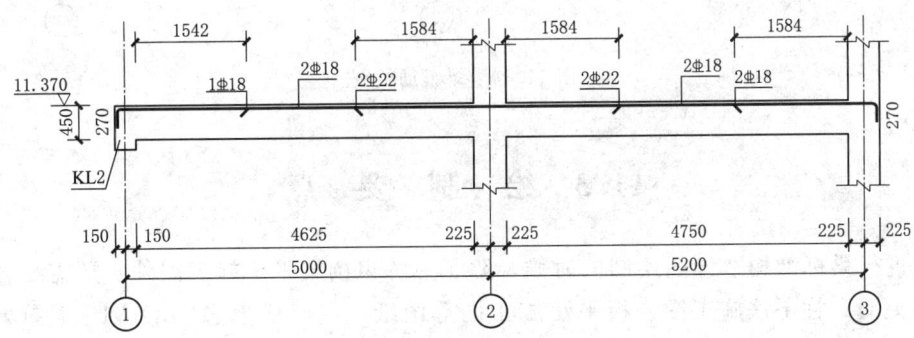

图 11.12　梁上部非贯通钢筋绘制

（4）绘制梁下部纵筋。梁下部纵筋的绘制方法同上部纵筋，①轴～②轴下部纵筋为4⊈18，②轴～③轴下部纵筋为4⊈20，①轴、③轴下部纵筋伸入支座弯锚，弯折长度 $15d$，分别为270mm和300mm。②轴中间支座位置钢筋分别伸入支座长度为 $l_{aE}$ 且≥$1.5h_c+5d$，根据图中信息查表得 $l_{aE}=35d$，分别为630mm和700mm，用多段线（Pline）命令绘制钢筋，并标注钢筋信息和构造尺寸，如图11.13所示。

（5）绘制梁箍筋。根据图11.9中梁集中标注内容，梁箍筋为⊈8@100/200，两肢箍。框架梁抗震等级为四级，梁两端的箍筋加密范围为 $1.5×h_b=1.5×450=675$（mm），考虑箍筋起步距离为50mm，梁箍筋加密区范围取750mm。梁①轴位置支座为主梁，根据构造要求，此端箍筋构造可不设加密区。箍筋为粗实线，绘制方法同纵筋，标注配筋信息及加密区范围，如图11.14所示。

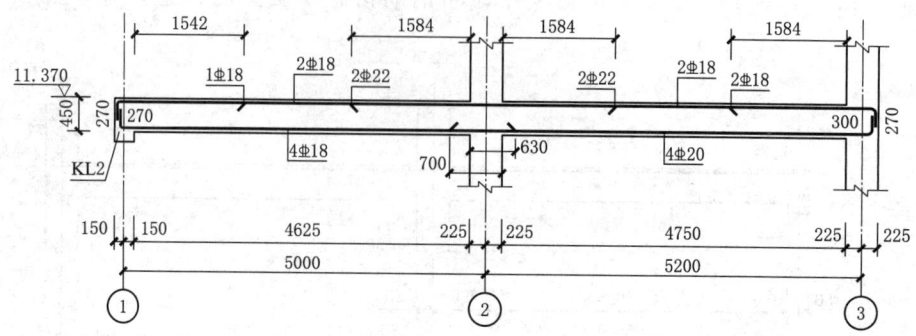

图 11.13 梁下部纵筋绘制

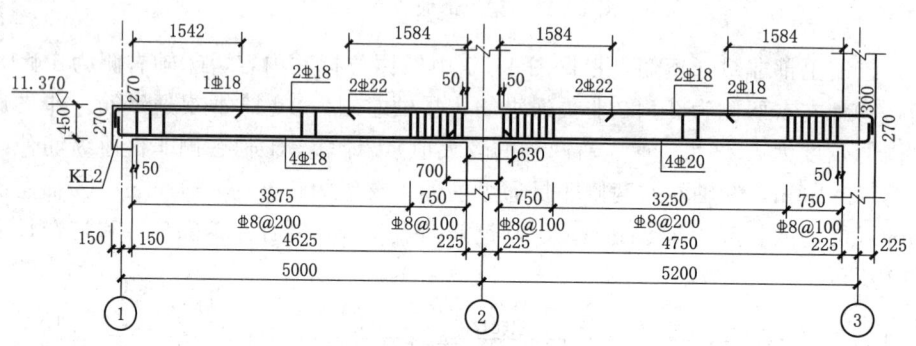

图 11.14 梁箍筋绘制

## 11.3 绘 制 要 点

在进行梁标准构造详图绘制的时候,除了熟练识读梁平法施工图外,还需结合结构设计总说明、柱平法施工图、板平法施工图等图纸,同时要熟悉 16G101-1 图集中梁标准构造详图部分的内容。在梁标准构造详图中,经常涉及关于梁钢筋在端支座的锚固构造、梁上部非贯通纵筋伸入梁内的长度、梁箍筋加密区范围、侧面纵向钢筋及拉筋等内容,必须深刻理解才能正确绘制。梁标准构造详图绘制要点如下。

1. 梁钢筋在端支座的锚固构造

梁钢筋在端支座的锚固构造主要有弯锚、直锚和加锚头(锚板)锚固,以弯锚为例,弯锚在绘图时需要注意的是梁上部钢筋需伸至柱外侧纵筋内侧,并满足从柱边缘算起平直段长度不小于 $0.4l_{aE}$,钢筋向下弯折长度为 $15d$;梁下部钢筋则向上弯折,构造要求与上部钢筋一样,如果弯折段没有碰到上部钢筋,伸至柱外侧纵筋内侧,如果弯折段碰到上部钢筋,则伸至上部钢筋弯折段内侧。

2. 非贯通钢筋伸入梁内的长度

梁上部非贯通纵筋位于第一排时,伸入梁内的长度为 $l_n/3$,位于第二排时为 $l_n/4$($l_n$ 为梁的净跨)。在绘制梁构造详图时,需要注意的是当梁的左右两边跨度不一样时,$l_n$ 净跨的取值为左跨和右跨中的较大值。

3. 梁箍筋加密区范围

梁箍筋加密区范围与抗震等级及梁高相关，当抗震等级为一级时，加密区范围取梁高的 2 倍且不小于 500mm，当抗震等级为二级~四级时，加密区范围取梁高的 1.5 倍且不小于 500mm。当框架梁一端与框架柱相连，另一端与主梁相连时，与主梁相连一端的箍筋可不设加密区，两端箍筋规格及数量由设计确定。在计算箍筋加密区范围时，同时要考虑箍筋的起步距离。

4. 侧面纵向钢筋和拉筋

梁侧面纵向钢筋包括侧面纵向构造钢筋和抗扭钢筋，侧面纵向构造钢筋在绘图的时候要注意，如果梁侧面有板，钢筋是在梁腹板高度内均匀布置，且钢筋间距不大于 200mm；而抗扭钢筋则是在梁全高范围内均匀布置。拉筋直径是当梁宽不大于 350mm 时，取 6mm，梁宽大于 350mm 时，取 8mm，拉筋的间距为非加密区箍筋间距的 2 倍，且当设有多排拉筋时，上下两排拉筋竖向错开设置。

# 能 力 测 试 题

识读高层商务大厦的"梁配筋平面图"，绘制结施 21 中六层楼面 KL5 梁指定位置（图 11.15）的 1—1、2—2、3—3、4—4 截面图。

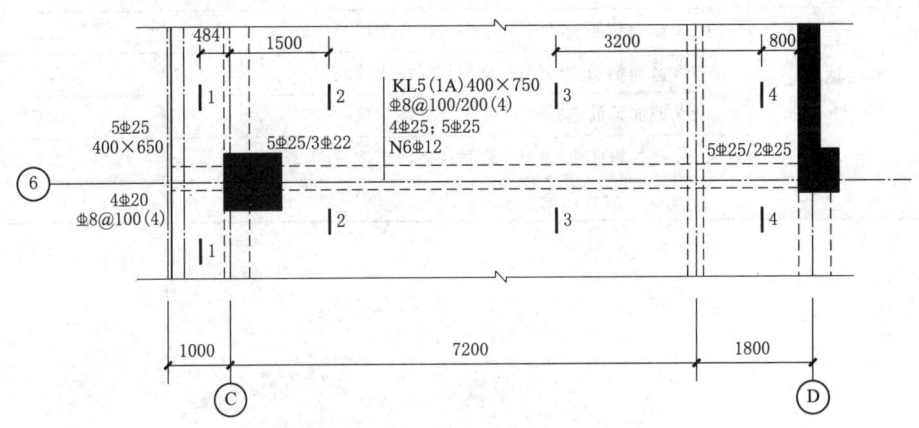

图 11.15　KL5 梁配筋图

绘制要求：

（1）绘制梁板轮廓线，标注梁的截面尺寸、梁面标高。
（2）绘制梁的纵筋，标注梁纵筋的类型、数量、直径。
（3）绘制梁的箍筋，标注梁箍筋的类型、数量、直径。
（4）钢筋用粗实线绘制，图层不作要求。
（5）绘图比例 1∶1，出图比例 1∶25。
附：能力测试题评分标准参考表 11.2。

表 11.2　　评 分 标 准

| 序号 | 内 容 | 评 分 说 明 | 分值 |
|---|---|---|---|
| 1 | 轮廓线、截面尺寸与梁面标高（1.5分） | 1—1 截面轮廓线绘制正确、截面尺寸标注正确 | 0.5 |
| | | 2—2、3—3、4—4 截面轮廓线绘制正确、截面尺寸标注正确 | 0.5 |
| | | 梁面标高标注正确 | 0.5 |
| 2 | 上部纵筋种类、数量、直径（2.5分） | 1—1 截面上部纵筋 5Φ25 绘制且标注正确 | 1.0 |
| | | 2—2 截面上部纵筋 5Φ25/3Φ22 绘制且标注正确 | 0.5 |
| | | 3—3 截面上部纵筋 4Φ25 绘制且标注正确 | 0.5 |
| | | 4—4 截面上部纵筋 5Φ25/2Φ25 绘制且标注正确 | 0.5 |
| 3 | 下部纵筋种类、数量、直径（2.0分） | 1—1 截面下部纵筋 4Φ20 绘制且标注正确 | 0.5 |
| | | 2—2 截面下部纵筋 5Φ25 绘制且标注正确 | 0.5 |
| | | 3—3 截面下部纵筋 5Φ25 绘制且标注正确 | 0.5 |
| | | 4—4 截面下部纵筋 5Φ25 绘制且标注正确 | 0.5 |
| 4 | 侧面纵向钢筋及拉筋（2.0分） | 1—1 截面拉筋Φ8@200 绘制且标注正确 | 0.5 |
| | | 2—2 截面拉筋Φ8@400 绘制且标注正确 | 0.5 |
| | | 3—3 截面拉筋Φ8@400 绘制且标注正确 | 0.5 |
| | | 4—4 截面拉筋Φ8@400 绘制且标注正确 | 0.5 |
| 5 | 截面箍筋（2.0分） | 1—1 截面箍筋Φ8@100 绘制且标注正确 | 0.5 |
| | | 2—2 截面箍筋Φ8@100 绘制且标注正确 | 0.5 |
| | | 3—3 截面箍筋Φ8@200 绘制且标注正确 | 0.5 |
| | | 4—4 截面箍筋Φ8@100 绘制且标注正确 | 0.5 |
| | 合计总分 | | 10.0 |

# 任务 12

# 板标准构造详图绘制

**【知识与能力目标】** 能应用CAD绘图软件和板构造标准要求,绘制指定板的标准构造详图。

## 12.1 绘 制 内 容

板标准构造详图包括有梁楼盖楼(屋)面板配筋构造、板在端支座的锚固构造、悬挑板构造、局部升降板构造、板开洞与洞边加强钢筋构造等,绘制内容见表12.1。

表 12.1 板标准构造详图绘制内容

| 序号 | 类别 | 主 要 内 容 |
|---|---|---|
| 1 | 有梁楼盖楼(屋)面板配筋构造 | (1)绘制板轮廓。<br>(2)绘制板上部贯通钢筋。<br>(3)绘制板上部非贯通钢筋。<br>(4)绘制板下部贯通钢筋。<br>(5)标注配筋信息及尺寸 |
| 2 | 板在端支座的锚固构造 | (1)绘制板轮廓。<br>(2)绘制板上部钢筋在端支座的锚固构造,根据构造要求判断钢筋采用直锚或者弯锚,计算钢筋伸入支座的长度,标注配筋信息及尺寸。<br>(3)绘制板下部钢筋在端支座的锚固构造,标注配筋信息及尺寸 |
| 3 | 悬挑板构造 | (1)绘制悬挑板轮廓。<br>(2)根据构造要求绘制悬挑板上部受力钢筋和分布钢筋。<br>(3)根据构造要求绘制悬挑板下部分布钢筋。<br>(4)标注配筋信息及尺寸 |
| 4 | 局部升降板构造 | (1)绘制板轮廓,局部升降板构造分为板中升降和侧边为梁两种构造,注意区别。<br>(2)根据构造要求绘制板上部和下部钢筋。<br>(3)标注配筋信息及尺寸 |
| 5 | 板开洞与洞边加强钢筋构造 | (1)绘制板钢筋。<br>(2)在板上绘制洞口,根据洞口大小判断断开的钢筋和弯折的钢筋。<br>(3)绘制补强钢筋。<br>(4)标注配筋信息及尺寸 |

## 12.2 绘制案例

**1. 绘制板在端支座的锚固构造**

根据高层商务大厦施工图,绘制结施 19 机房顶层结构板平面图中板在⑤轴指定 A—A 位置的构造详图,绘图比例 1∶1,出图比例 1∶25。板配筋图(局部)如图 12.1 所示,机房层结构标高为 55.500m。根据结施 07 中层高表,板混凝土强度等级为 C30;查看结施 24 机房顶层梁配筋平面,⑤轴梁截面尺寸为 200mm×750mm,箍筋为 $\Phi 8@100/200$ (2),通长钢筋为 $2\Phi 18$,查看结通 01 结构设计总说明,梁、柱混凝土保护层厚度为 20mm,墙、板混凝土保护层厚度为 15mm。

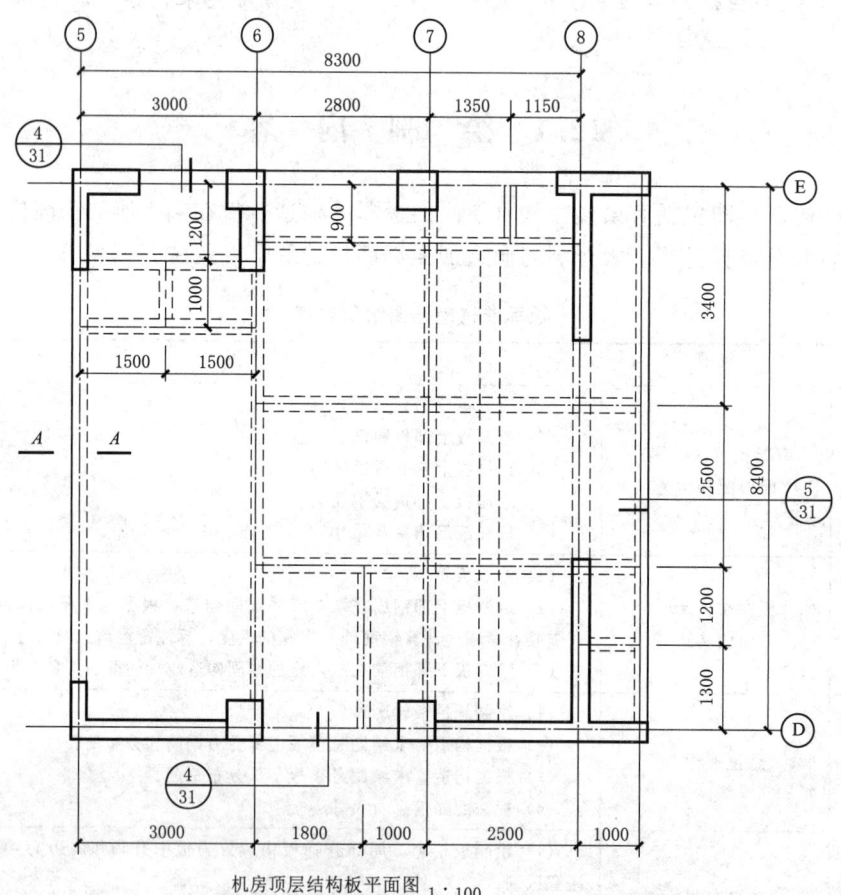

机房顶层结构板平面图 1∶100

说明:1. 本层楼板采用整体现浇楼板。
2. 未注明的板面标高均为 H(基准标高),基准标高按照层高表所示。
3. 未注明的楼板厚为120,配筋为底筋 $\Phi 8@100$ 双向、面筋 $\Phi 10@100$ 双向。

图 12.1 机房顶层结构板平面图

(1)绘制 A—A 截面轮廓。根据图 12.1 中查找的信息,板厚为 120mm,⑤轴梁截面尺寸为 200mm×750mm,板面标高为 55.500m,绘制梁板截面轮廓,轮廓采用细实线绘制、轴线采用细单点长画线绘制。轮廓绘制好之后进行尺寸标注,标注尺寸时将尺寸样式(Dimstyle)中的全局比例修改为 25,绘制好的截面轮廓如图 12.2 所示。

(2) 绘制板上部箍筋。根据图 12.1 中信息,板上部配筋为 $\underline{\Phi}10@100$ 双向配筋,上部钢筋伸至外侧梁角筋,弯折 $15d = 15 \times 10 = 150$ (mm),并满足伸入梁内的直段长度不小于 $0.35l_{aE}$(设计按铰接),板混凝土强度等级为 C30,查结构设计总说明,$l_a = 35d = 350mm$,$0.35l_a = 123mm$。板钢筋伸入梁内的直段长度为梁宽-保护层厚度-箍筋直径-梁角筋 $= 200 - 20 - 8 - 18 = 154$

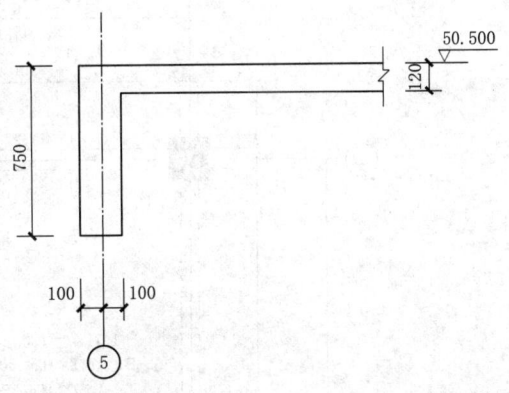

图 12.2  A—A 截面轮廓绘制

(mm)$\geqslant 0.35l_a = 123mm$。板钢筋起步距离为 1/2 板筋间距 $= 1/2 \times 100 = 50$(mm)。X 方向钢筋采用多段线(Pline)命令绘制,多段线线宽设置为 12.5。Y 方向钢筋采用圆环(Donut)命令绘制,圆环内径为 0,外径为 25,标注钢筋信息及构造尺寸,如图 12.3 所示。

(3) 绘制板下部钢筋。根据图 12.1 中信息,板下部配筋为 $\underline{\Phi}8@100$ 双向配筋,下部钢筋伸入梁内的长度为不小于 $5d$ 且至少到梁中线,$5d = 5 \times 8 = 40$(mm),梁宽为 200mm,梁中线为 100mm,取 100mm。下部钢筋的绘制方法同上部钢筋,绘制好钢筋之后标注钢筋信息、构造尺寸及图名比例,如图 12.4 所示。

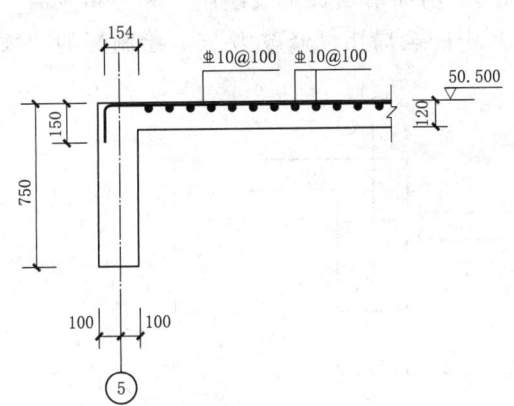

图 12.3  板上部钢筋绘制

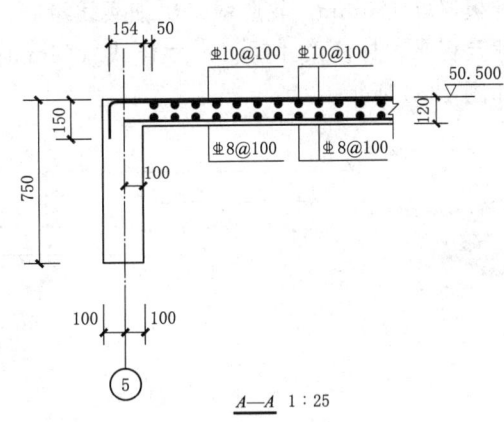

图 12.4  板下部钢筋绘制

2. 绘制局部升降板构造

根据图 12.5 所示板平法施工图(局部),绘制 B—B 位置的构造详图,绘图比例 1:1,出图比例 1:25。板混凝土强度等级为 C30,与柱相连的梁尺寸为 350mm×700mm。

(1) 绘制 B—B 截面轮廓。根据图 12.5 中的信息,绘制梁板轮廓。楼板结构标高为 22.450,降板为 250mm,板厚为 130mm,⑦轴梁截面尺寸 350mm×700mm,根据 16G101-1 图集要求,板弯折处厚度不小于 h 且不小于 150mm,h 为板厚 130mm,弯折

# 任务 12  板标准构造详图绘制

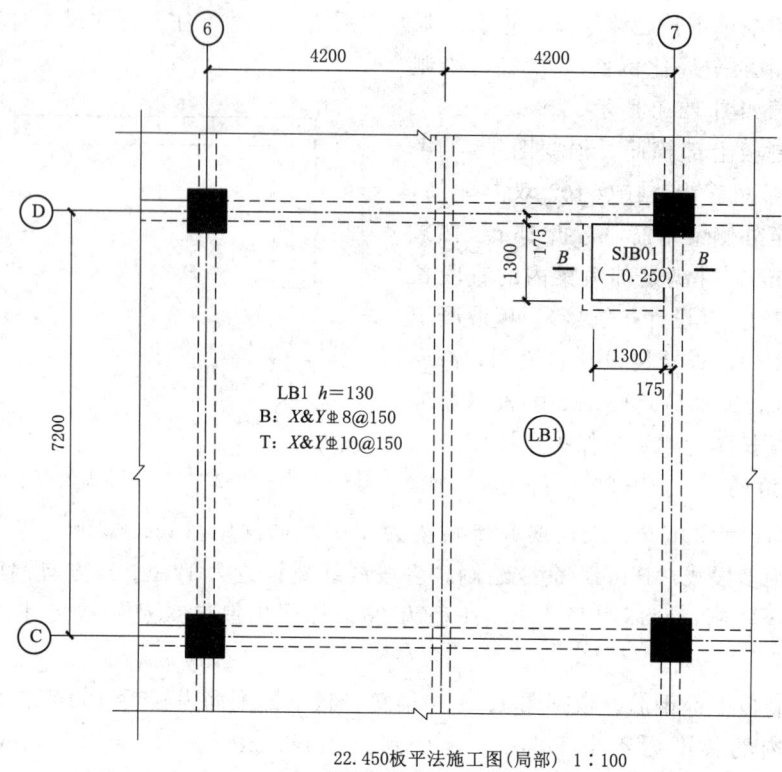

图 12.5  板平法施工图（局部）

处板厚取 150mm。轮廓线采用细实线绘制、轴线采用细单点长画线绘制，标注相应的尺寸及标高，标注尺寸时将尺寸样式（Dimstyle）中的全局比例修改为 25。绘制好的轮廓如图 12.6 所示。

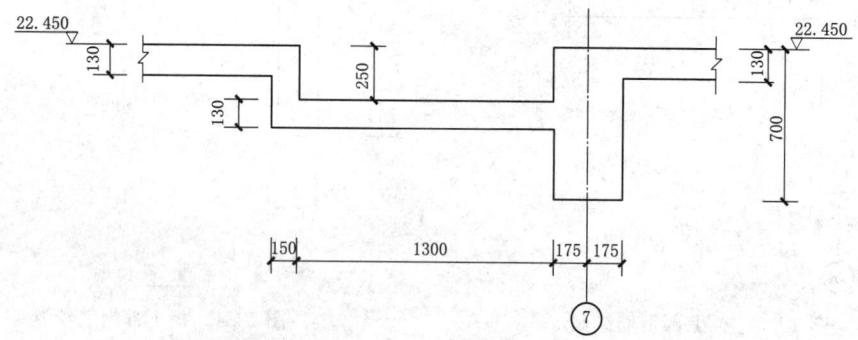

图 12.6  B—B 截面轮廓绘制

（2）绘制板上部钢筋。根据板集中信息，板上部贯通钢筋 $X$、$Y$ 方向均为 $\Phi 10@150$，板混凝土强度等级为 C30，查 16G101-1 图集得到 $l_a = 35d = 350\text{mm}$。$X$ 方向钢筋采用多段线（Pline）命令绘制，线宽设置为 12.5，$Y$ 方向钢筋采用圆环（Donut）命令绘制，标注钢筋信息及构造尺寸，如图 12.7 所示。

（3）绘制板下部钢筋。根据板集中信息，板下部贯通钢筋 $X$、$Y$ 方向均为 $\Phi 8@150$，

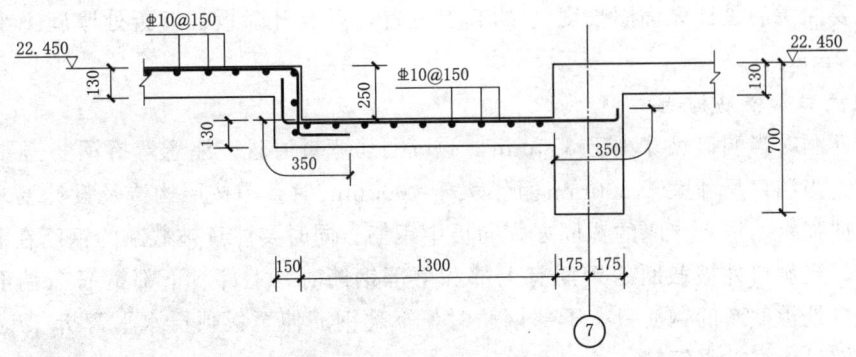

图 12.7 板上部钢筋绘制

$l_a=35d=280\mathrm{mm}$。下部钢筋的绘制方法同上部钢筋,绘制好钢筋之后标注钢筋信息、构造尺寸及图名比例,如图 12.8 所示。

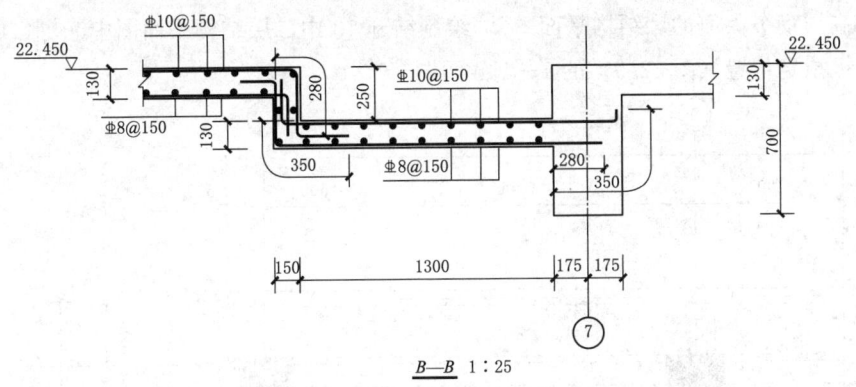

图 12.8 板下部钢筋绘制

## 12.3 绘 制 要 点

在进行板标准构造详图绘制的时候,除了熟练识读板平法施工图外,还需结合结构设计总说明、梁平法施工图等图纸,同时要熟悉 16G101-1 图集中板标准构造详图部分的内容。在板标准构造详图中,经常涉及关于板钢筋在端支座的锚固构造、局部升降板钢筋构造、板洞口加强筋构造等内容,必须深刻理解才能正确绘制。板标准构造详图绘制要点如下:

1. 板钢筋在端支座的锚固构造

板钢筋在端支座的锚固构造分为板钢筋在梁内锚固和剪力墙内锚固。梁内锚固分为普通楼、屋面板以及用于转换层的楼面板两种;剪力墙内锚固分为剪力墙中间层锚固和剪力墙顶锚固。对于普通楼、屋面板,上部钢筋伸至梁外侧角筋内侧,并满足从梁边缘算起平直段长度不小于 $0.35l_{ab}$(设计按铰接时)或 $0.6l_{an}$(充分利用钢筋的抗拉强度时),钢筋向下弯折长度为 $15d$,当钢筋平直段长度不小于 $l_a$ 或不小于 $l_{aE}$ 时可不弯折。板下部钢筋伸入梁内不小于 $5d$ 且至少伸至梁中线。

2. 局部升降板钢筋构造

局部升降板分为升降尺寸大于板厚不大于 300mm 以及不大于板厚的情况,在升降板的构造中要注意的是计算锚固长度 $l_a$ 的起点位置，以及升降板的弯折处厚度不小于 $h$ 且不小于 150mm。

### 3. 板洞口加强筋构造

板上开洞时当洞口尺寸小于 300mm，洞口钢筋弯折通过，注意弯折钢筋需要按 1∶6 进行弯折。当洞口尺寸大于 300mm 且不大于 1000mm 时，需按照构造及设计要求配置加强钢筋，加强钢筋深入支座的锚固方式同板中钢筋。同时要注意被截断的钢筋在洞口处的构造要求，当洞口处被截断的钢筋有上部和下部钢筋时，上部、下部钢筋在端部分别弯折，当洞口处被截断的钢筋只有下部钢筋时，下部钢筋伸至板顶再水平弯折 $5d$，且在上部弯折处增设一根补强钢筋。

## 能 力 测 试 题

识读高层商务大厦的"结构平面图"，绘制结施 13 中二层结构平面图中⑨轴、⑩轴交Ⓔ轴、Ⓕ轴板指定位置（图 12.9）的 1—1 截面图。

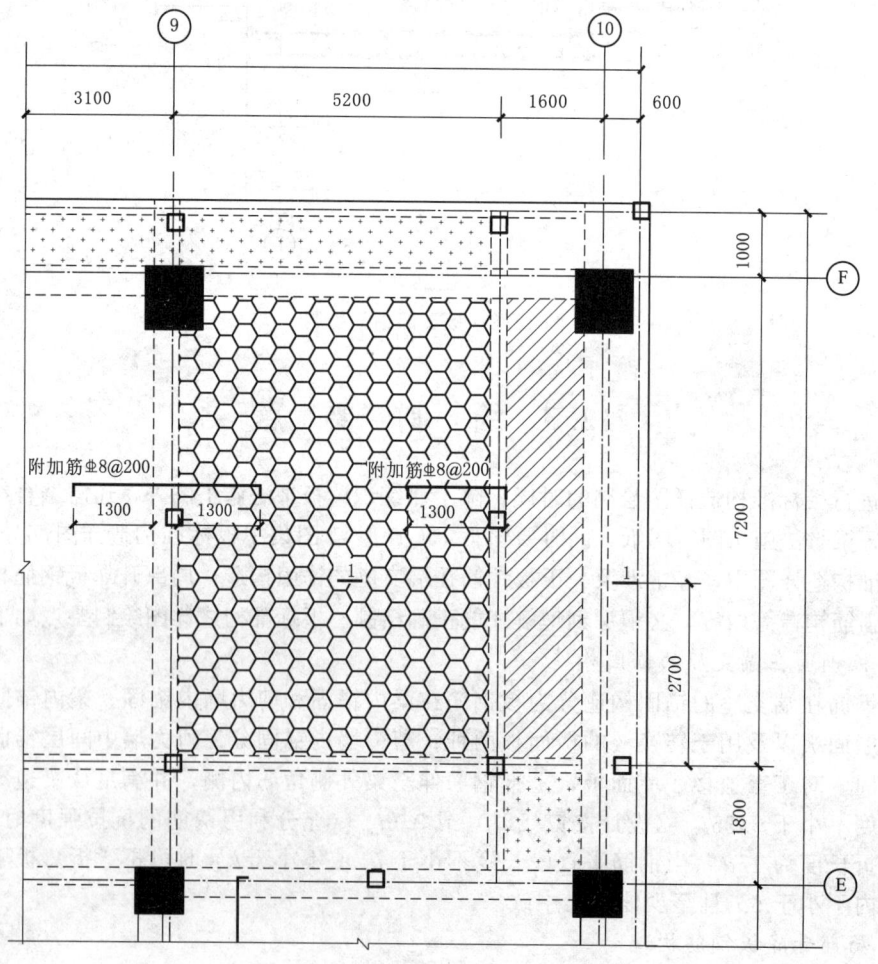

图 12.9　二层结构平面图（局部）

绘制要求：
（1）绘制板轮廓线，标注板截面尺寸及板顶标高。
（2）绘制板钢筋，标注钢筋的类型、数量、直径及必要的构造尺寸。
（3）标注板面附加钢筋的尺寸及钢筋示意图。
（4）钢筋用粗实线绘制，图层不作要求。
（5）绘图比例1∶1，出图比例1∶50。
附：能力测试题评分标准参考表12.2。

表12.2　　　　　　　　　　　评 分 标 准

| 序号 | 内容 | 评 分 说 明 | 分值 |
|---|---|---|---|
| 1 | 楼板轮廓线绘制（1.0分） | 轮廓线绘制正确，左右板面有高差 | 1.0 |
| 2 | 尺寸标注（2.0分） | 高处板厚160、标高4.700标注正确 | 1.0 |
|  |  | 低处板厚130、标高4.550（或高差150）标注正确 | 1.0 |
| 3 | 高处楼板钢筋（3.5分） | 板上部通长钢筋绘制且标注正确 $\Phi$8@100 | 0.5 |
|  |  | 板下部通长钢筋绘制且标注正确 $\Phi$8@100 | 0.5 |
|  |  | 板上部钢筋锚入梁内并弯折120 | 0.5 |
|  |  | 板下部钢筋锚入梁内100 | 0.5 |
|  |  | 板附加钢筋绘制正确并标注 $\Phi$8@200，并绘制钢筋示意图 | 1.0 |
|  |  | 板附加钢筋尺寸标注1300且从梁边开始标注 | 0.5 |
| 4 | 低处楼板钢筋（3.5分） | 板上部通长钢筋绘制且标注正确 $\Phi$8@100 | 0.5 |
|  |  | 板下部通长钢筋绘制且标注正确 $\Phi$8@100 | 0.5 |
|  |  | 板左侧上部钢筋锚入梁内并弯折120 | 0.5 |
|  |  | 板左侧下部钢筋锚入梁内100 | 0.5 |
|  |  | 板右侧上部钢筋锚入梁内256 | 1.0 |
|  |  | 板右侧侧下部钢筋锚入梁内200 | 0.5 |
|  | 合计总分 |  | 10.0 |

# 任务 13

# 结构详图标准构造绘制

【知识与能力目标】能应用CAD绘图软件和构造标准要求，绘制指定结构详图标准构造。

## 13.1 绘制内容

结构详图的标准构造包括现浇混凝土板式楼梯配筋构造、现浇混凝土梁式楼梯配筋构造、结构节点配筋构造，绘制内容见表13.1。

表 13.1　　　　　　　　　　　结构详图标准构造绘制内容

| 序号 | 类别 | 主要内容 |
| --- | --- | --- |
| 1 | 现浇混凝土板式楼梯配筋构造 | (1) 绘制楼梯轮廓，标注尺寸和标高。<br>(2) 绘制梯板上部钢筋，标注配筋信息及构造尺寸。<br>(3) 绘制梯板下部钢筋，标注配筋信息及构造尺寸。<br>(4) 绘制梯板分布钢筋，标注配筋信息及构造尺寸 |
| 2 | 现浇混凝土梁式楼梯配筋构造 | (1) 绘制楼梯轮廓，标注尺寸和标高。<br>(2) 绘制梯板配筋，标注配筋信息及构造尺寸。<br>(3) 绘制梯梁配筋，标注配筋信息及构造尺寸 |
| 3 | 结构节点配筋构造 | (1) 绘制节点轮廓，标注尺寸和标高。<br>(2) 绘制节点配筋，标注配筋信息及构造尺寸 |

## 13.2 绘制案例

根据高层商务大厦施工图设计修改通知单，绘制1号楼梯－5.650～－4.250m标高BT1的配筋构造，绘图比例1∶1，出图比例1∶25，修改通知单中楼梯图（局部）如图13.1所示。查看结施27中梯梁TL1尺寸为240mm×400mm，查看结施07中层高表，－5.650～－4.250m标高范围楼梯混凝土强度等级为C35。

1. 绘楼梯轮廓

根据图13.1中查找的信息，梯板厚为120mm，梯梁TL1截面尺寸为240mm×400mm，绘制－5.650～－4.250m标高BT1截面轮廓，轮廓采用细实线绘制。轮廓绘制好之后进行尺寸标注，标注尺寸时应将尺寸样式（Dimstyle）中的全局比例修改为25。

绘制好的截面轮廓如图 13.2 所示。

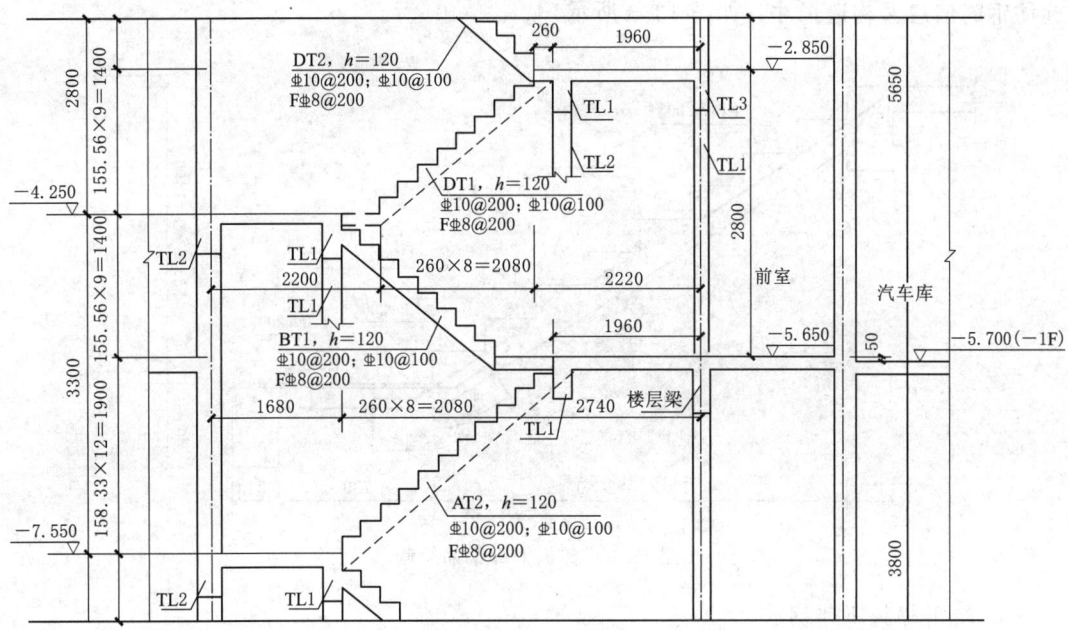

图 13.1 楼梯图（局部）

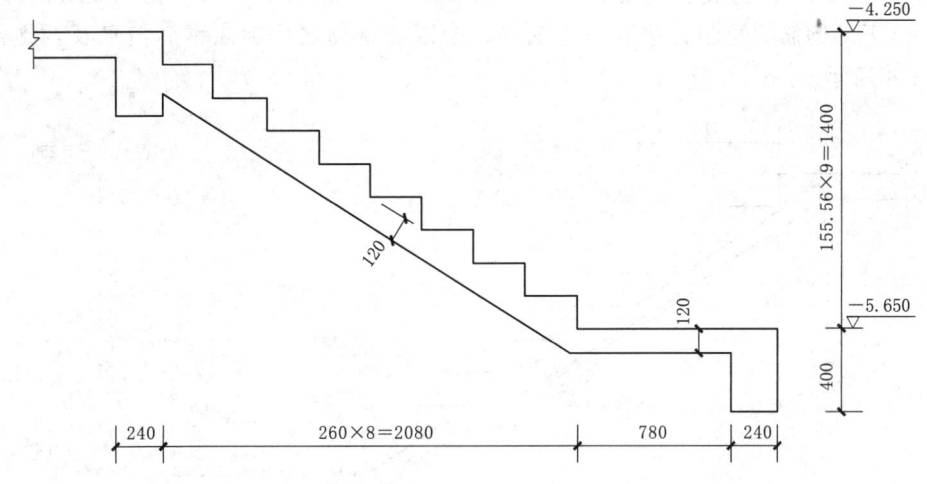

图 13.2 楼梯轮廓图绘制

2. 绘制梯板上部钢筋

根据图 13.1 中信息，梯板上部配筋为Ⅲ10@200，高端梯梁处上部钢筋伸至梯梁外侧角筋，弯折 $15d=15×10=150$（mm）；钢筋伸入梯板内的长度为 $l_n/4$，$l_n$ 为梯板跨度 $2080+780=2860$（mm），$l_n/4=715$mm。上部钢筋在低端平板弯折处断开分别锚固，锚固长度为 $l_a$，楼梯板混凝土强度等级为 C35，查看结通 01 结构设计总说明，$l_a=32d=32×10=320$（mm）；上部钢筋伸入板内的长度不小于 $l_n/4$，且钢筋从弯折点开始伸入踏步段的长度为 $l_{sn}/5$（$l_{sn}$ 为踏步段水平长度），即 $l_{sn}/5=416$mm，加上低端平板长 780mm，钢筋伸入梯板的长度为1196mm。钢筋采用多段线（Pline）命令绘制，线宽设置为12.5，标注钢筋信息及构造尺寸，如图13.3所示。

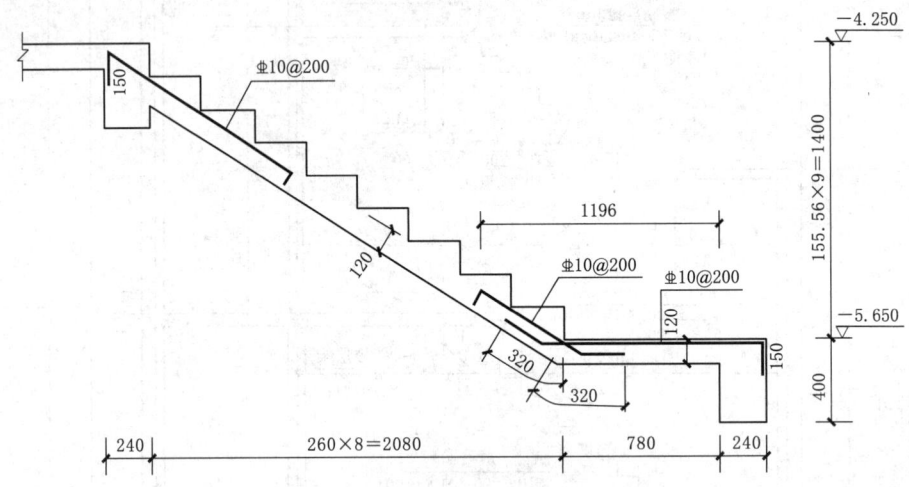

图13.3　梯板上部钢筋绘制

**3. 绘制梯板下部钢筋**

根据图13.1中信息，梯板下部配筋为$\Phi 10@100$，下部钢筋伸入梯梁内的长度不小于$5d$且不小于$b/2$（$b$为支座宽度），$5d=5×10=50$（mm），梯梁梁宽240mm，$b/2$取120mm。下部钢筋的绘制方法同上部钢筋，绘制好钢筋之后标注钢筋信息及构造尺寸，如图13.4所示。

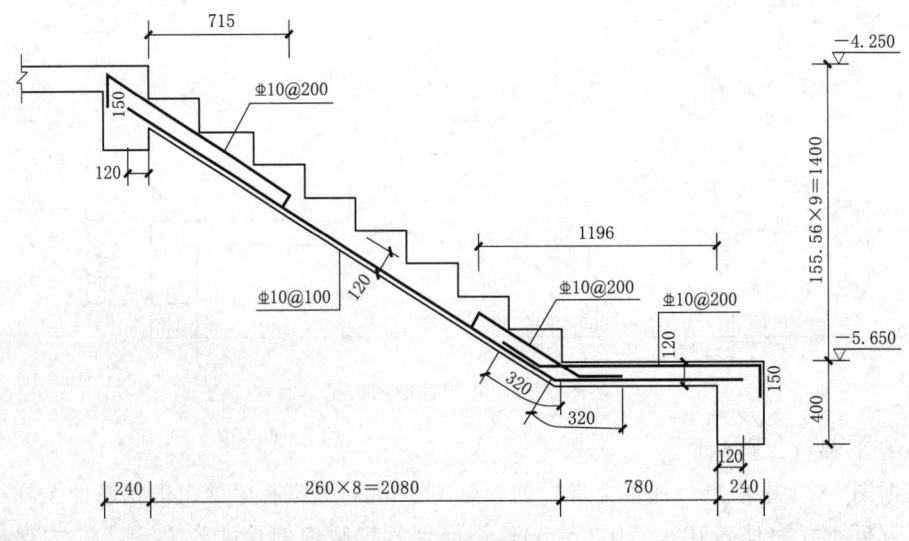

图13.4　梯板下部钢筋绘制

**4. 绘制梯板分布钢筋**

根据图13.1中信息，梯板分布钢筋为$\Phi 8@200$。分布钢筋采用圆环（Donut）命令绘制，圆环内径为0，外径为25，标注钢筋信息及图名比例，如图13.5所示。

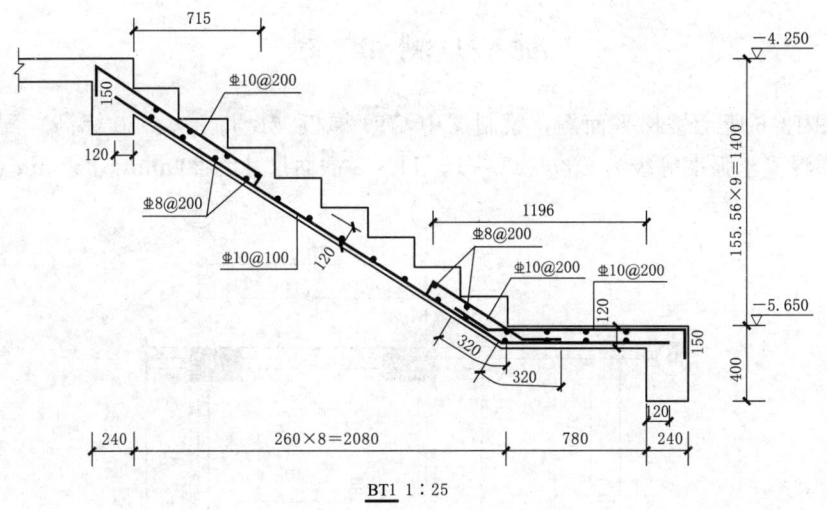

图 13.5 梯板分布钢筋绘制

## 13.3 绘制要点

在进行楼梯标准结构详图绘制的时候,除了熟练识读楼梯平法施工图外,还需结合结构设计总说明、梁平法施工图、板平法施工图等图纸,同时要熟悉《混凝土结构施工图平面整体表示方法制图规则和构造详图(现浇混凝土板式楼梯)》(16G101-2)图集中板式楼梯标准构造详图部分的内容。在板式楼梯标准构造详图中,经常涉及关于梯板钢筋在支座的锚固构造、楼梯折板钢筋构造、上部钢筋伸入板内的长度等内容,必须深刻理解才能正确绘制。楼梯标准构造详图绘制要点如下。

1. 梯板钢筋在支座的锚固构造

梯板钢筋在支座的锚固构造分为上部钢筋和下部钢筋。上部钢筋需伸至支座对边再向下弯折 $15d$,有条件时也可直接伸入平台板内锚固,从支座边算起总锚固长度不小于 $l_a$,有抗震构造措施和参与结构整体抗震计算的梯板,上部钢筋需伸入支座总锚固长度不小于 $l_{aE}$。下部钢筋伸入支座的长度不小于 $5d$ 且不小于 $b/2$($b$ 为支座宽度),需要注意的是有抗震构造措施和参与结构整体抗震计算的梯板,下部钢筋需伸入支座总锚固长度也是不小于 $l_{aE}$。

2. 楼梯折板钢筋构造

楼梯折板位置的钢筋需要判断是外侧钢筋还是内侧钢筋,外侧钢筋在折板位置直接弯折通过,内侧钢筋在折板位置要断开,分别锚入板内一个锚固长度 $l_a$。

3. 上部钢筋伸入板内的长度

梯板上部钢筋伸入板内的长度为 $l_n/4$($l_n$ 为梯板跨度)。注意,当梯板为折板时,上部钢筋伸入板内的长度要满足不小于 $l_n/4$,且钢筋从弯折点开始伸入踏步段的长度为踏步段水平长度。

## 能 力 测 试 题

识读图 13.6 所示楼梯平面图，绘制图中 CT3 梯板（1.350～2.750 标高）配筋构造详图。该楼梯混凝土强度等级为 C30，TL-1、TL-2 截面尺寸为 200mm×350mm。

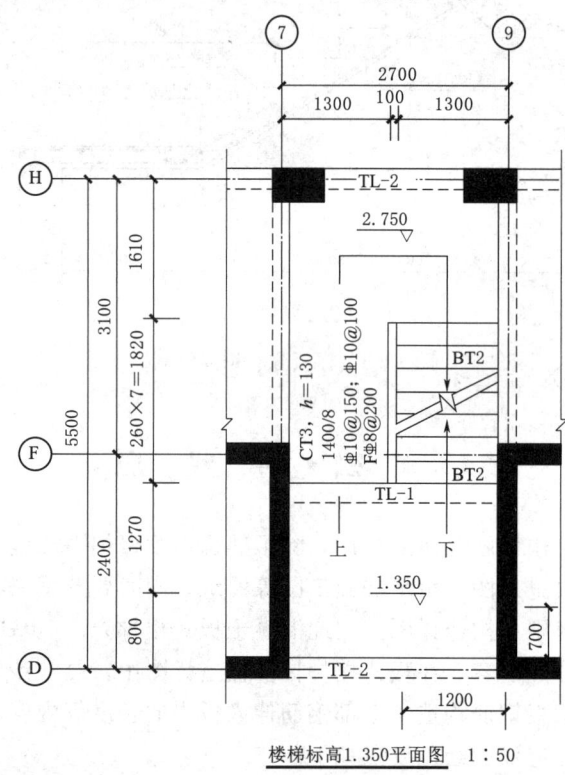

图 13.6 楼梯平面图

绘制要求：

(1) 绘制梯板、梯梁、踏步轮廓线，标注梯板的截面尺寸，标注梯段的踏面宽度及数量、踢面高度及数量。
(2) 绘制梯板的配筋，标注钢筋的类型、数量、直径及必要的构造尺寸。
(3) 钢筋用粗实线绘制，图层不作要求。
(4) 绘图比例 1∶1，出图比例 1∶25。

附：能力测试题评分标准参考表 13.2。

表 13.2　　　　　　　　　　评 分 标 准

| 序号 | 内容 | 评分说明 | 分值 |
|---|---|---|---|
| 1 | 梯板轮廓线绘制<br>（1.0 分） | 梯板、梯梁、踏步轮廓线绘制正确 | 1.0 |
| 2 | 尺寸标注<br>（1.5 分） | 梯板的板厚尺寸 130 标注正确 | 0.5 |
| | | 梯段的踏面宽度及数量（260×7=1820）、1510 标注正确 | 0.5 |
| | | 梯段踢面高度及数量（175×8=1400）标注正确 | 0.5 |

续表

| 序号 | 内容 | 评分说明 | 分值 |
|---|---|---|---|
| 3 | 梯板下部受力钢筋<br>(1.5分) | 梯板下部受力钢筋形状（钢筋断开分布锚入）、位置表示正确（梯板下部的外侧，沿受力方向） | 1.0 |
| | | 梯板下部受力钢筋的种类、直径、间距标注正确（Φ10@100） | 0.5 |
| 4 | 梯板上部受力钢筋<br>(5.0分) | 梯板低端上部受力钢筋形状、位置表示正确（梯板上部的外侧，沿受力方向） | 0.5 |
| | | 梯板低端受力钢筋的种类、直径、间距标注正确（Φ10@150） | 0.5 |
| | | 梯板高端受力钢筋向板内伸出的长度833标注正确 | 1.0 |
| | | 梯板高端上部受力钢筋形状、位置表示正确 | 0.5 |
| | | 梯板低端上部受力钢筋的种类、直径、间距标注正确（Φ10@150） | 0.5 |
| | | 标注锚固长度350（仅标注一个也得分） | 1.0 |
| | | 梯板低端上部受力钢筋断点长度1874或364标注正确 | 1.0 |
| 5 | 梯板上、下部<br>分布钢筋<br>(1.0分) | 梯板上、下部均绘制分布钢筋，位置正确（受力钢筋的内侧，示意即可） | 0.5 |
| | | 分布钢筋标注正确（Φ8@200） | 0.5 |
| | 合计总分 | | 10.0 |

# 第3部分 1+X建筑工程识图职业技能证书土建施工（结构）类

1. 1+X证书

2019年2月，国务院印发《国家职业教育改革实施方案》（简称职教二十条），明确提出从2019年开始，在职业院校、应用型本科高校启动"学历证书＋若干职业技能等级证书"制度试点。2019年4月，教育部、国家发展改革委、财政部、市场监管总局联合印发了《关于在院校实施"学历证书＋若干职业技能等级证书"制度试点方案》，部署启动"学历证书＋若干职业技能等级证书"（简称1+X证书）制度试点工作。

1+X证书，"1"是学历证书，是指学习者在实施学历教育的学校或者其他教育机构中完成了学制系统内教育阶段学习任务后获得的文凭；"X"是职业技能等级证书，是在学习者完成某一职业岗位关键工作领域的典型工作任务所需要的职业知识、技能、素养，学习后获得的反映其职业能力水平的凭证。

把学历证书与职业技能等级证书结合起来，探索实施1+X证书制度，是职教二十条的重要改革部署，也是重大创新。试点工作将按照高质量发展的要求，坚持以学生为中心，深化复合型技术技能人才培养培训模式和评价模式改革，提高人才培养质量，畅通技术技能人才成长通道，拓展就业创业本领。

1+X证书制度试点工作重点围绕服务国家需要、市场需求、学生就业能力提升，试点院校以高等职业学校、中等职业学校（不含技工学校）为主，本科层次职业教育试点学校、应用型本科高校及国家开放大学等积极参与。

2020年，1+X建筑工程识图职业技能证书的等级标准发布，建筑工程识图职业技能分为初级、中级、高级三个等级，依次递进，高级别涵盖低级别技能要求。

1+X建筑工程识图职业技能的分级、技能内涵、专业领域划分与职业岗位需求深度融合，学习培训过程、内容与职业工作过程高度适应，考核评价定位与国家规范标准紧密衔接，并通过规范与标准应用、基于工作过程的技能体系和专业间协同等要素来考评技能职业素养。

2. 1+X建筑工程识图职业技能中级——土建施工（结构）类

按照1+X建筑工程识图职业技能等级标准，中级要求以一套中型工程施工图（不含人防设计）为载体，完成本专业的识图及绘图任务，并通过对国家技术规范标准的认识与应用，养成必备的职业素养。主要面向建筑业技术技能型从业人员。

符合下列条件之一的建筑工程为中型工程：

(1) 25层以下（不含、下同），12层以上（含、下同）的房屋建筑工程。

(2) 建筑高度在100m以下，50m以上的房屋建筑工程。

(3) 单体建筑面积在 3 万 m² 以下，1 万 m² 以上的房屋建筑工程。

1+X 建筑工程识图职业技能中级分为建筑设计类、土建施工（结构）类、建筑水暖类、建筑电气类四个专业方向。本部分介绍土建施工（结构）类。

土建施工（结构）类中级以一套中型工程施工图（不含人防设计）为载体，要求能结合建筑施工图，准确识读结构设计总说明、基础施工图、柱（墙）施工图、梁施工图、板施工图、结构详图等；能按照任务要求，应用 CAD 绘图软件绘制中型建筑工程基础施工图、柱（墙）施工图、梁施工图、板施工图、结构详图等。具体职业技能要求见表 0.1。

表 0.1　　1+X 建筑工程识图职业技能等级中级——土建施工（结构）类要求

| 工作领域 | 工作任务 | 职业技能要求 |
| --- | --- | --- |
| 1. 识图 | 1.1 结构设计说明识读 | 1.1.1 能结合建筑施工图，掌握工程概况、设计依据等。<br>1.1.2 能掌握建筑结构安全等级、建筑抗震设防类别、抗震设防标准。<br>1.1.3 能掌握结构类型、结构抗震等级、主要荷载取值、结构材料、结构构造等 |
| | 1.2 基础施工图识读 | 1.2.1 能识读地基基础设计等级、基础类型、基础构件截面尺寸、标高。<br>1.2.2 能识读配筋构造、柱（墙）纵筋在基础中的锚固构造等 |
| | 1.3 柱（墙）施工图识读 | 1.3.1 能识读柱（框架柱、梁上柱、剪力墙上柱）的截面尺寸、标高及配筋构造。<br>1.3.2 能识读剪力墙（剪力墙身、剪力墙柱及剪力墙梁）的截面尺寸、标高及配筋构造。<br>1.3.3 能识读剪力墙洞口尺寸、定位及加筋构造。<br>1.3.4 能识读地下室外墙截面尺寸、标高及配筋构造等 |
| | 1.4 梁施工图识读 | 1.4.1 能识读梁（楼层框架梁、屋面框架梁、非框架梁、悬挑梁）的截面尺寸。<br>1.4.2 能识读梁（楼层框架梁、屋面框架梁、非框架梁、悬挑梁）的标高。<br>1.4.3 能识读梁（楼层框架梁、屋面框架梁、非框架梁、悬挑梁）的配筋构造等 |
| | 1.5 板施工图识读 | 1.5.1 能识读有梁楼盖楼（屋）面板的截面尺寸、标高及配筋构造；明确悬挑板的截面尺寸、标高及配筋构造。<br>1.5.2 能识读板洞口尺寸、定位及加筋构造等 |
| | 1.6 结构详图识读 | 1.6.1 能识读现浇混凝土板式楼梯的截面尺寸、定位及配筋构造。<br>1.6.2 能识读现浇混凝土梁式楼梯的截面尺寸、定位及配筋构造。<br>1.6.3 能识读结构节点截面尺寸、定位及配筋构造等 |
| 2. 绘图 | 2.1 基础施工图绘制 | 能根据任务要求，应用 CAD 绘图软件绘制中型建筑工程基础施工图的指定内容 |
| | 2.2 柱（墙）施工图绘制 | 能根据任务要求，应用 CAD 绘图软件绘制中型建筑工程柱（墙）施工图的指定内容 |

续表

| 工作领域 | 工作任务 | 职业技能要求 |
|---|---|---|
| 2. 绘图 | 2.3 梁施工图绘制 | 能根据任务要求，应用CAD绘图软件绘制中型建筑工程梁施工图的指定内容 |
| | 2.4 板施工图绘制 | 能根据任务要求，应用CAD绘图软件绘制中型建筑工程板施工图的指定内容 |
| | 2.5 结构详图绘制 | 能根据任务要求，应用CAD绘图软件绘制中型建筑工程结构详图的指定内容 |

3. 1+X建筑工程识图职业技能高级——土建施工（结构）类

按照1+X建筑工程识图职业技能等级标准，高级要求以一套大型工程施工图（含人防设计）为载体，结合相关专业条件图，完成本专业的识图及绘图任务，并通过对国家技术规范标准的认识与应用及专业间协同，养成扎实的职业素养。主要面向建筑业技术应用型从业人员。

符合下列条件之一的建筑工程为大型工程：

(1) 25层以上（含、下同）的房屋建筑工程。

(2) 建筑高度100m以上的房屋建筑工程。

(3) 单体建筑面积3万$m^2$以上的房屋建筑工程。

1+X建筑工程识图职业技能高级分为建筑设计类、土建施工（结构）类、建筑水暖类、建筑电气类四个专业方向。本部分介绍土建施工（结构）类。

土建施工（结构）类高级以一套大型工程施工图（含人防设计）为载体，要求能结合建筑施工图、相关专业条件图，准确识读结构设计总说明、基础施工图、柱（墙）施工图、梁施工图、板施工图、结构详图等；能结合相关专业条件图，按照任务要求，应用CAD绘图软件绘制大型建筑工程基础施工图、柱（墙）施工图、梁施工图、板施工图、结构详图等。具体职业技能要求见表0.2。

表0.2  1+X建筑工程识图职业技能等级高级——土建施工（结构）类要求

| 工作领域 | 工作任务 | 职业技能要求 |
|---|---|---|
| 1. 识图 | 1.1 结构设计说明识读 | 1.1.1 能结合建筑施工图及相关专业条件图，掌握工程概况、设计依据。<br>1.1.2 能掌握建筑结构安全等级、建筑抗震设防类别、抗震设防标准。<br>1.1.3 能掌握结构类型、结构抗震等级等。<br>1.1.4 能掌握人防地下室的设计类别、防常规武器抗力级别、防核武器抗力级别。<br>1.1.5 能掌握主要荷载取值、结构材料、结构构造（含人防构造）等 |
| | 1.2 基础施工图识读 | 能结合建筑施工图及相关专业条件图，明确以下内容：<br>1.2.1 地基基础设计等级、基础类型等。<br>1.2.2 基础构件截面尺寸、标高及配筋构造（含人防构造）、柱（墙）纵筋在基础中的锚固构造等 |

续表

| 工作领域 | 工作任务 | 职业技能要求 |
|---|---|---|
| 1. 识图 | 1.3 柱（墙）施工图识读 | 能结合建筑施工图及相关专业条件图，明确以下内容：<br>1.3.1 柱（框架柱、梁上柱、剪力墙上柱、转换柱）的截面尺寸、标高及配筋构造（含人防构造）等。<br>1.3.2 剪力墙（剪力墙身、剪力墙柱及剪力墙梁）的截面尺寸、标高及配筋构造等。<br>1.3.3 剪力墙洞口尺寸、定位及加筋构造等。<br>1.3.4 地下室外墙的截面尺寸、标高及配筋构造等。<br>1.3.5 明确人防墙截面尺寸、标高及配筋构造等 |
| | 1.4 梁施工图识读 | 能结合建筑施工图及相关专业条件图，明确以下内容：<br>1.4.1 梁（楼层框架梁、屋面框架梁、非框架梁、悬挑梁、框支梁、井字梁）的截面尺寸、标高等。<br>1.4.2 梁配筋构造（含人防构造）等 |
| | 1.5 板施工图识读 | 能结合建筑施工图及相关专业条件图，明确以下内容：<br>1.5.1 有梁楼盖楼（屋）面板的截面尺寸、标高及配筋构造（含人防构造）等。<br>1.5.2 悬挑板截面尺寸、标高及配筋构造等。<br>1.5.3 板洞口尺寸、定位及加筋构造等 |
| | 1.6 结构详图识读 | 能结合建筑施工图及相关专业条件图，明确以下内容：<br>1.6.1 现浇混凝土板式楼梯的截面尺寸、定位及配筋构造等。<br>1.6.2 现浇混凝土梁式楼梯的截面尺寸、定位及配筋构造等。<br>1.6.3 人防口部大样的截面尺寸、定位及配筋构造等。<br>1.6.4 其他结构节点截面尺寸、定位及配筋构造等 |
| | 1.7 建筑施工图识读 | 1.7.1 明确工程的类别、功能、等级、规模、内外装饰构造等。<br>1.7.2 掌握建筑总平面图、平面图、立面图、剖面图有关的技术信息。<br>1.7.3 掌握建筑详图有关的技术信息 |
| | 1.8 设备专业条件图识读 | 1.8.1 能识读给排水地沟尺寸、标高。<br>1.8.2 能识读暖通地沟尺寸、管线进出口位置、尺寸及标高，管井位置、标高等。<br>1.8.3 能识读配电箱位置、尺寸、明暗挂，照明开关和插座的位置等 |
| 2. 绘图 | 2.1 基础施工图绘制 | 能根据任务要求，应用CAD绘图软件绘制大型建筑工程基础施工图（含人防构造） |
| | 2.2 柱（墙）施工图绘制 | 能根据任务要求，应用CAD绘图软件绘制大型建筑工程柱（墙）施工图（含人防构造） |
| | 2.3 梁施工图绘制 | 能根据任务要求，应用CAD绘图软件绘制大型建筑工程梁施工图（含人防构造） |
| | 2.4 板施工图绘制 | 能根据任务要求，应用CAD绘图软件绘制大型建筑工程板施工图（含人防构造） |
| | 2.5 结构详图绘制 | 能根据任务要求，应用CAD绘图软件绘制大型建筑工程结构详图（含人防构造） |

因为1+X建筑工程识图职业技能高级要求以一套大型工程施工图（含人防设计）为载体，同时需要识读建筑设备专业条件图，前面的单元中未涉及人防地下室和建筑设备专业施工图，接下来重点介绍人防地下室结构施工图的识读，以及建筑设备专业条件图的识读。

## 任务 14

# 人防地下室结构施工图识读

**【知识与能力目标】** 能结合人防地下室建筑施工图,识读人防地下室结构施工图,掌握人防地下室平时功能、战时功能,防护单元划分、抗力级别,等效静荷载标准值,结构材料,结构构造、平战转换等要求。

人民防空地下室,指具有预定战时防空功能的地下室。按照"长期准备、重点建设、平战结合"的设计方针,应同时满足战时及平时的功能要求。

甲类防空地下室结构应能承受常规武器爆炸动荷载和核武器爆炸动荷载的分别作用,乙类防空地下室结构应能承受常规武器爆炸动荷载的作用。

防常规武器抗力级别分为 5 级和 6 级,分别简称为"常 5 级"和"常 6 级"。

防核武器抗力级别分为 4 级、4B 级、5 级、6 级和 6B 级,分别简称为"核 4 级""核 4B 级""核 5 级""核 6 级"和"核 6B 级"。

识读人防地下室结构施工图前,应先熟悉人防地下室中常用术语,见表 14.1。

表 14.1　　　　　　　　　　人防地下室中常用术语

| 序号 | 类别 | 主要内容 |
|---|---|---|
| 1 | 平时 | 和平时期的简称,国家或地区既无战争又无明显战争威胁的时期 |
| 2 | 战时 | 战争时期的简称,国家或地区自开始转入战争状态直至战争结束的时期 |
| 3 | 临战时 | 临战时期的简称,国家或地区自明确进入战前准备状态直至战争开始之前的时期 |
| 4 | 防护单元 | 在防空地下室中,其防护设施和内部设备均能自成体系的使用空间 |
| 5 | 抗爆单元 | 在防空地下室(或防护单元)中,用抗爆隔墙分隔的使用空间 |
| 6 | 口部 | 防空地下室的主体与地表面或与其他地下建筑的连接部分。对于有防毒要求的防空地下室,其口部指最里面一道密闭门以外的部分,如扩散室、密闭通道、防毒通道、洗消间(简易洗消间)、除尘室、滤毒室和竖井、防护密闭门以外的通道等 |
| 7 | 防护密闭门 | 既能阻挡冲击波又能阻挡毒剂通过的门 |
| 8 | 密闭门 | 能够阻挡毒剂通过的门 |
| 9 | 人防围护结构 | 防空地下室中承受空气冲击波或土中压缩波直接作用的顶板、墙体和底板的总称 |
| 10 | 外墙 | 防空地下室中一侧与室外岩土接触,直接承受土中压缩波作用的墙体 |
| 11 | 临空墙 | 一侧直接受空气冲击波作用,另一侧为防空地下室内部的墙体 |

## 14.1 图纸形成

人防地下室结构施工图包含人防结构设计说明、人防结构详图，表达人防地下室平时功能和战时功能、防护单元划分和防护单元抗力级别、人防结构构件的等效静荷载标准值、人防结构构件的布置和配筋、结构材料、结构构造、平战转换等要求。

采用平战转换的防空地下室，应进行一次性的平战转换设计，施工图提供平时平面布置图和战时平面布置图。实施平战转换的结构构件在设计中应满足转换前、后两种不同受力状态的各项要求，并在设计图纸中说明转换部位、方法及具体实施要求。平战转换措施应按不使用机械，不需要熟练工人能在规定的转换期限内完成。临战时实施平战转换不应采用现浇混凝土；对所需的预制构件应在工程施工时一次做好，并做好标识、就近存放。

人防地下室结构施工图反映结构设计专业对人防地下室的总体施工要求，对施工过程具有控制和指导作用，同时也为施工人员了解设计意图提供依据。

## 14.2 图示内容

人防结构设计说明中表达的内容，以文字为主，结构构造详图为辅。

人防结构详图应按现行国家标准《房屋建筑制图统一标准》（GB/T 50001—2017）、《建筑制图标准》（GB/T 50104—2010）、《建筑结构制图标准》（GB/T 50105—2010）的要求绘制。绘制比例常采用1∶50、1∶25、1∶20等。

人防地下室结构施工图的图示内容见表14.2。

表14.2　人防地下室结构施工图的图示内容

| 序号 | 类别 | 主 要 内 容 |
|---|---|---|
| 1 | 人防结构设计说明 | (1) 工程概况：防空地下室的平时功能、战时功能，防护单元划分及各防护单元的抗力级别等。<br>(2) 防空地下室结构设计的主要依据：防空地下室结构的安全等级、设计使用年限，遵循的标准、规范，工程地质、水文地质条件，以及地面建筑抗震设计条件等。<br>(3) 人防结构构件的战时等效静荷载标准值，包含防空地下室的顶板、底板、外墙、临空墙、防护密闭门门框墙、防倒塌棚架等。<br>(4) 人防结构材料。<br>(5) 人防结构的混凝土保护层厚度、钢筋锚固、钢筋连接等。<br>(6) 人防结构的特殊要求。<br>(7) 平战转换：转换部位、方法、实施措施等 |
| 2 | 人防结构详图 | (1) 人防结构构件平面布置及配筋图：人防顶板、人防底板、人防墙、柱、梁等。<br>(2) 战时口部大样结构详图：防护密闭门、密闭门、防爆波活门门框墙位置及配筋，扩散室、临空墙、防护单元间隔墙等配筋。<br>(3) 防空地下室附属结构详图：主要出入口楼梯、防倒塌棚架、防倒塌挑檐、战时使用的电缆井、通风竖井等。<br>(4) 平战转换设计详图。<br>(5) 设备各专业的综合预留孔洞图 |

## 14.3 人防结构构造要求

人防结构具有一定特殊性，人防规范明确了结构专业的构造要求，常用人防结构的构造要求见表 14.3。

表 14.3　　　　　　　　　人防结构构造要求

| 序号 | 类别 | 主要内容 |
|---|---|---|
| 1 | 结构和材料 | (1) 防空地下室一般采用钢筋混凝土结构。<br>(2) 防空地下室钢筋混凝土结构构件，不得采用冷轧带肋钢筋、冷拉钢筋等经冷加工处理的钢筋 |
| 2 | 辐射防护厚度 | 战时室内有人员停留的防空地下室，钢筋混凝土顶板防护厚度应不小于 250mm。<br>注：顶板的防护厚度可计入顶板结构层上面的混凝土地面厚度；战时室内有人员停留的防空地下室是指医疗救护工程、专业队队员掩蔽部、人员掩蔽工程、物资库、生产车间、食品站电站控制室和区域供水站等用途的防空地下室 |
| 3 | 钢筋混凝土结构构件最小厚度 | (1) 顶板、中间楼板：200mm。<br>(2) 承重外墙：250mm。<br>(3) 承重内墙：200mm。<br>(4) 临空墙：250mm。<br>(5) 防护密闭门框墙：300mm。<br>(6) 密闭门门框墙：250mm |
| 4 | 纵向受力钢筋的混凝土保护层厚度 | (1) 外墙外侧：直接防水 40mm；设防水层 30m。<br>(2) 外墙内侧、内墙：20mm。<br>(3) 板：20mm。<br>(4) 梁、柱：30mm。<br>(5) 基础：有垫层 40mm；无垫层 70mm |
| 5 | 锚固长度 | 纵向受拉钢筋的锚固长度 $l_{aF}=1.05l_a$ |
| 6 | 拉结筋 | 除规定的结构底板外，双面配筋的钢筋混凝土板墙体应设置梅花形排列的拉结钢筋，拉结钢筋长度应能拉住最外层受力钢筋 |
| 7 | 门框墙 | (1) 防护密闭门门洞四角的内外侧，应配置两根直径 16mm 的斜向钢筋，其长度不应小于 1000mm。<br>(2) 防护密闭门、密闭门的门框与门扇应紧密贴合。<br>(3) 防护密闭门、密闭门的钢制门框与门框墙之间应有足够的连接强度，相互连成整体 |
| 8 | 非承重墙 | (1) 非承重墙宜采用轻质隔墙，当抗力等级为核 4 级、核 4B 级时，不宜采用砌体墙。<br>(2) 轻质隔墙与结构的柱、墙及顶板、底板应有可靠的连接措施。<br>(3) 非承重墙当采用砌体墙时，与钢筋混凝土柱（墙）交接处应沿柱（墙）全高每隔 500mm 设置 2 根直径为 6mm 的拉结钢筋，拉结钢筋伸入墙内长度宜不小于 1000mm。<br>(4) 非承重砌体墙的转角及交接处应咬槎砌筑，并应沿墙全高每隔 500mm 设置 2 根直径为 6mm 的拉结钢筋，拉结钢筋每边伸入墙内长度宜不小于 1000mm |

续表

| 序号 | 类别 | 主 要 内 容 |
|---|---|---|
| 9 | 穿管限制 | 专供上部建筑使用的设备房间宜设置在防护密闭区之外,穿过人防围护结构的管道应符合下列规定:<br>(1) 与防空地下室无关的管道不宜穿过人防围护结构;上部建筑的生活污水管、雨水管、燃气管不得进入防空地下室。<br>(2) 穿过防空地下室顶板、临空墙和门框墙的管道,其公称直径不宜大于150mm。<br>(3) 凡进入防空地下室的管道及其穿过的人防围护结构,均应采取防护密闭措施;无关管道是指防空地下室在战时及平时均不使用的管道 |

## 14.4 小　　结

人防地下室结构,既要满足上部结构的要求,又要满足战时作为防护结构的要求,此处主要介绍人防地下室结构作为防护结构内容的识读。

(1) 查看人防结构设计说明,结合人防地下室建筑施工图,明确防空地下室的平时功能、战时功能,防护单元划分,各防护单元的抗力级别,口部位置。

(2) 查看设计依据,掌握防空地下室结构的安全等级,设计使用年限,防空地下室的顶板、底板、外墙、临空墙、防护密闭门门框墙、防倒塌棚架等的等效静荷载标准值。

(3) 查看结构平面布置图,明确人防顶板、人防底板、人防墙、柱、梁等的定位、截面尺寸和配筋。

(4) 查看战时口部大样结构详图,明确防护密闭门、密闭门、防爆波活门门框墙定位、截面尺寸和配筋,扩散室、临空墙、防护单元间隔墙等定位、截面尺寸和配筋。

(5) 查看防空地下室附属结构详图,明确防倒塌楼梯、防倒塌棚架、防倒塌挑檐、战时使用的电缆井、通风竖井等定位、截面尺寸和配筋。

(6) 查看人防结构设计说明,掌握人防结构的材料选用要求。

(7) 查看人防结构设计说明和结构详图,明确人防结构的混凝土保护层厚度、钢筋锚固、连接、预留孔洞等构造要求,以及其他人防特殊要求。

(8) 查看人防结构设计说明和结构详图,掌握转换部位、方法、实施措施、构造做法等。

# 任务 15

# 建筑设备专业条件图识读

**【知识与能力目标】** 能识读建筑设备专业条件图，掌握给排水地沟尺寸、标高；暖通地沟尺寸、管线进出口位置、尺寸及标高，管井位置、标高等；配电箱位置、尺寸、明暗挂，照明开关和插座的位置等。

条件图是指建设工程为满足专业间协同作业，根据其他专业需求的技术信息而提供的本专业相关图纸，各专业互提条件图是设计过程中的重要环节和必要技术保障。条件图是专业间协同工作的技术接口、工作依据和备查资料，也是施工过程中避免和减少专业之间"错、漏、碰、缺"，保证设计和施工质量的有效措施。

建筑设备专业包括给排水专业、采暖通风和空调专业、建筑电气专业。对于结构专业，建筑设备专业条件图主要提供需要结构施工时预留孔洞、预埋管线的内容。

## 15.1 图纸形成

建筑设备专业条件图是在建筑设备各专业施工图的基础上，删除无关信息，简化图纸表达内容，同时将需要提供给结构专业的重点内容进行圈注，并加以文字说明。

## 15.2 图示内容

建筑设备专业条件图包含给排水专业条件图、采暖通风和空调专业条件图、建筑电气专业条件图，图示内容见表15.1。

建筑设备专业条件图应按现行国家标准《房屋建筑制图统一标准》（GB/T 50001—2017）、《建筑制图标准》（GB/T 50104—2010）、《建筑给水排水制图标准》（GB/T 50106—2010）、《暖通空调制图标准》（GB/T 50114—2010）、《建筑电气制图标准》（GB/T 50786—2012）的要求绘制。绘制比例常采用1∶50、1∶100、1∶150等。

表 15.1 建筑设备专业条件图的图示内容

| 序号 | 类别 | 主要内容 |
|---|---|---|
| 1 | 给排水专业条件图 | （1）给排水平面图：出户管预埋套管大小尺寸及标高。<br>（2）水泵房、厨房、地下室平面图：排水沟、集水井的大小尺寸。<br>（3）泵房大样图：各水泵基础大小 |

续表

| 序号 | 类别 | 主 要 内 容 |
|---|---|---|
| 2 | 采暖通风和空调专业条件图 | (1) 暖通平面图：采暖管道进出户管的大小、位置、标高。<br>(2) 暖通机房平面图：地沟尺寸，管线进出口位置、尺寸及标高，管井位置、标高等。<br>(3) 防排烟平面图：防排烟管道、管井位置、大小 |
| 3 | 建筑电气专业条件图 | (1) 电气干线平面图：配电箱位置、尺寸、明暗挂装情况。<br>(2) 照明插座平面图：照明开关和插座的位置 |

## 15.3 小　　结

建筑设备专业条件图的识读，需要结合建筑施工图、结构施工图进行识读，识读要点如下：

(1) 查看给排水专业图纸，了解出户管预埋套管大小尺寸及标高；排水沟、集水井的大小尺寸和各水泵基础大小。

(2) 查看采暖通风和空调专业条件图，掌握采暖管道进出户管的大小位置、标高，地沟尺寸、管线进出口位置、尺寸和标高，管井位置、标高，以及防排烟管道、管井位置、大小。

(3) 查看建筑电气专业条件图，明确配电箱位置、尺寸、明暗挂情况、照明开关和插座的位置。

(4) 查看结构施工图，复核结构构件上预留孔洞和埋管线位置是否一致，结构构造做法是否正确。

# 第 4 部分　中望 CAD 简明教程

　　本部分是按照中望 CAD+2014 的 Ribbon 界面来编写，所有的配图和操作步骤都根据 Ribbon 界面来截图和操作，阅读前可以先将中望 CAD+2014 切换到 Ribbon 界面。本部分每个命令介绍大概分运行方式、操作步骤和注意三部分。

1. 运行方式

　　包括命令行、功能区和工具栏三部分，命令行介绍命令的英文全拼，括号里面的是快捷键；功能区指的是在 Ribbon 界面中相关命令的位置，比如常用→绘制→直线就是在"常用"选项卡，"绘制"面板里面的"直线"命令；工具栏指的是调用命令的另一种方式，在此也列出相关命令可在哪个工具栏中找到。

2. 操作步骤

　　在运行方式后会配上相关例子介绍相关命令，并且把命令显示的操作步骤全部列出来，左边是命令栏的显示，右边是解释说明。

3. 注意

　　在注意里面会补充说明此命令的注意事项。

# 任务 16

# 图 形 绘 制

## 16.1 绘 直 线

1. 运行方式

命令行：Line（L）

功能区：常用→绘制→直线

工具栏：绘图→直线

直线的绘制方法最简单，也是各种绘图中最常用的二维对象之一。可绘制任何长度的直线，可输入点的 X、Y、Z 坐标，以指定二维或三维坐标的起点与终点。

2. 操作步骤

绘制一个菱形，如图 16.1 所示，按如下步骤操作。

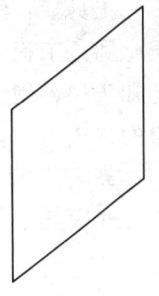

图 16.1 菱形

命令：Line                               执行 Line 命令
指定第一个点：100,100                    输入绝对直角坐标：[X],[Y],确定第 1 点
指定下一点或[角度(A)/长度(L)/放弃(U)]：A  输入 A,以角度和长度来确定第 2 点
指定角度：90                             输入角度值 90
指定长度：100                            输入长度值 100
指定下一点或[角度(A)/长度(L)/放弃(U)]：@80,60
输入相对直角坐标：@[X],[Y],确定第 3 点 指定下一点或[角度(A)/长度(L)/闭合(C)/放弃(U)]：@100＜－90
输入相对极坐标：@[距离]＜[角度],确定第 4 点
指定下一点或[角度(A)/长度(L)/闭合(C)/放弃(U)]：C   输入 C,闭合二维线段

以上通过了解相对坐标和极坐标方式来确定直线的定位点，目的是为练习中望CAD＋的精确绘图。

直线命令的选项介绍如下：

角度（A）：指的是直线段与当前 UCS 的 X 轴之间的角度。

长度（L）：指的是两点间直线的距离。

放弃（U）：撤销最近绘制的一条直线段。在命令行中输入 U，按"回车键"，则重新指定新的终点。

闭合（C）：将第一条直线段的起点和最后一条直线段的终点连接起来，形成一个封闭区域。

<终点>：按"回车键"后，命令行默认最后一点为终点，无论该二维线段是否闭合。

3. 注意

(1) 由直线组成的图形，每条线段都是独立对象，可对每条直线段进行单独编辑。

(2) 在结束 Line 命令后，再次执行 Line 命令，根据命令行提示，直接按"回车键"，则以上次最后绘制的线段或圆弧的终点作为当前线段的起点。

(3) 在命令行提示下输入三维点的坐标，则可以绘制三维直线段。

## 16.2 绘 圆

1. 运行方式

命令行：Circle（C）

功能区：常用→绘制→圆

工具栏：绘图→圆

圆是工程制图中常用的对象之一，圆可以代表孔、轴和柱等对象。用户可根据不同的已知条件，创建所需圆对象，中望 CAD＋默认情况下提供了六种不同已知条件创建圆对象的方式。

2. 操作步骤

介绍其中的四种方法创建圆对象，如图 16.2 所示，按如下步骤操作。

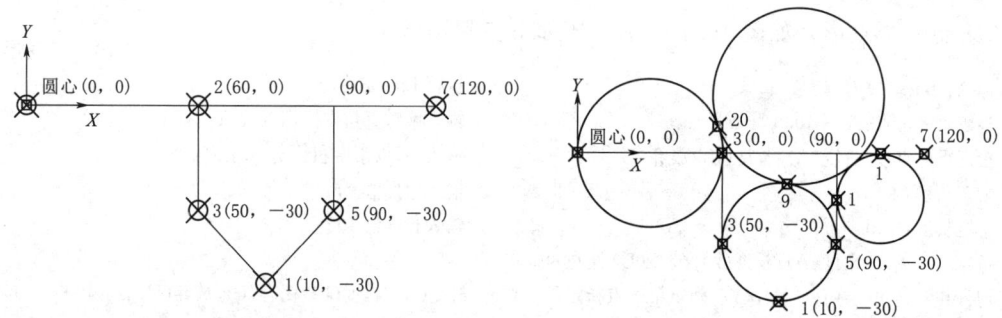

图 16.2 通过使用对象捕捉来确定以上圆对象

命令：Circle                              执行 Circle 命令
指定圆的圆心或［三点(3P)/两点(2P)/切点、切点、半径(T)］:2P   输入 2P
                                          指定圆直径上的两个点绘制圆
指定圆的直径的第一个端点：                      拾取端点 1
指定圆的直径的第二个端点：                      拾取端点 1

再次按"回车键"，执行 Circle 命令，看到"指定圆的圆心或［三点（3P）/两点（2P）/切点、切点、半径（T）］:"提示后，在命令行里输入："3P"，按"回车键"，指定圆上第一点为 3，第二点为 4，第三点为 5，以三点方式完成圆对象的创建。

重复执行 Circle 命令，看到"CIRCLE 指定圆的圆心或 ［三点（3P）/两点（2P）/切点、切点、半径（T）］："提示后，在命令行里输入："T"，按"回车键"，指定对象与圆的第一个切点为 6、第二切点为 7，看到"指定圆的半径："提示后，输入："15"，按"回车键"，结束第三个圆对象绘制。

在"常用"→"绘制"里找到⊘——"中心点，半径"命令，可以看到"指定圆的半径或［直径（D）］"提示，输入半径值：20。或在命令行里输入"D"，输入直径值 40。

同理，在"常用"→"绘制"里找到⊘——"中心点，直径"命令，可以看到"指定圆的半径或［直径（D）］"提示，输入半径值：20。或在命令行里输入"D"，输入直径值 40。

在"常用"→"绘制"里找到⊘——"相切、相切、相切（A）"命令，单击此命令后，可以在命令行看到"指定圆上的第一点：_ tan 到"提示后，拾取切点 8，依次拾取切点 9 和 10，第四个圆对象绘制完毕。

圆命令的选项介绍如下：

两点（2P）：通过指定圆直径上的两个点绘制圆。

三点（3P）：通过指定圆周上的三个点来绘制圆。

T（切点、切点、半径）：通过指定相切的两个对象和半径来绘制圆。

3. 注意

（1）如果放大圆对象或者放大相切处的切点，有时看起来不圆滑或者没有相切，这其实只是一个显示问题，只需在命令行输入 Regen（RE），按"回车键"，圆对象即可变为光滑。也可以把 Viewres 的数值调大，画出的圆就更加光滑了。

（2）绘图命令中嵌套着撤销命令"Undo"，如果画错了不必立即结束当前绘图命令，重新再画。在命令行里输入"U"，按"回车键"，软件则会自动撤销上一步操作。

## 16.3 绘 圆 弧

1. 运行方式

命令行：Arc（A）

功能区：常用→绘制→圆弧

工具栏：绘图→圆弧

圆弧也是工程制图中常用的对象之一。创建圆弧的方法有多种，有指定三点画弧，还可以指定弧的起点、圆心和端点来画弧，或是指定弧的起点、圆心和角度画弧，另外也可以指定圆弧的角度、半径、方向和弦长等方法来画弧。中望 CAD＋提供了 11 种画圆弧的方式，如图 16.3 所示。

2. 操作步骤

以下介绍一种绘制圆弧方式。三点画弧，如图 16.4 所示，按如下步骤操作。

| 命令：Arc | 执行 Arc 命令 |
| 指定圆弧的起点或[圆心(C)]： | 指定第 1 点 |
| 指定圆弧的第二个点或[圆心(C)/端点(E)]： | 指定第 2 点 |

指定圆弧的端点： 指定第 3 点

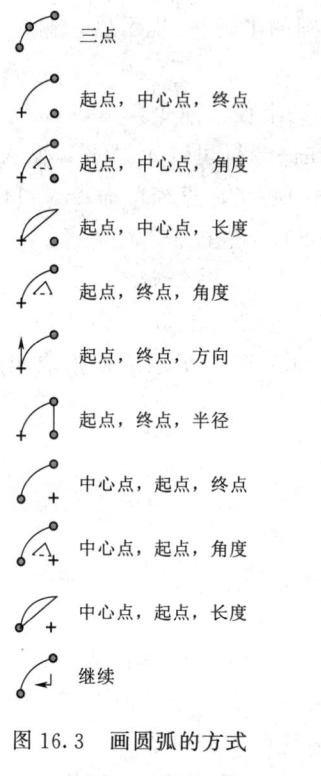

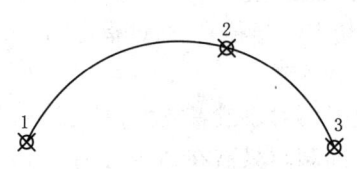

图 16.3 画圆弧的方式　　图 16.4 三点画弧

以下介绍利用直线和圆弧绘制单门（图 16.5）的步骤。

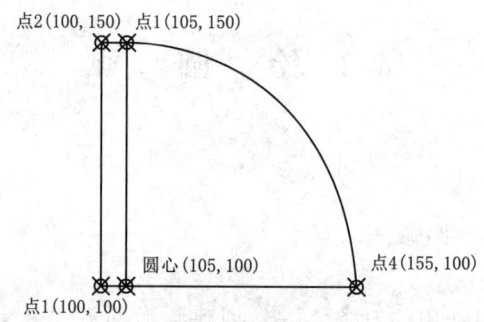

图 16.5 单门

| 命令：Line | 执行 Line 命令 |
| --- | --- |
| 指定第一个点：100,100 | 输入绝对直角坐标：[X],[Y],确定第 1 点 |
| 指定下一点或［角度(A)/长度(L)/放弃(U)］：A | 输入 A,以角度和长度来确定第 2 点 |
| 指定角度：90 | 输入角度值 90 |
| 指定长度：50 | 输入长度值 50 |
| 指定下一点或［角度(A)/长度(L)/放弃(U)］：A | 输入 A,以角度和长度来确定第 3 点 |
| 指定角度：0 | 输入角度值 0 |

指定长度:5　　　　　　　　　　　　输入长度值5
指定下一点或[角度(A)/长度(L)/放弃(U)]:A　　输入A,以角度和长度来确定第4点
指定角度:－90　　　　　　　　　　输入角度值－90
指定长度:50　　　　　　　　　　　输入长度值50
指定下一点或[角度(A)/长度(L)/闭合(C)/放弃(U)]:C　　输入C,闭合二维线段

命令:Arc　　　　　　　　　　　　　执行Arc命令
指定圆弧的起点或[圆心(C)]:　　　　指定第4点
指定圆弧的第二个点或[圆心(C)/端点(E)]:　　指定圆心
指定圆弧的端点:　　　　　　　　　指定第3点
命令:Line　　　　　　　　　　　　执行Line命令
指定第一个点:　　　　　　　　　　指定圆心
指定下一点或[角度(A)/长度(L)/放弃(U)]:　　指定第4点

另外,还可以用以下三种方式创建所需圆弧对象,如图16.6所示。

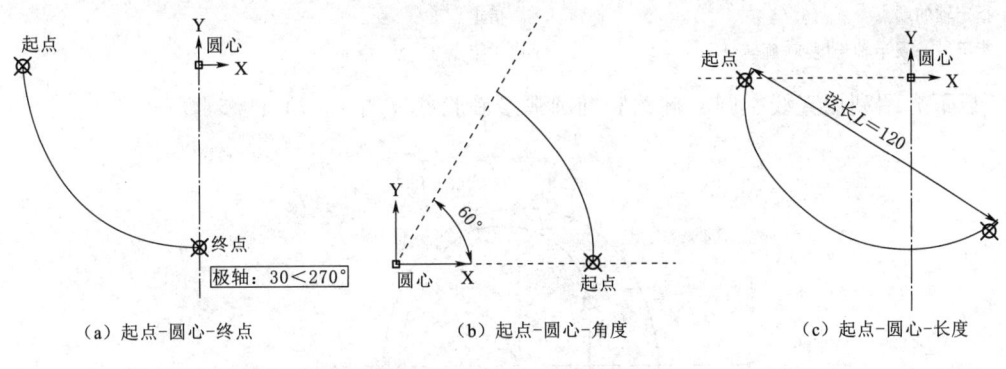

(a) 起点-圆心-终点　　　(b) 起点-圆心-角度　　　(c) 起点-圆心-长度

图16.6　创建所需圆弧

圆弧命令的选项介绍如下:
三点:指定圆弧的起点、终点以及圆弧上任意一点。
起点:指定圆弧的起点。
半径:指定圆弧的半径。
端点(E):指定圆弧的终点。
圆心(C):指定圆弧的圆心。
弦长(L):指定圆弧的弦长。
方向(D):指定圆弧的起点切向。
角度(A):指定圆弧包含的角度。默认情况下,顺时针为负,逆时针为正。

3. 注意

圆弧的角度与半径值均有正、负之分。默认情况下中望CAD＋在逆时针方向上绘制出较小的圆弧,如果输入负数半径值,则绘制出较大的圆弧。同理,指定角度时从起点到终点的圆弧方向,输入角度值则是逆方向,如果输入负数角度值,则是顺时针方向。

## 16.4 绘椭圆和椭圆弧

1. 运行方式

命令行：Ellipse（EL）
功能区：常用→绘制→椭圆
工具栏：绘图→椭圆

椭圆对象包括圆心、长轴和短轴。椭圆是一种特殊的圆，它的中心到圆周上的距离是变化的，而部分椭圆就是椭圆弧。

2. 操作步骤

| | |
|---|---|
| 命令：Ellipse | 执行 Ellipse 命令 |
| 指定椭圆的轴端点或 [圆弧(A)/中心点(C)]:C | 以椭圆圆心作为中心点 |
| 指定椭圆的中心点： | 指定椭圆圆心 |
| 指定轴的端点： | 指定点 2 |
| 指定另一条半轴长度或[旋转(R)]: | 指定点 3 |

以下介绍利用直线、圆、椭圆和椭圆弧绘制脸盆（图 16.7）的步骤。

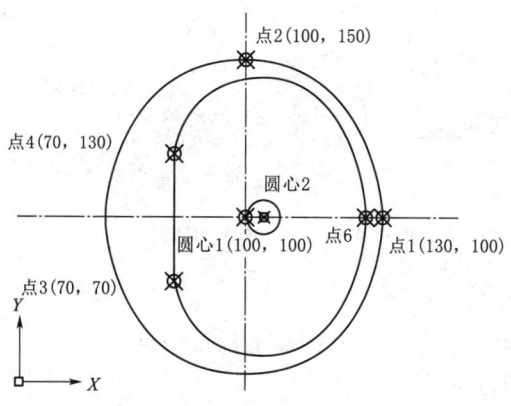

图 16.7 脸盆

| | |
|---|---|
| 命令：Ellipse | 执行 Ellipse 命令 |
| 指定椭圆的轴端点或 [圆弧(A)/中心点(C)]:C | 以中心点作为圆心 |
| 指定椭圆的中心点： | 指定椭圆圆心 |
| 指定轴的端点： | 指定点 1 |
| 指定另一条半轴长度或 [旋转(R)]: | 指定点 2 |

| | |
|---|---|
| 命令：Ellipse | 执行 Ellipse 命令,绘制椭圆弧 |
| 指定椭圆的轴端点或 [圆弧(A)/中心点(C)]:C | 确定椭圆弧的圆心 |
| 指定椭圆的中心点： | 指定圆心 2 |
| 指定轴的端点： | 指定点 5 |
| 指定另一条半轴长度或 [旋转(R)]: | 35 |

| 指定起始角度或 [参数(P)]： | 指定点 3 |
| 指定终止角度或 [参数(P)/包含角度(I)]： | 指定点 4 |

| 命令：Line | 执行 Line 命令 |
| 指定第一个点： | 指定点 3 |
| 指定下一点或 [角度(A)/长度(L)/放弃(U)]： | 指定点 4 |
| | 输入 A,以角度和长度来确定第 2 点 |

| 命令：Circle | 执行 Circle 命令 |
| 指定圆的圆心或 [三点(3P)/两点(2P)/切点、切点、半径(T)]： | 以圆心 2 作为小圆的圆心选择椭圆圆心 |
| 指定圆的半径或[直径(D)]： | |

椭圆命令的选项介绍如下：

中心点（C）：通过指定中心点来创建椭圆或椭圆弧对象。

圆弧（A）：绘制椭圆弧。

旋转（R）：用长短轴线之间的比例，来确定椭圆的短轴。

参数（P）：以矢量参数方程式来计算椭圆弧的端点角度。

包含角度（I）：指所创建的椭圆弧从起始角度开始的包含角度值。

3．注意

（1）Ellipse 命令绘制的椭圆同圆一样，不能用 Explode、Pedit 等命令修改。

（2）通过系统变量 Pellipse 控制 Ellipse 命令创建的对象是真的椭圆还是以多段线表示的椭圆。当 Pellipse 设置"0"时，即缺省值，绘制的椭圆是真的椭圆；当该变量设置为"1"时，绘制的椭圆对象由多段线组成。

（3）"旋转（R）"选项可输入的角度值取值范围是 0 至 89.4。若输入 0，则绘制的为圆。输入值越大，椭圆的离心率就越大。

## 16.5 绘 制 点

1．运行方式

命令行：Point

功能区：常用→绘制→点

工具栏：绘图→点

点不仅表示一个小的实体，而且通过点作为绘图的参考标记。中望 CAD＋提供了 20 种类型的点样式，如图 16.8 所示。

设置点样式的选项介绍如下：

相对于屏幕设置大小：以屏幕尺寸的百分比设置点的显示大小。在进行缩放时，点的显示大小不随其他对象的变化而改变。

按绝对单位设置大小：以指定的实际单位值来显示点。在进行缩放时，点的大小也将随其他对象的变化而变化。

2．操作步骤

为等边三角形的三个顶点创建点标记，如图 16.9 所示，按如下步骤操作。

## 任务 16  图形绘制

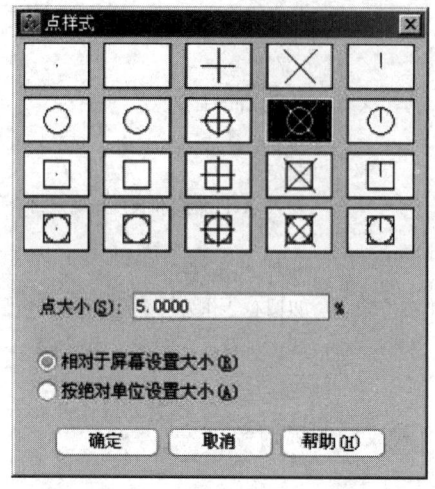

图 16.8  点的样式设置对话框

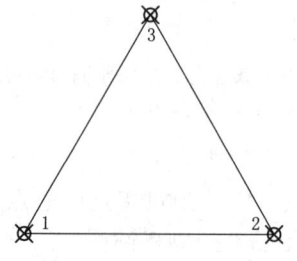

图 16.9  点标记符号显示

| 命令：Point | 执行 Point 命令 |
| --- | --- |
| 指定一点或 [设置(S)/多次(M)]： | 输入 M,以多点方式创建点标记 |
| 指定一点或 [设置(S)]： | 拾取端点 1 |
| 指定一点或 [设置(S)]： | 拾取端点 2 |
| 指定一点或 [设置(S)]： | 拾取端点 3 |

(1) 分割对象：利用定数等分（Divide）命令，沿着直线或圆周方向均匀间隔一段距离排列点的实体或块。以圆为对象，用块名为 C1 的○，分割为三等分，如图 16.10 所示。

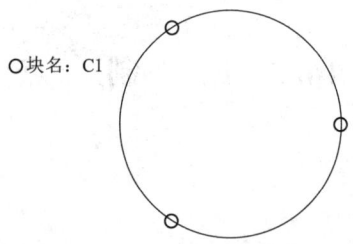

图 16.10  分割对象

| 命令：Divide | 执行 Divide 命令 |
| --- | --- |
| 选择要定数等分的对象： | 选取圆对象 |
| 输入线段数目或[块(B)]：B | 输入 B |
| 输入要插入的块名：C1 | 输入图块名称 |
| 是否将块与对象对齐？[是(Y)/否(N)]<是(Y)>：Y | 输入 Y |
| 输入线段数目：3 | 输入 3 |

(2) 测量对象：利用定距等分（Measure）命令，在实体上按测量的间距排列点实体或块。把周长为 550 的圆，用块名为 C1 的对象，以 100 为分段长度，测量圆对象，如图 16.11 所示。

164

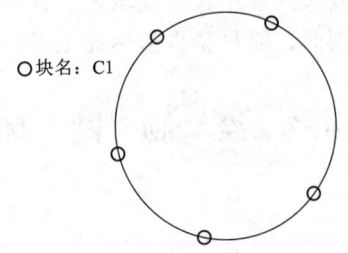

图 16.11　测量对象

| | |
|---|---|
| 命令：Measure | 执行 Measure 命令 |
| 选择要定距等分的对象： | 选取圆对象 |
| 指定线段长度或[块(B)]：B | 输入 B |
| 输入要插入的块名：C1 | 输入图块名称 |
| 是否将块与对象对齐？[是(Y)/否(N)]<是(Y)>：Y | 输入 Y |
| 指定线段长度：100 | 输入 100 |

3. 注意

（1）可通过在屏幕上拾取点或者输入坐标值来指定所需的点（在三维空间内，也可指定 Z 坐标值来创建点）。

（2）创建好的参考点对象，可以使用节点（Node）对象捕捉来捕捉改点。

（3）用 Divide 或 Measure 命令插入图块时，先定义图块。

## 16.6　徒　手　画　线

1. 运行方式

命令行：Sketch

徒手画线对于创建不规则边界或使用数字化仪追踪非常有用，可以使用 Sketch 命令徒手绘制图形、轮廓线及签名等。

在中望 CAD+中 Sketch 命令没有对应的菜单或工具按钮，因此要使用该命令，必须在命令行中输入 Sketch，按"回车键"，即可启动徒手画线的命令，输入分段长度，屏幕上出现了一支铅笔，鼠标轨迹变为线条。

2. 操作步骤

执行此命令，并根据命令行提示指定分段长度后，将显示如下提示信息：

命令：Sketch
记录增量 <1.0000>：
徒手画. 画笔(P)/退出(X)/结束(Q)/记录(R)/删除(E)/连接(C)。
<笔　落><笔　提>……：

绘制草图时，定点设备就像画笔一样。单击定点设备将把"画笔"放到屏幕上以进行绘图，再次单击将收起画笔并停止绘图。徒手画由许多条线段组成，每条线段都可以是独

立的对象或多段线。可以设置线段的最小长度或增量。使用较小的线段可以提高精度，但会明显增加图形文件的大小，因此，要尽量少使用此工具。

## 16.7 绘制圆环

1. 运行方式

命令行：Donut（DO）

功能区：常用→绘制→圆环

工具栏：绘图→圆环

圆环是由相同圆心、不相等直径的两个圆组成的。控制圆环的主要参数是圆心、内直径和外直径。如果内直径为0，则圆环为填充圆。如果内直径于外直径相等，则圆环为普通圆。圆环经常用在电路图中来代表一些元件符号。

2. 操作步骤

| | |
|---|---|
| FILLMODE 已经关闭:打开(ON)/切换(T)/<关闭>:ON | 输入 ON,打开填充设置 |
| 命令：Donut | 执行 Donut 命令 |
| 指定圆环的内径<10.0000>:10 | 指定圆环内直径为10 |
| 指定圆环的外径<20.0000>:20 | 输入圆环外直径为20 |
| 指定圆环的中心点或<退出>: | 指定圆环的中心为坐标原点 |

圆环命令的选项介绍如下：

圆环的内径：指圆环体内圆直径。

圆环的外径：指圆环体外圆直径。

3. 注意

（1）圆环对象可以使用编辑多段线（Pedit）命令编辑。

（2）圆环对象可以使用分解（Explode）命令转化为圆弧对象。

（3）开启填充（Fill=on）时，圆环显示为填充模式。

（4）关闭填充（Fill=off）时，圆环显示为填充模式。

## 16.8 绘矩形

1. 运行方式

命令行：Rectangle（REC）

功能区：常用→绘制→矩形

工具栏：绘图→矩形

通过确定矩形对角线上的两个点来绘制。

2. 操作步骤

绘制矩形，如图 16.12、图 16.13 所示，按如下步骤操作。

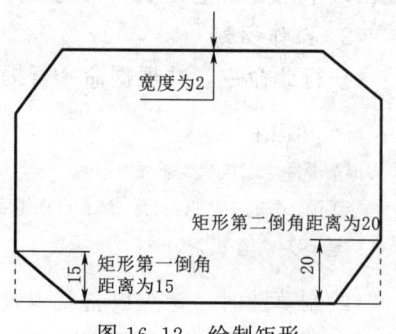

图 16.12 绘制矩形

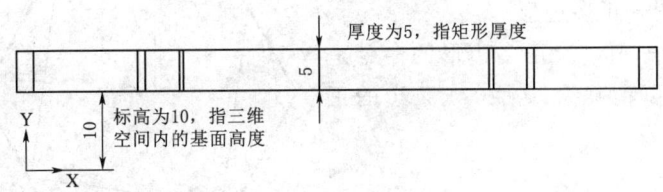

图 16.13　通过左视图或右视图查看标高值和厚度

| 命令：Rectang | 执行 Rectang 命令 |
| --- | --- |
| 指定第一个角点或 [倒角(C)/标高(E)/圆角(F)/厚度(T)/宽度(W)]：C | 输入 C，设置倒角参数 |
| 指定矩形的第一个倒角距离 <0.0000>：15 | 输入第一倒角距离 15 |
| 指定矩形的第二个倒角距离 <15.0000>：20 | 输入第二倒角距离 20 |
| 指定第一个角点或 [倒角(C)/标高(E)/圆角(F)/厚度(T)/宽度(W)]：E | 输入 E，设置标高值 |
| 指定矩形的标高 <0.0000>：10 | 输入标高值为 10 |
| 指定第一个角点或 [倒角(C)/标高(E)/圆角(F)/厚度(T)/宽度(W)]：T | 输入 T，设置厚度值 |
| 指定矩形的厚度 <0.0000>：5 | 输入厚度值为 5 |
| 指定第一个角点或 [倒角(C)/标高(E)/圆角(F)/厚度(T)/宽度(W)]：W | 输入 W，设置宽度值 |
| 指定矩形的线宽 <0.0000>：2 | 设置宽度值为 2 |
| 指定第一个角点或 [倒角(C)/标高(E)/圆角(F)/厚度(T)/宽度(W)]： | 拾取第 1 对角点 |
| 指定其他的角点或 [面积(A)/尺寸(D)/旋转(R)]： | 拾取第 2 对角点 |

矩形命令的选项介绍如下：

倒角（C）：设置矩形角的倒角距离。

标高（E）：确定矩形在三维空间内的基面高度。

圆角（F）：设置矩形角的圆角大小。

厚度（T）：设置矩形的厚度，即 Z 轴方向的高度。

宽度（W）：设置矩形的线宽。

面积（A）：如已知矩形面积和其中一边的长度值，就可以使用面积方式创建矩形。

尺寸（D）：如已知矩形的长度和宽度即可使用尺寸方式创建矩形。

旋转（R）：通过输入旋转角度来选取另一对角点来确定显示方向。

3. 注意

（1）矩形选项中，除了面积一项以外，都会将所作的设置保存为默认设置。

（2）矩形的属性其实是多段线对象，也可通过分解（Explode）命令把多段线转化为多条直线段。

## 16.9　绘正多边形

1. 运行方式

命令行：Polygon（POL）

功能区：常用→绘制→正多边形

工具栏：绘图→正多边形

在中望 CAD+中，绘正多边形的命令是"Polygon"。它可以精确绘 3～1024 条边的正多边形。

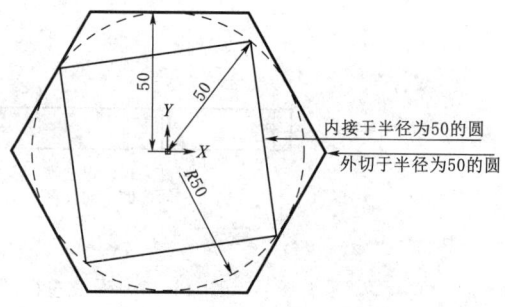

图 16.14　以外切于圆和内接于圆绘制六边形

2. 操作步骤

绘制正六边形，如图 16.14 所示，按如下步骤操作。

命令：Polygon　　　　　　　　　　　执行 Polygon 命令
[多个(M)/线宽(W)]或输入边的数目<4>：W　　输入 W
多段线宽度<0>：2　　　　　　　　　输入宽度值为 2
[多个(M)/线宽(W)]或输入边的数目<4>：6　　输入多边形的边数为 6
指定正多边形的中心点或[边(E)]：　　拾取坐标原点
输入选项[内接于圆(I)/外切于圆(C)]<I>：C　　输入 C
指定圆的半径：50　　　　　　　　　输入外切圆的半径为 50
命令：Polygon　　　　　　　　　　　再次执行 Polygon 命令
[多个(M)/线宽(W)]或输入边的数目<4>：4　　输入多边形的边数为 4
指定正多边形的中心点或[边(E)]：　　拾取坐标原点
输入选项[内接于圆(I)/外切于圆(C)]<I>：I　　输入 I
指定圆的半径：50　　　　　　　　　输入外切圆的半径为 50

正多边形命令的选项介绍如下：

多个（M）：如果需要创建同一样属性的正多边形，在执行 Polygon（POL）命令后，首先键入 M，输入完所需参数值后，就可以连续指定位置放置正多边形。

线宽（W）：指正多边形的多段线宽度值。

边（E）：通过指定边缘第一端点及第二端点，可确定正多边形的边长和旋转角度。

多边形中心：指定多边形的中心点。

内接于圆（I）：指定外接圆的半径，正多边形的所有顶点都在此圆周上。

外切于圆（C）：指定从正多边形中心点到各边中心的距离。

3. 注意

用 Polygon 绘制的正多边形是一条多段线，可用 Pedit 命令对其进行编辑。

## 16.10　多　段　线

1. 运行方式

命令行：Pline（PL）

功能区：常用→绘制→多段线

工具栏：绘图→多段线

多段线由直线段或弧连接组成，作为单一对象使用。可以绘制直线箭头和弧形箭头。

## 2. 操作步骤

使用多段线绘制，如图 16.15 所示，按如下步骤操作。

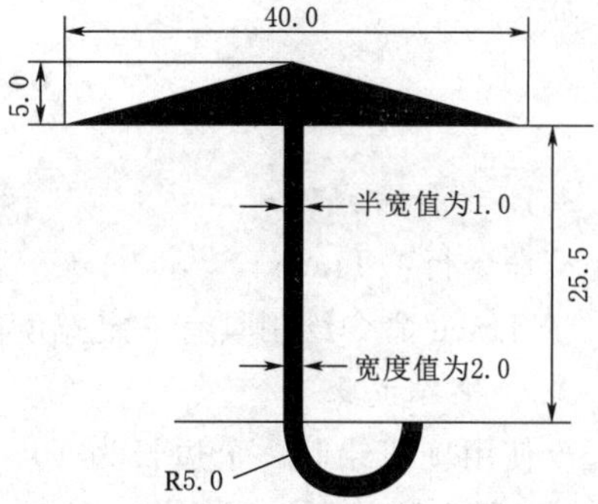

命令：Pline　　　　　　　　执行 Pline 命令
指定起点：100,100　　　　　以 100,100 作为起点
指定下一个点或［圆弧(A)/半宽(H)/长度(L)/放弃(U)/宽度(W)］：W　　　　输入 W，设置宽度值
指定起点宽度＜0.0000＞：0
指定端点宽度＜0.0000＞：40　　　输入起始宽度值为 0 输入起始宽度值为 40
指定下一个点或［圆弧(A)/半宽(H)/长度(L)/放弃(U)/宽度(W)］：5
直接输入：5　　　　　　　　即长度为 5
指定下一点或［圆弧(A)/闭合(C)/半宽(H)/长度(L)/放弃(U)/宽度(W)］：H
指定起点半宽＜20.0000＞：1　　输入起始半宽
指定端点半宽＜1.0000＞：1　　　输入终端半宽
指定下一点或［圆弧(A)/闭合(C)/半宽(H)/长度(L)/放弃(U)/宽度(W)］：L
指定直线的长度：25.5　　　　设置长度值
指定下一点或［圆弧(A)/闭合(C)/半宽(H)/长度(L)/放弃(U)/宽度(W)］：A
输入 A　　　　　　　　　　选择画弧方式
指定圆弧的端点或［角度(A)/圆心(CE)/闭合(CL)/方向(D)/半宽(H)/直线(L)/半径(R)/第二个点(S)/放弃(U)/宽度(W)］：R　　　　输入 R
指定圆弧的半径：5　　　　　输入半径值为 5
指定圆弧的端点或［角度(A)］：　指定圆弧的终点

图 16.15　多段线绘制

多段线命令的选项介绍如下：

圆弧（A）：指定弧的起点和终点绘制圆弧段。

角度（A）：指定圆弧从起点开始所包含的角度。

圆心（CE）：指定圆弧所在圆的圆心。

方向（D）：指定圆弧的起点切向。

半宽（H）：指从宽多段线线段的中心到其一边的宽度。

直线（L）：退出"弧"模式，返回绘制多段线的主命令行，继续绘制线段。

半径（R）：指定弧所在圆的半径。

第二个点（S）：指定圆弧上的点和圆弧的终点，以三个点来绘制圆弧。

宽度（W）：带有宽度的多段线。

闭合（C）：通过在上一条线段的终点和多段线的起点间绘制一条线段来封闭多段线。

长度（L）：指定分段距离。

## 3. 注意

系统变量 Fillmode 控制圆环和其他多段线的填充显示，设置 Fillmode 为关闭（值为 0 时），那么创建的多段线就为二维线框对象。

## 16.11 绘 迹 线

**1. 运行方式**

命令行：Trace

Trace 命令绘制具有一定宽度的实体线。

**2. 操作步骤**

使用迹线绘制一个边长为 10，宽度为 2 的正方形，如图 16.16 所示按如下步骤操作。

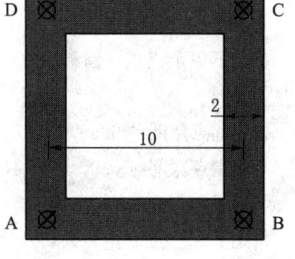

图 16.16 迹线绘制正方形

| 命令：Trace | 执行 Trace 命令 |
|---|---|
| 指定宽线宽度<1.0000>：2 | 输入迹线宽度值 2 |
| 指定起点： | 拾取点 A |
| 指定下一点 | 拾取点 B |
| 指定下一点 | 拾取点 C |
| 指定下一点 | 拾取点 D |

**3. 注意**

（1）Trace 命令不能自动封闭图形，即没有闭合（Close）选项，也不能放弃（Undo）。

（2）系统变量 Tracewid 可以设置默认迹线的宽度值。

## 16.12 绘 制 射 线

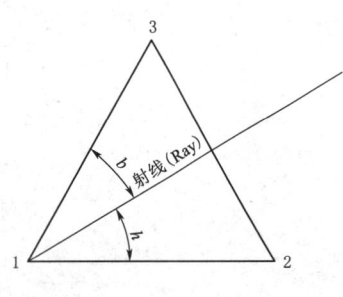

图 16.17 用射线平分等边
三角形的顶角

**1. 运行方式**

命令行：Ray

功能区：常用→绘制→射线

工具栏：绘图→射线

射线是从一个指定点开始并且向一个方向无限延伸的直线。

**2. 操作步骤**

使用射线平分等边三角形的角，如图 16.17 所示，按如下步骤操作。

| 命令：Ray | 执行 Ray 命令 |
|---|---|
| 射线：等分(B)/水平(H)/竖直(V)/角度(A)/偏移(O)/<射线起点>：B | |
| | 输入 B，选择以等分形式引出射线 |
| 对象(E)/<顶点>： | 拾取顶点 |
| 平分角起点： | 1 拾取顶点 |
| 平分角终点： | 2 拾取顶点 |
| 回车 | 3 射线自动生成 |

射线命令的选项介绍如下：

等分（B）：垂直于已知对象或平分已知对象绘制等分射线。

水平（H）：平行于当前 UCS 的 X 轴绘制水平射线。
竖直（V）：平行于当前 UCS 的 Y 轴绘制垂直射线。
角度（A）：指定角度绘制带有角度的射线。
偏移（O）：以指定距离将选取的对象偏移并复制，使对象副本与原对象平行。

## 16.13 绘制构造线

1. 运行方式

命令行：Xline（XL）

功能区：常用→绘制→构造线

工具栏：绘图→构造线

构造线是没有起点和终点的无穷延伸的直线。

2. 操作步骤

通过对象捕捉节点（Node）方式来确定构造线，如图 16.18 所示。

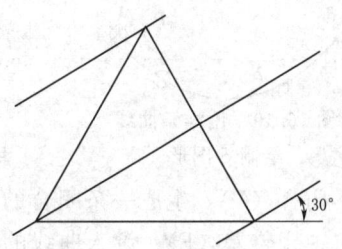

图 16.18　通过角度和通过点绘制构造线

| 命令：Xline | 执行 Xline 命令 |
| --- | --- |
| 指定点或 [水平(H)/垂直(V)/角度(A)/二等分(B)/偏移(O)]：A | 选择以指定角度绘制构造线 |
| 输入构造线的角度(0)或 [参照(R)]：30 | 构造线的指定角度为 30° |
| 指定通过点： | 依次指定三角形的 3 个顶点 |

构造线命令的选项介绍如下：

水平（H）：平行于当前 UCS 的 X 轴绘制水平构造线。

垂直（V）：平行于当前 UCS 的 Y 轴绘制垂直构造线。

角度（A）：指定角度绘制带有角度的构造线。

二等分（B）：垂直于已知对象或平分已知对象绘制等分构造线。

偏移（O）：以指定距离将选取的对象偏移并复制，使对象副本与原对象平行。

3. 注意

构造线作为临时参考线用于辅助绘图，参照完毕，应记住将其删除，以免影响图形的效果。

## 16.14 绘制样条曲线

1. 运行方式

命令行：Spline（SPL）

功能区：常用→绘制→样条曲线

工具栏：绘图→样条曲线

样条曲线是由一组点定义的一条光滑曲线。可以用样条曲线生成一些地形图中的地形线、绘制盘形凸轮轮廓曲线、作为局部剖面的分界线等。

2. 操作步骤

用样条曲线绘制一个S形,按如下步骤操作,如图16.19所示。

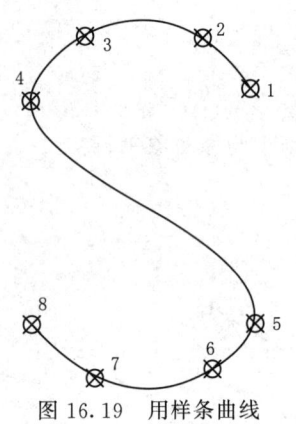

图16.19 用样条曲线绘制S图形

| 命令:Spline | 执行Spline命令 |
| 指定第一个点或[对象(O)]: | 拾取第1点 |
| 指定下一点: | 拾取第2点 |
| 指定下一点或[闭合(C)/拟合公差(F)]<起点切向>: | 拾取第3点 |
| …… | 拾取第4、5、6、7点 |
| 指定下一点或[闭合(C)/拟合公差(F)]<起点切向>: | 拾取第8点 |
| 指定起点切向: | 右击鼠标 |
| 指定端点切向: | 右击鼠标 |

样条曲线命令的选项介绍如下:

闭合(C):生成一条闭合的样条曲线。

拟合公差(F):键入曲线的偏差值。值越大,曲线就相对越平滑。

起点切向:指定起始点切线。

端点切向:指定终点切线。

## 16.15 小　　结

任何一幅图形都是由一些基本的二维对象或者三维实体组成。二维对象指的是基本二维绘图对象,例如:点、直线、圆和正多边形等,不同的设计师绘制同一幅平面图所用的方式方法大不相同,区别在于绘图思路不同,绘图高效不仅需要好的绘图思路,而且还需要灵活掌握捕捉方式和坐标输入方式等高效、精确的绘图工具来配合二维绘图,做到多练习、多体会每个命令的绘制方法。

## 任务 17

# 编 辑 对 象

## 17.1 选 择 对 象

在图形编辑前,首先要选择需要进行编辑的图形对象,然后再对其进行编辑加工。中望CAD+会将所选择的对象虚线显示,这些所选择的对象被称为选择集。选择集可以包含单个对象,也可以包含更复杂的多个对象。

1. 操作步骤

中望CAD+具有多种方法,如图17.1所示,室内有很多家具,可以直接选择一部分。或者在执行某些命令时候,命令栏提示"选择对象",此时在命令行输入"?",将显示如下提示信息:

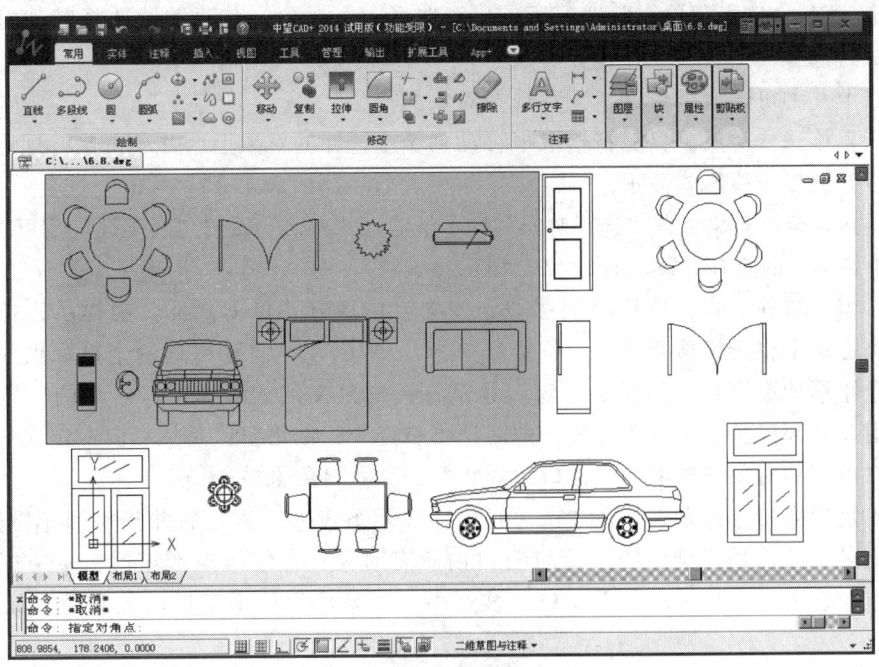

图 17.1 选择对象

## 任务 17 编辑对象

需要点或窗口(W)/最后(L)/相交(C)/框(BOX)/全部(ALL)/围栏(F)/圈围(WP)/圈交(CP)/组(G)/添加(A)/删除(R)/多个(M)/上一个(P)/撤销(U)/自动(AU)/单个(SI)

以上各项提示的含义和功能说明如下：

需要点或窗口（W）：选取第一角点和对角点区域中所有对象。

最后（L）：选取在图形中最近创建的对象。

相交（C）：选取与矩形选取窗口相交或包含在矩形窗口内的所有对象。

框（BOX）：选择有两点定义的矩形内与之相交的所有对象。当矩形由右至左指定时，则框选与相交等效，若矩形由左至右则与窗选等效。

全部（ALL）：在当前图中选择所有对象。

围栏（F）：选取与选择框相交的所有对象。

圈围（WP）：选取完全在多边形选取窗中的对象。

圈交（CP）：选取多边形选取窗口所包含或与之相交的对象。

组（G）：选定制定组中的全部对象。

添加（A）：新增一个或以上的对象到选择集中。

删除（R）：从选择集中删除一个或以上的对象。

多个（M）：选择多个对象并亮显选取的对象。

上一个（P）：选取包含在上个选择集中的对象。

撤销（U）：取消最近添加到选择集中的对象。

自动（AU）：自动选择模式，用户指向一个对象即可选择该对象。若指向对象内部或外部的空白区，将形成框选方法定义的选择框的第一个角点。

单个（SI）：选择"单个"选项后，只能选择一个对象，若要继续选择其他对象，需要重新执行选择命令。

对以上几种可选命令总结了几种选择对象的方法：

（1）直接选择对象。只需将拾取框移动到希望选择的对象上，并单击鼠标即可。对象被选择后，会以虚线形式显示。

（2）选择全部对象。在"选择对象"提示下输入"ALL"后按"回车键"，ZWCAD+将自动选中屏幕上的所有对象。如图17.2所示。

（3）窗口选择方式。将拾取框移动到图中空白地方并单击鼠标，会提示：指定对角点；在该提示下将光标移到另一个位置后单击，ZWCAD+自动以这两个拾取点为对角点确定一个矩形拾取窗口。如果矩形窗口是从左向右定义的，那么窗口内部的对象均被选中，而窗口外部以及与窗口边界相交的对象不被选中；如果窗口是从右向左定义的，那么不仅窗口内部的对象被选中，与窗口边界相交的那些对象也被选中。

（4）矩形窗口选择方式。在"选择对象"提示下输入"W"后并按"回车键"，ZWCAD+会依次提示用户确定矩形拾取窗口内所有对象。在使用矩形窗口拾取方式时，无论是从左向右还是从右向左定义窗口，被选中的对象均为位于窗口内的对象，如图17.3所示。

（5）交叉矩形窗口选择方式。在"选择对象"提示下输入"C"并按"回车键"，ZWCAD+会依次提示确定矩形拾取窗口的两个角点，确定矩形拾取窗口的两个角点后，所选对象不仅包括位于矩形窗口内的对象,而且也包括与窗口边界相交的所有对象,如图17.4所示。

(6)围栏选择方式。在"选择对象"提示下输入"F"后按"回车键",ZWCAD+提示:"第一个栏选点:"(确定第一点)指定直线的端点或放弃(输入"U"然后按回车键),按接下来的提示确定其他各点后按"回车键",则与这些点确定的围线相交的对象被选中,如图17.5所示。

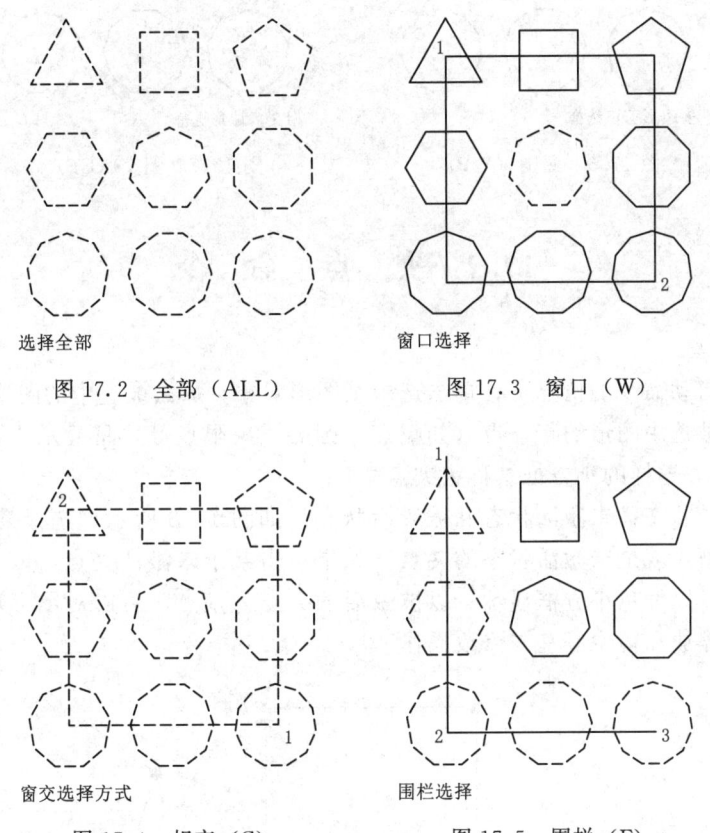

图17.2 全部(ALL)　　图17.3 窗口(W)

图17.4 相交(C)　　图17.5 围栏(F)

(7)多边形选择方式。在"选择对象"提示下输入"WP"后按"回车键",ZWCAD+提示:"第一个圈围点:"(确定第一点)指定直线的端点或"放弃(U)",按下来点选1、2、3,则完全在三角形窗口里的对象被选中,如图17.6所示。

在"选择对象"提示下输入"CP"后按"回车键",ZWCAD+提示:"第一个圈围点:"(确定第一点)指定直线的端点或"放弃(U)",按下来点选1、2、3,除了三角形窗口内的对象,与窗口边界相交的对象也会被选中,如图17.7所示。

2. 注意

除了上述方法,还可以根据某一特殊性质来选择实体。比如特定层中或特定颜色的所有实体。可以自动的使用一些选择方法,无须显示提示框。如用鼠标左键,可以单击选择对象,或单击两点确定矩形选择框来选择对象。

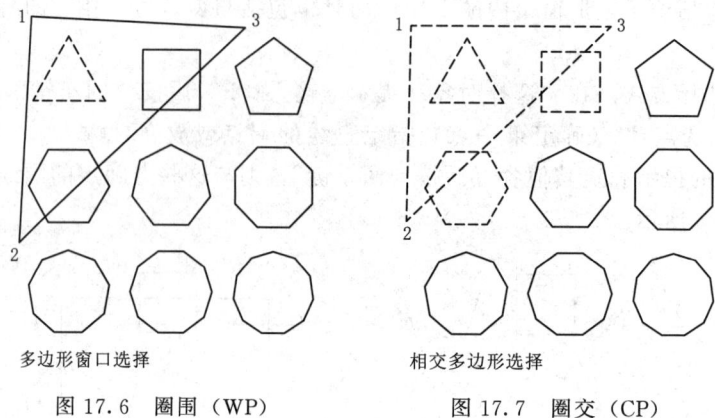

| 多边形窗口选择 | 相交多边形选择 |
| --- | --- |
| 图 17.6 圈围（WP） | 图 17.7 圈交（CP） |

## 17.2 夹 点 命 令

**1. 夹点编辑**

如果在未启动命令的情况下，单击选中某图形对象，那么被选中的图形对象就会以虚线显示，而且被选中图形的特征点（如端点、圆心、象限点等）将显示为蓝色的小方框，如图 17.8 所示，这样的小方框被称为夹点。

夹点有两种状态：未激活状态和被激活状态。如图 17.8 所示，选择某图形对象后出现的蓝色小方框，就是未激活状态的夹点。如果单击某个未激活夹点，该夹点就被激活，也就是热夹点，以红色小方框显示。以被激活的夹点为基点，可以对图形对象执行拉伸、平移、拷贝、缩放和镜像等基本修改操作。

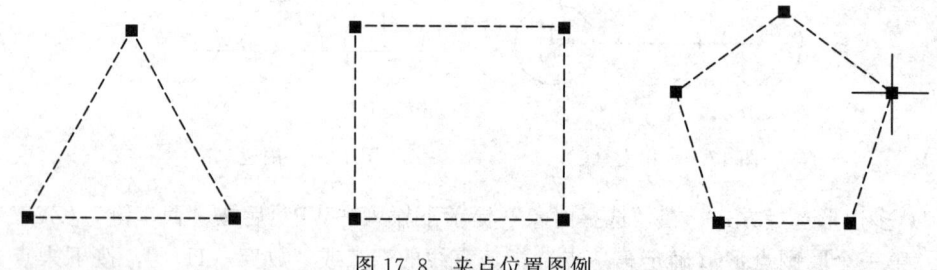

图 17.8 夹点位置图例

要使用夹点来编辑，请选取对象以显示夹点，再点选夹点来使用。您所选的夹点视所修改对象类型与所采用的编辑方式而定。举例来说，要移动直线对象，需拖动直线中点处的夹点。要拉伸直线，需拖动直线端点处的夹点。在使用夹点时，不需输入命令。

**2. 夹点拉伸**

拉伸是夹点编辑的默认操作，不需要再输入拉伸命令"Stretch"。当激活某个夹点以后，命令行提示如下：

命令：
＊＊拉伸＊＊

指定拉伸点或[基点(B)/复制(C)/放弃(U)/退出(X)]:

此时直接拉动鼠标,就可以将热夹点拉伸到需要位置如果不直接拖动鼠标,还可以选择中括号里的选项。

基点(B):选择其他点为拉伸的基点,而不是以选中的夹点为基准点。

复制(C):可以对某个夹点进行连续多次拉伸,而且每拉伸一次,就会在拉伸后的位置上复制留下该图形,如图 17.9 和图 17.10 所示,该操作实际上是拉伸和复制两项功能的结合。

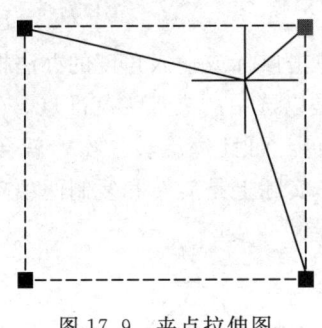 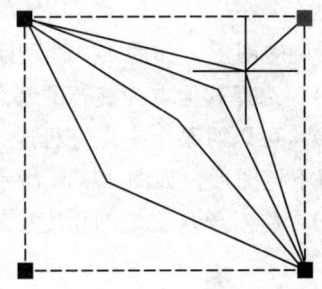

图 17.9　夹点拉伸图　　　　　　图 17.10　拉伸和复制的结合

3. 夹点平移

激活图形对象上的某个夹点,在命令行输入平移命令的简写"MO",就可以平移该对象。命令行提示如下:

命令:
＊＊拉伸＊＊
指定拉伸点或[基点(B)/复制(C)/放弃(U)/退出(X)]:MO(切换到移动方式)
＊＊移动＊＊
指定移动点或[基点(B)/复制(C)/放弃(U)/退出(X)]:

拖动鼠标移动图形,如图 17.11 所示,单击鼠标把图形放在合适位置,如果不直接拖动鼠标,还可以选择中括号里的选项:

基点(B):选择其他点为平移的基点,而不是以选中的夹点为基准点。

复制(C):可以对某个夹点进行连续多次平移,而且每平移一次,就会在平移后的位置上复制留下该图形,如图 17.12 所示,该操作实际上是平移和复制两项功能的结合。

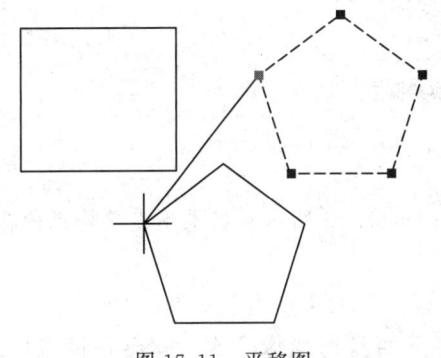 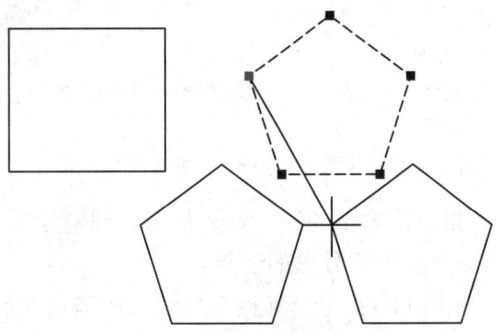

图 17.11　平移图　　　　　　图 17.12　平移与复制结合

### 4. 夹点旋转

激活图形对象上的某个夹点，在命令行输入旋转命令的简写"RO"，就可以绕着热夹点旋转该对象。命令行提示如下：

命令：
\*\*拉伸\*\*
指定拉伸点或[基点(B)/复制(C)/放弃(U)/退出(X)]:RO(切换到旋转方式)
\*\*旋转\*\*
指定旋转角度或[基点(B)/复制(C)/放弃(U)/参照(R)/退出(X)]:

拖动鼠标旋转图形，如图 17.13 所示，通过单击鼠标或输入角度的办法把图形转到需要位基点（B）：选择其他点为旋转的基点，而不是以选中的夹点为基准点。

复制（C）：可以对某个夹点进行连续多次旋转，而且每旋转一次，就会在旋转后的位置上复制留下该图形，如图 17.14 所示，该操作实际上是旋转和复制两项功能的结合。

参照（R）：将对象从指定的角度旋转到新的绝对角度。

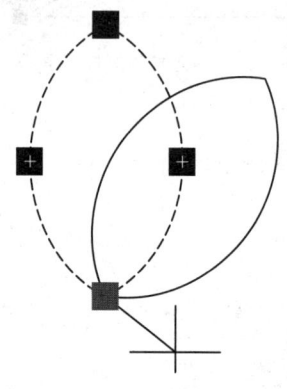 

图 17.13　旋转图形图　　　　图 17.14　旋转与复制结合

### 5. 夹点镜像

激活图形对象上的某个夹点，在命令行输入旋转命令的简写"MI"，可以对图形进行镜像操作。其中热夹点已经被确定为对称轴上的一点，只需要确定另外一点，就可以确定对称轴位置。具体操作方法如下：

命令：
\*\*拉伸\*\*
指定拉伸点或[基点(B)/复制(C)/放弃(U)/退出(X)]:MI(切换到镜像方式)
\*\*镜像\*\*
指定第二点或[基点(B)/复制(C)/放弃(U)/退出(X)]:

（指定镜像轴的第二点，从而得到镜像图形，如图 17.15 所示）如果不直接拖动鼠标，还可以选择中括号里的选项：

基点（B）：选择其他点为镜像的基点，而不是以选中的夹点为基准点。

复制（C）：可以绕某个夹点进行连续多次镜像，而且每镜像一次，就会在镜像后的位置上复制留下该图形，如图 17.16 所示，该操作实际上是镜像和复制两项功能的结合。

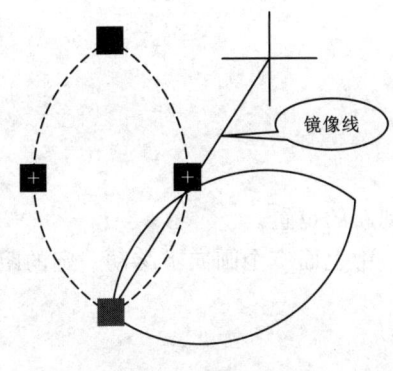
图 17.15 旋转图形图

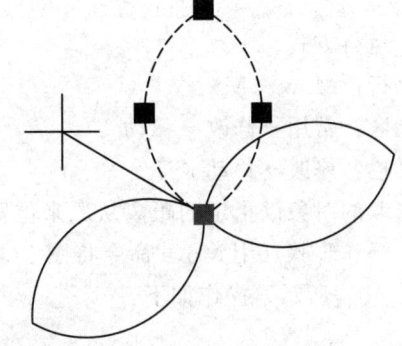
图 17.16 旋转与复制结合

## 17.3 常用编辑命令

在中望CAD+中，用户不仅可以使用夹点来编辑对象，还可以通过"修改"菜单中的相关命令来实现。

1. 删除

（1）运行方式。

命令行：Erase（E）

功能区：常用→修改→擦除

工具栏：修改→删除

删除图形文件中选取的对象。

（2）操作步骤。用删除命令删除图 17.17（a）中圆形，结果如图 17.17（b）所示。操作如下：

| 命令：Erase | 执行 Erase 命令 |
| 选择对象:找到 1 个 | 点选圆选取删除对象,提示选中数量,点选圆选取删除对象,提示选中数量,回车删除对象 |
| 选择对象:找到 1 个,共计 2 个 | |

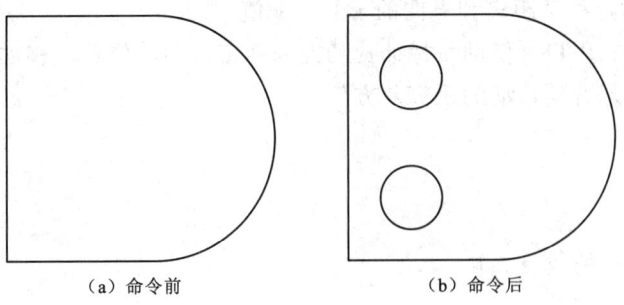

（a）命令前　　　　　　　（b）命令后

图 17.17 用 Erase 命令删除图形

（3）注意事项。使用 Oops 命令，可以恢复最后一次使用"删除"命令删除的对象。如果要连续向前恢复被删除的对象，则需要使用取消命令 Undo。

## 任务 17　编辑对象

**2. 移动**

（1）运行方式。

命令行：Move（M）

功能区：常用→修改→移动

工具栏：修改→移动

将选取的对象以指定的距离从原来位置移动到新的位置。

（2）操作步骤。用 Move 命令将图 17.18（a）中上面三个圆向上移动一定的距离，如图 17.18（b）所示。操作如下：

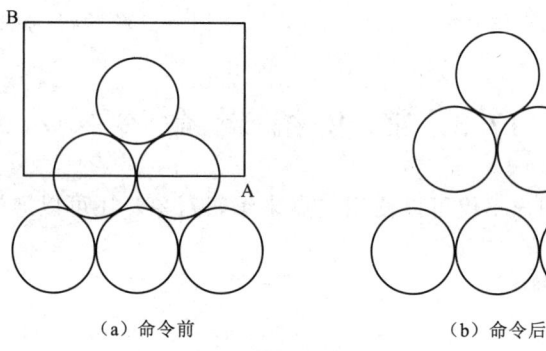

图 17.18　用 Move 命令进行移动

| 命令：Move | 执行 Move 命令 |
|---|---|
| 选择对象： | 点选点 A，指定窗选对象的第一点，点选点 B，指定窗选对象的第二点，回车结束对象选择 |
| 指定对角点：找到 3 个选择对象： | |
| 指定基点或[位移(D)]<位移>： | 指定移动的基点 |
| 指定第二点的位移或者<使用第一点当做位移>： | 垂直向上指定另一点，移动成功 |

以上各项提示的含义和功能说明如下：

基点：指定移动对象的开始点。移动对象距离和方向的计算会以起点为基准。

位移（D）：指定移动距离和方向的 x，y，z 值。

（3）注意事项。用户可借助目标捕捉功能来确定移动的位置。移动对象最好是将"极轴"打开，可以清楚看到移动的距离及方位。

**3. 旋转**

（1）运行方式。

命令行：Rotate（RO）

功能区：常用→修改→旋转

工具栏：修改→旋转

通过指定的点来旋转选取的对象。

（2）操作步骤。用 Rotate 命令将图 17.19（a）中正方形内的两个螺栓复制旋转 90 度，使得正方形每个角都有一个螺栓，如图 17.19（c）所示。操作如下：

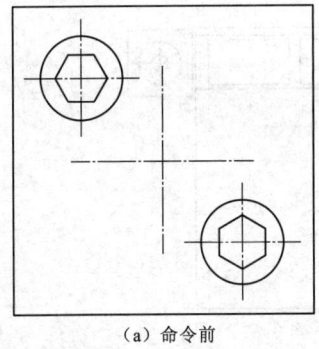 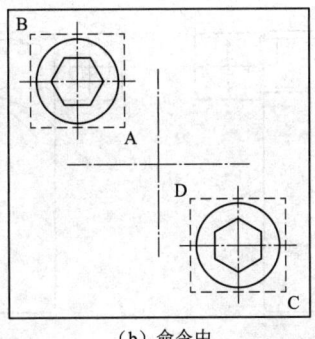 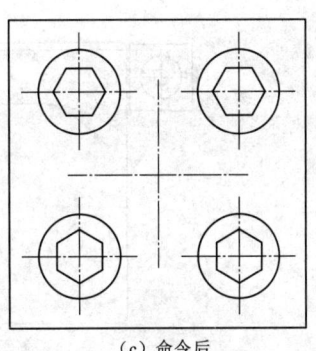

（a）命令前　　　　　　　　（b）命令中　　　　　　　　（c）命令后

图 17.19　用 Rotate 命令进行旋转

| 命令：Rotate | 执行 Rotate 命令 |
| --- | --- |
| UCS 当前的正角方向：ANGDIR＝逆时针 ANGBASE＝0 | |
| 选择对象： | 点选点 A，指定窗选对象的第一点 |
| 指定对角点：找到 9 个 | 点选点 B，指定窗选对象的第二点 |
| 选择对象： | 点选点 C，指定窗选对象的第一点 |
| 指定对角点：找到 9 个，共 18 个 | 点选点 D，指定窗选对象的第二点 |
| | 提示已选择对象数，点确定 |
| 指定基点： | 选择正方形的中点为基点 |
| 指定旋转角度或[复制(C)/参照(R)]<270>：C | 选择复制旋转 |
| 指定旋转角度或[复制(C)/参照(R)]<270>：90 | 指定旋转 90°回车，旋转并复制成功 |

以上各项提示的含义和功能说明如下：

旋转角度：指定对象绕指定的点旋转的角度。旋转轴通过指定的基点，并且平行于当前用户坐标系的 Z 轴。

复制（C）：在旋转对象的同时创建对象的旋转副本。

参照（R）：将对象从指定的角度旋转到新的绝对角度。

（3）注意事项。对象相对于基点的旋转角度有正负之分，正角度表示沿逆时针旋转，负角度表示沿顺时针旋转。

4．复制

（1）运行方式。

命令行：Copy（CO/CP）

功能区：常用→修改→复制

工具栏：修改→复制

将指定的对象复制到指定的位置上。

（2）操作步骤。用 Copy 命令复制图 17.20（a）中床上的枕头。操作如下：

| 命令：Copy | 执行 Copy 命令 |
| --- | --- |
| 选择对象： | 点选点 A，指定窗选对象的第一点 |
| 指定对角点：找到 1 个 | 点选点 B，指定窗选对象的第二点 |
| 选择对象： | 回车结束对象选择 |

## 任务 17  编辑对象

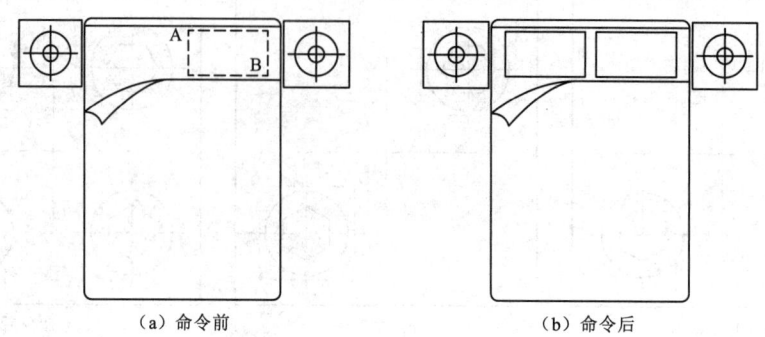

(a) 命令前　　　　　　　　　　　　　　(b) 命令后

图 17.20　用 Copy 命令复制图形

当前设置:复制模式=多个
指定基点或[位移(D)/模式(O)]<位移>：　　　　　　指定复制的基点
指定第二点的位移或者<使用第一点当作位移>：　　水平向左指定另一点,复制成功

以上各项提示的含义和功能说明如下：

基点：通过基点和放置点来定义一个矢量，指示复制的对象移动的距离和方向。

位移（D）：通过输入一个三维数值或指定一个点来指定对象副本在当前 $X$、$Y$、$Z$ 轴的方向和位置。

模式（O）：控制复制的模式为单个或多个，确定是否自动重复该命令。

(3) 注意事项。

1) Copy 命令支持对简单的单一对象（集）的复制，如直线/圆/圆弧/多段线/样条曲线和单行文字等，同时也支持对复杂对象（集）的复制，例如关联填充，块/多重插入快，多行文字，外部参照，组对象等。

2) 使用 Copy 命令在一个图样文件进行多次复制，如果要在图样之间进行复制，应采用 Copyclip 命令（Ctrl+C），它将复制对象复制到 Windows 的剪贴板上，然后在另一个图样文件中用 Pasteclip 命令（Ctrl+V）将剪贴板上的内容粘贴到图样中。

5. 镜像

(1) 运行方式。

命令行：Mirror（MI）

功能区：常用→修改→镜像

工具栏：修改→镜像

以一条线段为基准线，创建对象的反射副本。

(2) 操作步骤。用 Mirror 命令使双人床另一边也有同样的台灯，如图 17.21（b）所示。操作如下：

命令：Mirror　　　　　　　　　　　　　执行 Mirror 命令
选择对象：　　　　　　　　　　　　　　点选点 A,指定窗选对象的第一点
指定对角点：找到 5 个　　　　　　　　 点选点 B,提示已选中数量
指定镜像线的第一点：　　　　　　　　　点选点 C,指定镜像线第一点
指定镜像线的第二点：　　　　　　　　　点选点 D,指定镜像线第二点

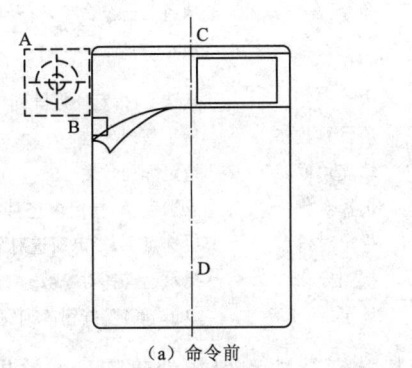
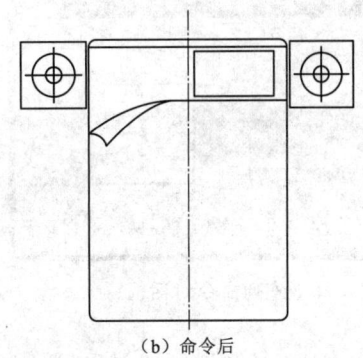

(a) 命令前　　　　　　　　　　　　　　（b) 命令后

图 17.21　用 Mirror 命令镜像图形

是否删除源对象？[是(Y)/否(N)]<否(N)>:N　　　　　　　回车结束命令

（3）注意事项。若选取的对象为文本，可配合系统变量 Mirrtext 来创建镜像文字。当 Mirrtext 的值为 1（开）时，文字对象将同其他对象一样被镜像处理。当 Mirrtext 设置为 0（关）时，创建的镜像文字对象方向不作改变。

6. 阵列

（1）运行方式。

命令行：Array（AR）

功能区：常用→修改→阵列

工具栏：修改→阵列

复制选定对象的副本，并按指定的方式排列。除了可以对单个对象进行阵列的操作，还可以对多个对象进行阵列的操作，在执行该命令时，系统会将多个对象视为一个整体对象来对待。

（2）操作步骤。将图 17.22（a）用 Array 命令进行阵列复制，得到 17.22（b）所示的圆桌。操作如下：

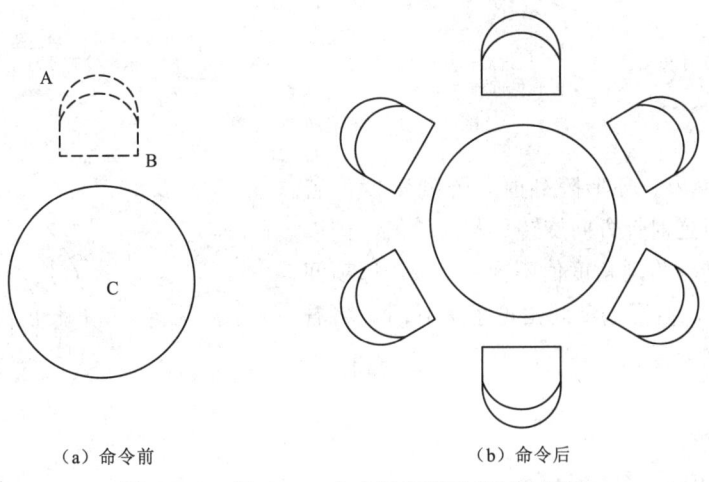

(a) 命令前　　　　　　　　　　　　　　（b) 命令后

图 17.22　用 Array 命令进行阵列复制出圆桌

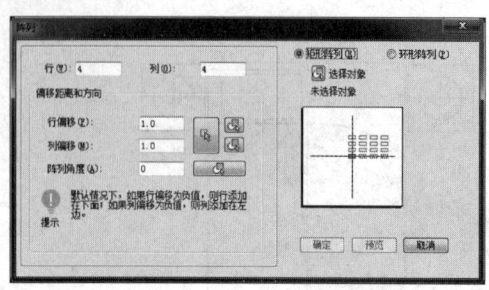

图 17.23 阵列命令对话框

| 命令:Array | 执行 Array 命令,打开图 17.23 所示对话框 |
| 中心点: | 点选 C,指定环形阵列中心 |
| 项目总数:6 | 指定整列项数 |
| 填充角度:360 | 指定阵列角度 |
| 选择对象: | 点选点 A,指定窗选对象的第一点 |
| 指定对角点: | 单选点 B,指定窗选对象的第二点 |
| 找到 5 个 | 提示已选择对象数 |
| 确定 | 单击"确定"按钮阵列完成 |

矩形阵列(R):复制选定的对象后,为其指定行数和列数创建阵列。效果如图 17.24 所示。

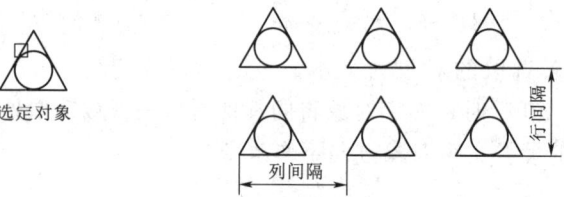

图 17.24 矩形阵列示意

关于环形阵列的含义和功能说明如下:

环形阵列(P):通过指定圆心或基准点来创建环形阵列。系统将以指定的圆心或基准点来复制选定的对象,创建环形阵列。效果如图 17.25 所示。

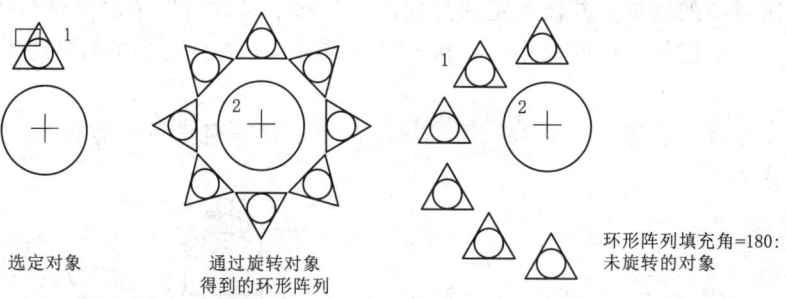

图 17.25 环形阵列示意

(3)注意事项。环形阵列时,阵列角度值若输入正值,则以逆时针方向旋转;若为负值,则以顺时针方向旋转。阵列角度值不允许为 0,选项间角度值可以为 0,但当选项间角度值为 0 时,将看不到阵列的任何效果。

7. 偏移

(1)运行方式。

命令行:Offset(O)

功能区:常用→修改→偏移

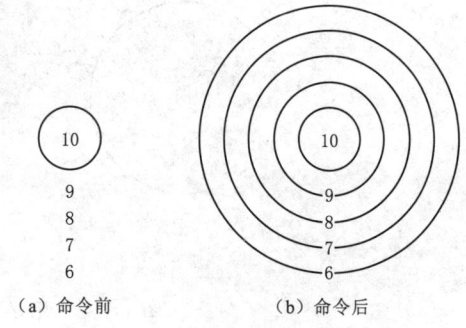

图 17.26 用 Offset 命令偏移对象

工具栏：修改→偏移

以指定的点或指定的距离将选取的对象偏移并复制，使对象副本与原对象平行。

（2）操作步骤。用 Offset 命令偏移一组同心圆如图 17.26（b）所示。操作如下：

命令:Offset　　　　　　　　　　　　执行 Offset 命令
指定偏移距离或[通过(T)]<通过>：　　指定偏移距离
选择要偏移的对象或<退出>：　　　　选择圆
指定在边上要偏移的点：　　　　　　选圆外点 9 的位置，偏移出与原圆同心的一个圆
选择要偏移的对象或<退出>：　　　　选择圆 9
指定在边上要偏移的点：　　　　　　选圆外点 8 的位置
选择要偏移的对象或<退出>：　　　　选择圆 8
指定在边上要偏移的点：　　　　　　选圆外点 7 的位置
选择要偏移的对象或<退出>：　　　　选择圆 7
指定在边上要偏移的点：　　　　　　选圆外点 6 的位置，回车结束命令

以上各项提示的含义和功能说明如下：

偏移距离：在距离选取对象的指定距离处创建选取对象的副本。

通过（T）：以指定点创建通过该点的偏移副本。

（3）注意事项。偏移命令是一个对象编辑命令，在使用过程中，只能以直接拾取方式选择对象。

8. 缩放

（1）运行方式。

命令行：Scale（SC）

功能区：常用→修改→缩放

工具栏：修改→缩放

以一定比例放大或缩小选取的对象。

（2）操作步骤。用 Scale 命令将图 17.27 左边的五角星放大。操作如下：

命令:Scale　　　　　　　　　　　　　执行 Scale 命令
选择对象:找到 1 个　　　　　　　　　选择左边五角形作为对象
指定基点：　　　　　　　　　　　　　点选五角星中心点
指定缩放比例或[复制(C)/参照(R)]<1.0000>：3　　指定缩放比例

(a) 命令前　　　　　　　　(b) 命令后

图 17.27　用 Scale 命令放大图形

以上各项提示的含义和功能说明如下：

缩放比例：以指定的比例值放大或缩小选取的对象。当输入的比例值大于 1 时，则放大对象，若为 0 和 1 之间的小数，则缩小对象。或指定的距离小于原来对象大小时，缩小对象；指定的距离大于原对象大小，则放大对象。

复制（C）：在缩放对象时，创建缩放对象的副本。

参照（R）：按参照长度和指定的新长度缩放所选对象。

（3）注意事项。Scale 命令与 Zoom 命令有区别，前者可改变实体的尺寸大小，后者只是缩放显示实体，并不改变实体的尺寸值。

## 任务17 编辑对象

9. 打断

（1）运行方式。

命令行：Break（BR）

功能区：常用→修改→打断

工具栏：修改→打断

将选取的对象在两点之间打断。

（2）操作步骤。用 Break 命令删除图 17.28（a）所示圆的一部分，结果使图形成为一个螺母，如图 17.28

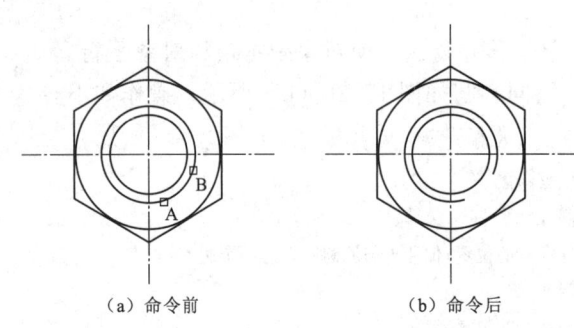

图 17.28 用 Break 命令删除图形

(b) 所示。操作如下：

| | |
|---|---|
| 命令:Break | 执行 Break 命令 |
| 选择对象： | 点 A 到 B 的弧,确定要打断的对象 |
| 指定第二个打断点或者[第一个点(F)]：F | |
| 选择指定第一、第二打断点 | 点选点 A,以点 A 作为第一打断点 |
| 指定第二个打断点： | 以点 B 作为第二打断点 |
| 命令：Join | 执行 Join 命令 |
| 选择连接的圆弧,直线,开放多段线,椭圆弧： | 点选 A 直线 |
| 选择要连接的线：找到 1 个 | 点选 B 直线,提示选中数量 |
| 选择要连接的线： | 回车结束对象选择 |

以上各项提示的含义和功能说明如下：

第一个点（F）：在选取的对象上指定要切断的起点。

第二打断点：在选取的对象上指定要切断的第二点。若用户在命令行输入 Break 命令后第一条命令提示中选择了第二打断点，则系统将以选取对象时指定的点为默认的第一切断点。

（3）注意事项。

1）系统在使用 Break 命令切断被选取的对象时，一般是切断两个切断点之间的部分。当其中一个切断点不在选定的对象上时，系统将选择离此点最近的对象上的一点为切断点之一来处理。

2）若选取的两个切断点在一个位置，可将对象切开，但不删除某个部分。除了可以指定同一点，还可以在选择第二切断点时，在命令行提示下输入@字符，这样可以达到同样的效果。但这样的操作不适合圆，要切断圆，必须选择两个不同的切断点。

在切断圆或多边形等封闭区域对象时，系统默认以逆时针方向切断两个切断点之间的部分。

10. 合并

（1）运行方式。

命令行：Join

功能区：常用→修改→合并

工具栏：修改→合并

将对象合并以形成一个完整的对象。

(2) 操作步骤。用 Join 命令连接图 17.29（a）所示两段直线，结果如图 17.29（b）所示。操作如下：

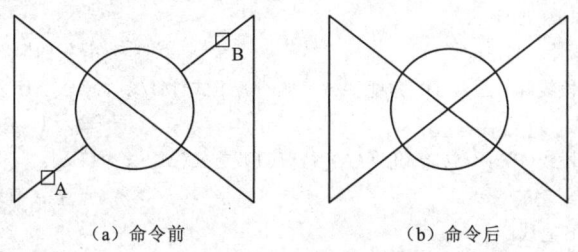

（a）命令前　　　　　　　　　（b）命令后

图 17.29　用 Join 命令连接图形

| 命令：Join | 执行 Join 命令 |
| --- | --- |
| 选择连接的圆弧，直线，开放多段线，椭圆弧： | 点选 A 直线 |
| 选择要连接的线：找到 1 个 | 点选 B 直线，提示选中数量 |
| 选择要连接的线： | 回车结束对象选择 |

(3) 注意事项。

1) 圆弧：选取要连接的弧。要连接的弧必须都为同一圆的一部分。

2) 直线：要连接的直线必须是处于同一直线上，它们之间可以有间隙。

3) 开放多段线：被连接的对象可以是：直线、开放多段线或圆弧，对象之间不能有间隙，并且必须位于与 UCS 的 XY 平面平行的同一平面上。

4) 椭圆弧：选择的椭圆弧必须位于同一椭圆上，它们之间可以有间隙。"闭合"选项可将源椭圆弧闭合成完整的椭圆。

5) 开放样条曲线：连接的样条曲线对象之间不能有间隙。最后对象是单个样条曲线。

11. 倒角

(1) 运行方式。

命令行：Chamfer（CHA）

功能区：常用→修改→倒角

工具栏：修改→倒角

在两线交叉、放射状线条或无限长的线上建立倒角。

(2) 操作步骤。用 Chamfer 命令将图 17.30（a）所示的螺栓前端进行倒角，结果如图 17.30（b）所示。

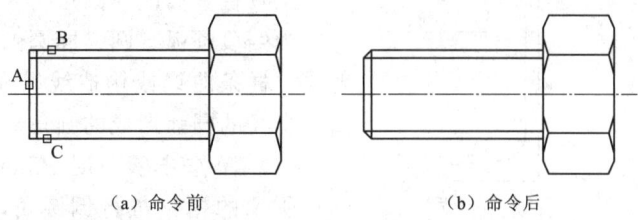

（a）命令前　　　　　　　　　（b）命令后

图 17.30　用 Chamfer 命令绘制图形

## 任务 17  编辑对象

| | |
|---|---|
| 命令:Chamfer | 执行 Chamfer 命令 |
| ("修剪"模式)当前倒角距离 1=0.0000,距离 2=0.0000 | |
| 选择第一条直线或 [多段线(P)/距离(D)/角度(A)/修剪(T)/方式(M)/多个(U)]:D | |
| | 输入 D,选择倒角距离 |
| 指定第一个倒角距离 <0.0000>:1 | |
| 指定第二个倒角距离 <1.0000>: | 设置的倒角距离回车接受默认距离 |
| 选择第一条直线或 [多段线(P)/距离(D)/角度(A)/修剪(T)/方式(M)/多个(U)]:U | |
| | 输入 U,选择多次倒角 |
| 选择第一条直线或 [多段线(P)/距离(D)/角度(A)/修剪(T)/方式(M)/多个(U)]: | |
| | 点选 A 直线,选取第一个倒角对象 |
| 选择第二条直线:点选 B 直线 | |
| 选择第一条直线或 [多段线(P)/距离(D)/角度(A)/修剪(T)/方式(M)/多个(U)]: | |
| | 点选 A 直线,再选第一个倒角对象 |
| 选择第二条直线: | 点选 C 直线 |
| 选择第一条直线或 [多段线(P)/距离(D)/角度(A)/修剪(T)/方式(M)/多个(U)]: | |
| | 回车,结束命令 |

以上各项提示的含义和功能说明如下:

选择第一条直线:选择要进行倒角处理的对象的第一条边,或要倒角的三维实体边中的第一条边。

多段线(P):为整个二维多段线进行倒角处理。

距离(D):创建倒角后,设置倒角到两个选定边的端点的距离。

角度(A):指定第一条线的长度和第一条线与倒角后形成的线段之间的角度值。

修剪(T):由用户自行选择是否对选定边进行修剪,直到倒角线的端点。

方式(M):选择倒角方式。倒角处理的方式有两种,"距离-距离"和"距离-角度"。

多个(U):可为多个两条线段的选择集进行倒角处理。

(3)注意事项。

1)若要做倒角处理的对象没有相交,系统会自动修剪或延伸到可以做倒角的情况。

2)若为两个倒角距离指定的值均为 0,选择的两个对象将自动延伸至相交。

3)用户选择"放弃"时,使用倒角命令为多个选择集进行的倒角处理将全部被取消。

12. 圆角

(1)运行方式。

命令行:Fillet(F)

功能区:常用→修改→圆角

工具栏:修改→圆角

为两段圆弧、圆、椭圆弧、直线、多段线、射线、样条曲线或构造线以及三维实体创建以指定半径的圆弧形成的圆角。

(2)操作步骤。用 Fillet 命令将图 17.31(a)所示的槽钢进行倒圆角,结果如图 17.31(b)所示。操作如下:

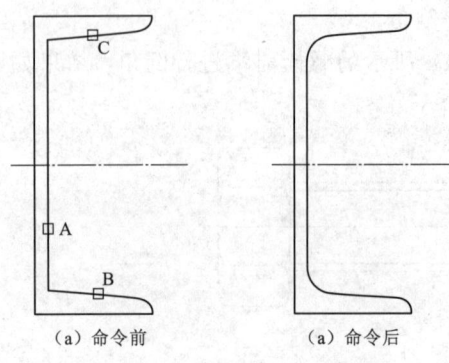

图 17.31 用 Fillet 命令绘制图形

| | |
|---|---|
| 命令：Fillet | 执行 Fillet 命令 |
| 当前设置：模式 = 修剪,半径 = 0.0000 | |
| 选择第一个对象或 [多段线(P)/半径(R)/修剪(T)/多个(U)]：R | 输入 R,选择圆角半径 |
| 指定圆角半径 <0.0000>：10 | 设置的圆角半径 |
| 选择第一个对象或 [多段线(P)/半径(R)/修剪(T)/多个(U)]：U | 输入 U,选择多次倒角 |
| 选择第一个对象或 [多段线(P)/半径(R)/修剪(T)/多个(U)]： | 点选 A 直线,选取第一个倒角对象 |
| 选择第二个对象： | 点选 B 直线 |
| 选择第一个对象或 [多段线(P)/半径(R)/修剪(T)/多个(U)]： | 点选 A 直线,再选第一个倒角对象 |
| 选择第二个对象： | 点选 C 直线 |
| 选择第一个对象或 [多段线(P)/半径(R)/修剪(T)/多个(U)]： | 回车,结束命令 |

以上各项提示的含义和功能说明如下：

选择第一个对象：选取要创建圆角的第一个对象。

多段线（P）：在二维多段线中的每两条线段相交的顶点处创建圆角。

半径（R）：设置圆角弧的半径。

修剪（T）：在选定边后，若两条边不相交，选择此选项确定是否修剪选定的边使其延伸到圆角弧的端点。

多个（U）：为多个对象创建圆角。

（3）注意事项。

1）若选定的对象为直线、圆弧或多段线，系统将自动延伸这些直线或圆弧直到它们相交，然后再创建圆角。

2）若选取的两个对象不在同一图层，系统将在当前图层创建圆角线。同时，圆角的颜色、线宽和线型的设置也是在当前图层中进行。

3）若选取的对象是包含弧线段的单个多段线。创建圆角后，新多段线的所有特性（例如图层、颜色和线型）将继承所选的第一个多段线的特性。

4）若选取的对象是关联填充（其边界通过直线线段定义），创建圆角后，该填充的关联性不再存在。若该填充的边界以多段线来定义，将保留其关联性。

5）若选取的对象为一条直线和一条圆弧或一个圆，可能会有多个圆角的存在，系统将默认选择最靠近选中点的端点来创建圆角。

13. 修剪

（1）运行方式。

命令行：Trim（TR）

功能区：常用→修改→修剪

工具栏：修改→修剪

清理所选对象超出指定边界的部分。

（2）操作步骤。用 Trim 将图 17.32（a）

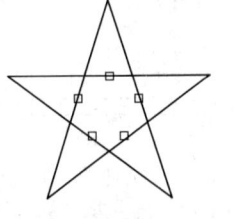 

(a) 命令前　　　(b) 命令后

图 17.32　用 Trim 命令将直线部分剪掉

所示的五角星内的直线剪掉,结果如图 17.32(b)所示。操作如下:

命令:Trim　　　　　　　　　　执行 Trim 命令
当前设置:投影＝UCS,边＝无
选择剪切边...　　　　　　　　全选五角星
选择对象或＜全部选择＞:　　　回车全选对象
选择要修剪的对象,或按住 Shift 来选择要延伸的对象或[栏选(F)/窗交(C)/投影(P)/边缘模式(E)/删除(R)/撤销(U)]:　　指定五边形的一条边剪切对象
选择要修剪的对象,或按住 Shift 来选择要延伸的对象或[栏选(F)/窗交(C)/投影(P)/边缘模式(E)/删除(R)/撤销(U)]:　　指定五边形的第二条边剪切对象
选择要修剪的对象,或按住 Shift 来选择要延伸的对象或[栏选(F)/窗交(C)/投影(P)/边缘模式(E)/删除(R)/撤销(U)]:　　指定五边形的第三条边剪切对象
选择要修剪的对象,或按住 Shift 来选择要延伸的对象或[栏选(F)/窗交(C)/投影(P)/边缘模式(E)/删除(R)/撤销(U)]:　　指定五边形的第四条边剪切对象
选择要修剪的对象,或按住 Shift 来选择要延伸的对象或[栏选(F)/窗交(C)/投影(P)/边缘模式(E)/删除(R)/撤销(U)]:　　指定五边形的最后一条边剪切
选择要修剪的对象,或按住 Shift 来选择要延伸的对象或[栏选(F)/窗交(C)/投影(P)/边缘模式(E)/删除(R)/撤销(U)]:　　回车结束命令

以上各项提示的含义和功能说明如下。

要修剪的对象:指定要修剪的对象。

边缘模式(E):修剪对象的假想边界或与之在三维空间相交的对象。

栏选(F):指定围栏点,将多个对象修剪成单一对象。

窗交(C):通过指定两个对角点来确定一个矩形窗口,选择该窗口内部或与矩形窗口相交的对象。

投影(P):指定在修剪对象时使用的投影模式。

删除(R):在执行修剪命令的过程中将选定的对象从图形中删除。

撤销(U):撤销使用 Trim 最近对象进行的修剪操作。

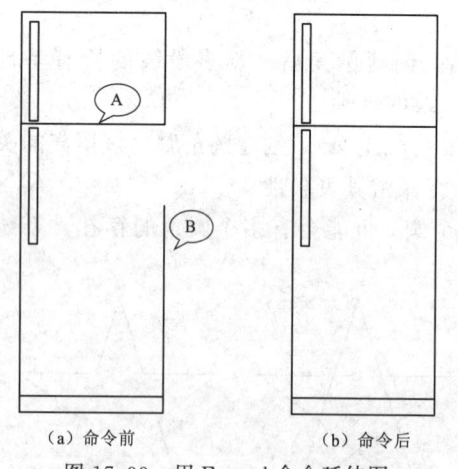

(a) 命令前　　　　　(b) 命令后
图 17.33　用 Extend 命令延伸图

(3)注意事项。在用户按"回车键"结束选择前,系统会不断提示指定要修剪的对象,所以用户可指定多个对象进行修剪。在选择对象的同时按 Shift 键可将对象延伸到最近的边界,而不修剪它。

14. 延伸

(1)运行方式。

命令行:Extend(EX)

功能区:常用→修改→延伸

工具栏:修改→延伸

延伸线段、弧、二维多段线或射线,使之与另一对象相切。

(2)操作步骤。用 Extend 命令延伸图 17.33(a),使之成为 17.33(b)所示的图形。操作如下:

命令：Extend　　　　　　　　　　　　　执行 Extend 命令
当前设置:投影＝UCS,边＝无
选择边界的边...
选择对象或＜全部选择＞:找到 1 个　　　　点选点 A,提示找到一个对象
选择要延伸的对象,或按住 Shift 键选择要修剪的对象,或[围栏(F)/窗交(C)/投影(P)/边(E)/撤销(U)]:
　　　　　　　　　　　　　　　　　　　　点选点 B,指定延伸对象
选择要延伸的对象,或按住 Shift 键选择要修剪的对象,或[围栏(F)/窗交(C)/投影(P)/边(E)/撤销(U)]:
　　　　　　　　　　　　　　　　　　　　回车,结束命令

以上各项提示的含义和功能说明如下：

边界的边：选定对象，使之成为对象延伸的边界的边。

延伸的对象：选择要进行延伸的对象。

边（E）：若边界对象的边和要延伸的对象没有实际交点，但又要将指定对象延伸到两对象的假想交点处，可选择"边"。

围栏（F）：进入"围栏"模式，可以选取围栏点，围栏点为要延伸的对象上的开始点，延伸多个对象到一个对象。

窗交（C）进入"窗交"模式，通过从右到左指两个点定义选择区域内的所有对象，延伸所有的对象到边界对象。

投影（P）：选择对象延伸时的投影方式。

删除（R）：在执行 Extend 命令的过程中选择对象将其从图形中删除。

撤销（U）：放弃之前使用 Extend 命令对对象的延伸处理。

（3）注意事项。在选择时，用户可根据系统提示选取多个对象进行延伸。同时，还可按住 Shift 键选定对象将其修剪到最近的边界边。若要结束选择，按"回车键"即可。

15．拉长

（1）运行方式。

命令行：Lengthen（LEN）

功能区：常用→修改→拉长

工具栏：修改→拉长

为选取的对象修改长度，为圆弧修改包含角。

（2）操作步骤。

命令：Lengthen　　　　　　　　　　　　执行 Lengthen 命令
选择对象或 [增量(DE)/百分数(P)/全部(T)/动态(DY)]:P　输入 P,选择拉长方式
输入长度百分比 ＜100.0000＞: 130　　　　输入拉长后的百分比
选择要修改的对象或[放弃(U)]:　　　　　　点选圆弧,指定拉长对象
选择要修改的对象或[放弃(U)]:　　　　　　回车,结束命令

以上各项提示的含义和功能说明如下：

增量（DE）：以指定的长度为增量修改对象的长度，该增量从距离选择点最近的端点处开始测量。

百分数（P）：指定对象总长度或总角度的百分比来设置对象的长度或弧包含的角度。

全部（T）：指定从固定端点开始测量的总长度或总角度的绝对值来设置对象长度或

弧包含的角度。

动态（DY）：开启"动态拖动"模式，通过拖动选取对象的一个端点来改变其长度。其他端点保持不变。

（3）注意事项。增量方式拉长时，若选取的对象为弧，增量就为角度。若输入的值为正，则拉长扩展对象，若为负值，则修剪缩短对象的长度或角度。

16．分解

（1）运行方式。

命令行：Explode（X）

功能区：常用→修改→分解

工具栏：修改→分解

将由多个对象组合而成的合成对象（例如图块、多段线等）分解为独立对象。

（2）操作实例。用 Explode 命令炸开矩形，令其成为 8 条直线和 2 条弧，如图 17.34 所示。操作如下：

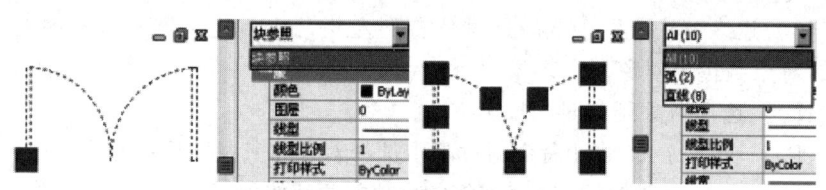

图 17.34　用 Explode 命令分解图形

| | |
|---|---|
| 命令：Explode | 执行 Explode 命令 |
| 选择对象：点选双开门 | 指定分解对象 |
| 指定对角点：找到 1 个 | 提示选择对象的数量回车结束命令 |

（3）注意事项。

1）系统可同时分解多个合成对象。并将合成对象中的多个部件全部分解为独立对象。但若使用的是脚本或运行时扩展函数，则一次只能分解一个对象。

2）分解后，除了颜色、线型和线宽可能会发生改变，其他结果将取决于所分解的合成对象的类型。

3）将块中的多个对象分解为独立对象，但一次只能删除一个编组级。若块中包含一个多段线或嵌套块，那么对该块的分解就首先分解为多段线或嵌套块，然后再分别分解该块中的各个对象。

17．拉伸

（1）运行方式。

命令行：Stretch（S）

功能区：常用→修改→拉伸

工具栏：修改→拉伸

拉伸选取的图形对象，使其中一部分移动，同时维持与图形其他部分的连接。

（2）操作实例。用 Stretch 命令把图 17.35（a）中的门的宽度拉伸，使之成为图

17.35（b）所示的样子。操作如下：

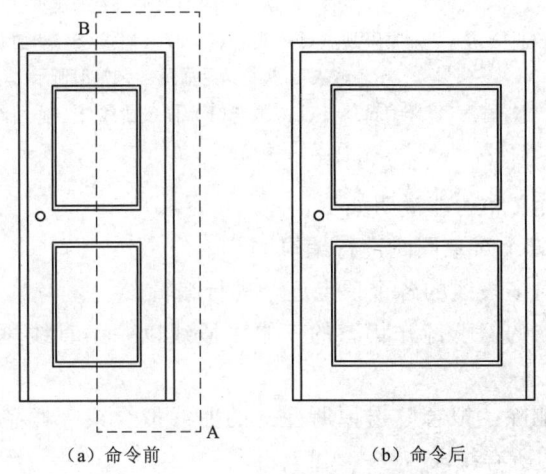

（a）命令前　　　　　　　　（b）命令后

图 17.35　用 Stretch 拉伸门的宽度

| 命令：Stretch | 执行 Stretch 命令 |
| --- | --- |
| 以交叉窗口或交叉多边形选择要拉伸的对象… | |
| 选择对象： | 点选点 A，指定第一点 |
| 指定对角点：找到 18 个 | 点选点 B，指定第二点 |
| | 提示选中对象数量 |
| 选择对象： | 回车结束选择 |
| 指定基点或[位移(D)]<位移>： | 点选一点，指定拉伸基点 |
| 指定第二点的位移或者<使用第一点当作位移>： | 水平向右点选一点，指定拉伸距离 |

以上各项提示的含义和功能说明如下：

指定基点：使用 Stretch 命令拉伸选取窗口内或与之相交的对象，其操作与使用 Move 命令移动对象类似。

位移（D）：进行向量拉伸。

（3）注意事项。可拉伸的对象包括与选择窗口相交的圆弧、椭圆弧、直线、多段线线段、二维实体、射线、宽线和样条曲线。

18. 编辑多段线

（1）运行方式。

命令行：Pedit（PE）

功能区：常用→修改→编辑多段线

工具栏：修改Ⅱ→编辑多段线

编辑二维多段线、三维多段线或三维网格。

（2）操作实例。用 Pedit 命令编辑多段线。操作如下：

| 命令：Pedit | 执行 Pedit 命令 |
| --- | --- |
| 选择多段线或 [多条(M)]： | 点选对象，指定编辑对象 |
| 输入选项 [闭合(C)/合并(J)/宽度(W)/编辑顶点(E)/拟合(F)/样条曲线(S)/非曲线化(D)/线型生成(L)/反转(R)/锥形(T)/放弃(U)]：D | 输入 D，执行结果如图 4-37(b)所示 |

输入选项 [闭合(C)/合并(J)/宽度(W)/编辑顶点(E)/拟合(F)/样条曲线(S)/非曲线化(D)/线型生成(L)/反转(R)/锥形(T)/放弃(U)]：F　　　　　　　输入 F,执行结果如图 4-37(c)所示

输入选项 [闭合(C)/合并(J)/宽度(W)/编辑顶点(E)/拟合(F)/样条曲线(S)/非曲线化(D)/线型生成(L)/反转(R)/锥形(T)/放弃(U)]：S　　　　　　　输入 S,执行结果如图 4-37(d)所示

输入选项 [闭合(C)/合并(J)/宽度(W)/编辑顶点(E)/拟合(F)/样条曲线(S)/非曲线化(D)/线型生成(L)/反转(R)/锥形(T)/放弃(U)]：　　　　　　　　回车,结束命令

以上各项提示的含义和功能说明如下：

多条（M）：选择多个对象同时进行编辑。

编辑顶点（E）：对多段线的各个顶点逐个进行编辑。

闭合（C）：将选取的处于打开状态的三维多段线以一条直线段连接起来,成为封闭的三维多段线。

非曲线化（D）：删除"拟合"选项所建立的曲线拟合或"样条"选项所建立的样条曲线,并拉直多段线的所有线段。

拟合（F）：在顶点间建立圆滑曲线,创建圆弧拟合多段线。

连接（J）：从打开的多段线的末端新建线、弧或多段线。

线型生成（L）：改变多段线的线型模式。

反转（R）：改变多段线的方向。

样条曲线（S）：将选取的多段线对象改变成样条曲线。

锥形（T）：通过定义多段线起点和终点的宽度来创建锥状多段线。

宽度（W）：指定选取的多段线对象中所有直线段的宽度。

放弃（U）：撤销上一步操作,可一直返回到使用 Pedit 命令之前的状态。退出（X）：退出 Pedit 命令。

(3) 注意事项。选择多个对象同时进行编辑时要注意,不能同时选择多段线对象和三维网格进行编辑。

## 17.4　编辑对象属性

对象属性包含一般属性和几何属性。对象的一般属性包括对象的颜色、线型、图层及线宽等,几何属性包括对象的尺寸和位置。用户可以直接在"属性"窗口中设置和修改对象的这些属性。

1. 使用"属性"窗口

"属性"窗口中显示了当前选择集中对象的所有属性和属性值,当选中多个对象时,将显示它们共有属性。用户可以修改单个对象的属性、由快速选择集中对象共有的属性,以及多个选择集中对象的共同属性。

命令行：Properties

功能区：工具→选项板→属性

工具栏：标准→特性

上面三种方法都可以打开"属性"窗口,如图 17.36 所示。使用它可以浏览、修改对

象的属性，也可以浏览、修改满足应用程序接口标准的第三方应用程序对象。

2. 属性修改

（1）运行方式。

命令行：Change

修改选取对象特性。

（2）操作实例。

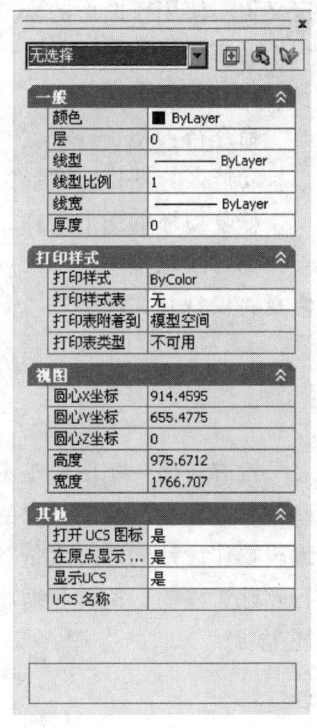

图 17.36 "属性"窗口

| 命令：Change | 执行 Change 命令 |
| --- | --- |
| 选择对象： | 点选对象，指定编辑对象 |
| 指定修改点或［特性(P)］：P | 选择编辑对象特征 |
| 输入要改变的特性［颜色(C)/标高(E)/图层(LA)/线型(LT)/线型比例(S)/线宽(LW)/厚度(T)］：LW | 输入 LW，选择线宽 |
| 输入新的线宽 ＜Bylayer＞：2 | 指定对象线宽 |
| 输入要改变的特性［颜色(C)/标高(E)/图层(LA)/线型(LT)/线型比例(S)/线宽(LW)/厚度(T)］： | 回车，结束命令 |

以上各项提示的含义和功能说明如下：

修改点：通过指定改变点来修改选取对象的特性。

特性（P）：修改选取对象的特性。

颜色（C）：修改选取对象的颜色。

标高（E）：为对象上所有的点都具有相同 Z 坐标值的二维对象设置 Z 轴标高。

图层（LA）：为选取的对象修改所在图层。

线型（LT）：为选取的对象修改线型。

线型比例（S）：修改选取对象的线型比例因子。

线宽（LW）：为选取的对象修改线宽。

厚度（T）：修改选取的二维对象在 Z 轴上的厚度。

（3）注意事项。选取的对象除了线宽为 0 的直线外，其他对象都必须与当前用户坐标系统（UCS）平行。若同时选择了直线和其他可变对象，由于选取对象顺序的不同，结果可能也不同。

## 17.5 清 理 及 核 查

1. 清理

运行方式。

命令行：Purge（PU）

功能区：图标→图形实用工具→清理

工具栏：修改→清理

清除当前图形文件中未使用的已命名项目。例如图块、图层、线型、文字形式，或所定义但不使用于图形的恢复标注样式。

2. 核查

（1）运行方式。

命令行：Recover

功能区：图标→图形实用工具→核查

修复损坏的图形文件。

（2）注意事项。Recover 命令只对 DWG 文件执行修复或核查操作。对 DXF 文件执行修复将仅打开文件。

## 17.6 小　　结

没有任何一幅图形是不经修改就可以完成的。由于各种原因需要对图形进行修改。一些编辑过程就是绘图过程的一部分，例如复制一个对象而不是重新开始绘制。而另外一些编辑操作设计同时对大量对象进行更改，如变更图形的图层。此外，还经常需要对象进行删除、移动、旋转和缩放等操作。用户要把本章内容配合绘图的内容一起学习，达到熟能生巧。

# 任务 18

# 尺 寸 标 注

## 18.1 尺寸标注的组成

一个完整的尺寸标注由尺寸界线、尺寸线、尺寸箭头、尺寸文字、中心标记等部分组成，如图 18.1 所示。

尺寸界线：从图形的轮廓线、轴线或对称中心线引出，有时也可以利用轮廓线代替，用以表示尺寸起始位置。一般情况下，尺寸界线应与尺寸线相互垂直。

尺寸线：为标注指定方向和范围。对于线性标注，尺寸线显示为一直线段；对于角度标注，尺寸线显示为一段圆弧。

尺寸箭头：尺寸箭头位于尺寸线的两端，用于标注的起始、终止位置。"箭头"是一个广义的概念，也可以用短划线、点或其他标记代替尺寸箭头。

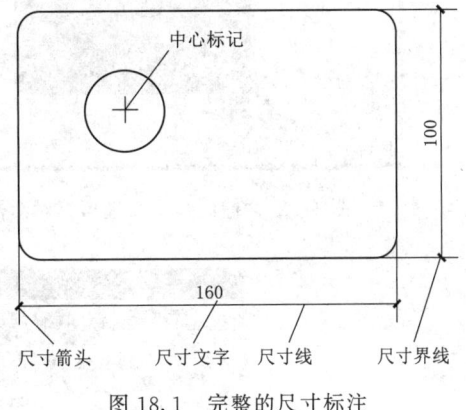

图 18.1 完整的尺寸标注

尺寸文字：显示测量值的字符串，可包括前缀、后缀和公差等。

中心标记：指示圆或圆弧的中心。

## 18.2 尺寸标注的设置

1. 运行方式

命令行：Ddim（D/DST）

功能区：工具→样式管理器→标注样式

工具栏：标注→标注样式

用户在进行尺寸标注前，应首先设置尺寸标注的格式，然后再用这种格式进行标注，这样才能获得满意的效果。

如果用户开始绘制新的图形时选择了公制单位，则系统默认的格式为 ISO-25（国际标准组织），用户可根据实际情况对尺寸标注的格式进行设置，以满足使用的要求。

2. 操作步骤

命令：Ddim

执行 Ddim 命令后，将出现如图 18.2 所示"标注样式管理器"对话框。

在"标注样式管理器"对话框中，用户可以按照国家标准的规定以及具体使用要求，新建标注格式。同时，用户也可以对已有的标注格式进行局部修改，以满足当前的使用要求。

单击"新建"按钮，系统打开"创建新标注样式"对话框，如图 18.3 所示。在该对话框中可以创建新的尺寸标注样式。

然后单击"继续"按钮，系统打开"新建标注样式"对话框，如图 18.4 所示。

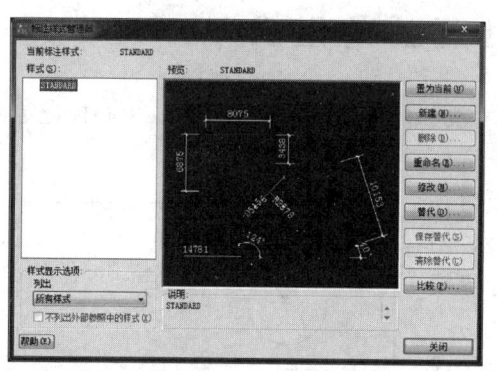
图 18.2 "标注样式管理器"对话框

图 18.3 "新建标注样式"对话框

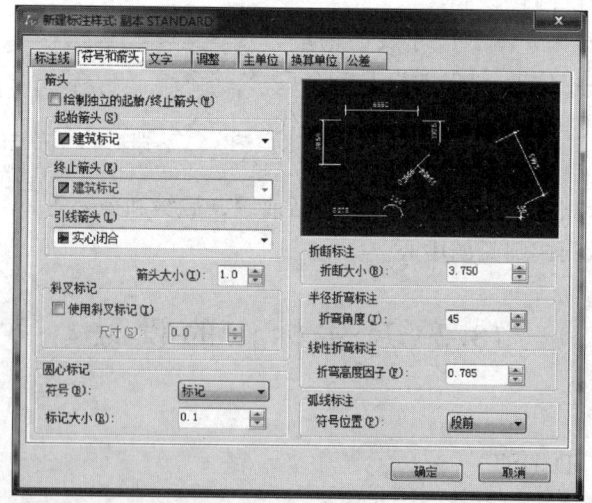
图 18.4 "新建标注样式：副本 STANDARO"对话框

"新建标注样式"选项卡中的各项设置内容会介绍如下：

（1）"直线和箭头"选项卡。此区域用于设置和修改尺寸线和箭头的样式，如图 18.4 所示，箭头改成建筑标记。

1) 尺寸线。

a. 颜色：下拉列表框用于显示标注线的颜色，用户可以在下拉框列表中选择。

b. 线宽：设置尺寸线的线宽。

c. 超出标记：控制在使用箭头倾斜、建筑标记、积分标记或无箭头标记作为标注的箭头进行标注时，尺寸线超过尺寸界线的长度。

d. 基线间距：设置基线标注中的尺寸线之间的间距。

e. 隐藏：控制尺寸线的显示。

2) 尺寸界线。

a. 颜色：设置尺寸界线的颜色。

b. 线宽：设置尺寸界线的线宽。

c. 超出尺寸线：设置尺寸界线超出尺寸线的长度。

d. 起点偏移量：设置尺寸界线与标注的对象之间的距离。

e. 隐藏：控制尺寸界线的显示。

3) 箭头。

a. 第一个：设置第一条尺寸线的箭头。当第一条尺寸线的箭头选定后，第二条尺寸线的箭头会自动跟随变为相同的箭头样式。

b. 第二个：设置第二条尺寸线的箭头。用户也可在下拉框中选择"用户箭头"，在开启的"选择自定义箭头块"对话框中选择图块为箭头类型。但要注意的是，该图块必须存在于当前图形文件中。

c. 引线：设置引线的箭头类型。

d. 箭头大小：定义箭头的大小。

e. 圆心标记：为直径标注和半径标注设置圆心标记的特性。

f. 类型：设置圆心标记的类型。

g. 大小：控制圆心标记或中心线的大小。

4) 屏幕预显区：从该区域可以直观的观看到上述设置进行标注可得到的效果。

(2) "文字"选项卡。此对话框用于设置尺寸文本的字型、位置和对齐方式等属性，如图 18.5 所示。

1) 文字外观。

a. 文字样式：用户可以在此下拉式列表框中选择一种字体样式，供标注时使用。也可以单击右侧的按钮，系统打开"字体样式"对话框，在此对话框中对文字字体进行设置。

b. 文字颜色：选择尺寸文本的颜色。用户在确定尺寸文本的颜色时，应注意尺寸线、尺寸界线和尺寸文本的颜色最好一致。

c. 填充颜色：设定标注中文字背景的颜色。用户可通过下拉框选择需要的颜色，或在下拉框中选择"选择颜色"，在"选择颜色"对话框中选择适当的颜色。

d. 文字高度：设置尺寸文本的高度。此高度值将优先于在字体类型中所设置的高度值。

e. 分数高度比例：以标注文字为基准，设置相对于标注文字的分数比例。此选项一般情况下为灰色，不可使用。只有在"主单位"选项卡上选择"分数"作为"单位格式"时，此选项才可用。在此处输入的值乘以文字高度，可确定标注分数相对于标注文字的高度。

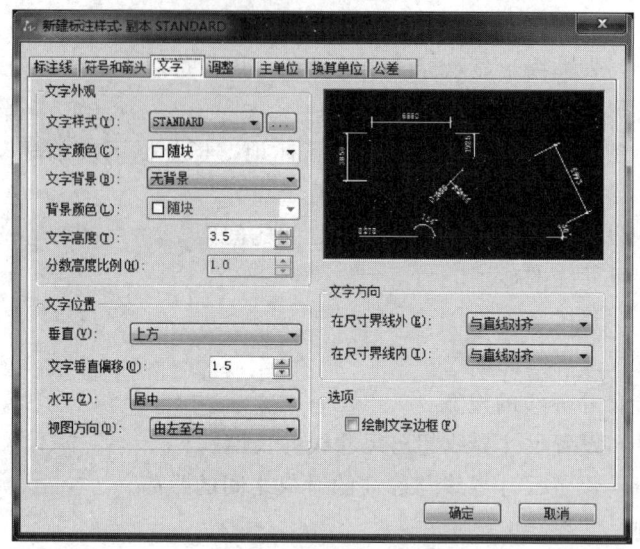

图 18.5 文字选项卡对话框

　　f. 绘制文字边框：勾选此选项，将在标注文字的周围绘制一个边框。
　　2）文字位置。
　　a. 垂直：确定标注文字在尺寸线的垂直方向的位置。
　　b. 水平：设置尺寸文本沿水平方向放置。文字位置在垂直方向有 4 种选项：置中、上方、外部、JIS。文字位置在水平方向共有五种选项：置中、第一条尺寸界线、第二条尺寸界线、第一条尺寸界线上方、第二条尺寸界线上方。
　　c. 从尺寸线偏移：设置标注文字与尺寸线最近端的距离。
　　3）文字对齐：设置文本对齐方式。
　　a. 水平：设置标注文字沿水平方向放置。
　　b. 与尺寸线对齐：尺寸文本与尺寸线对齐。
　　c. ISO 标准：尺寸文本按 ISO 标准。
　　(3)"调整"选项卡（图 18.6）。
　　1)"调整"选项：该区域用于调整尺寸界线、尺寸文本与尺寸箭头之间的相互位置关系。在标注尺寸时，如果没有足够的空间将尺寸文本与尺寸箭头全写在两尺寸界线之间时，可选择以下的摆放形式，来调整尺寸文本与尺寸箭头的摆放位置。
　　a. 文字或箭头，取最佳效果：选择一种最佳方式来安排尺寸文本和尺寸箭头的位置。
　　b. 箭头：当两条尺寸界线间的距离不够同时容纳文字和箭头时，首先从尺寸界线间移出箭头。
　　c. 文字：当两条尺寸界线间的距离不够同时容纳文字和箭头时，首先从尺寸界线间移出文字。
　　d. 文字和箭头：当两条尺寸界线间的距离不够同时容纳文字和箭头时，将文字和箭头都放置在尺寸界线外。
　　2）标注时手动放置文字：在标注尺寸时，如果上述选项都无法满足使用要求，则可

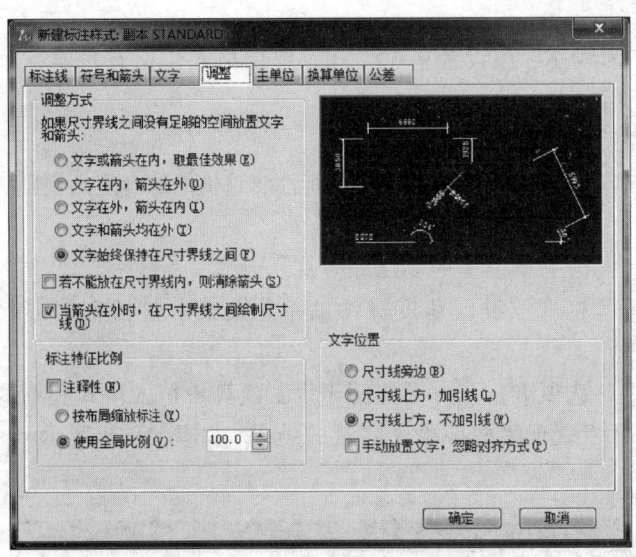

图 18.6 "调整"选项卡对话框

以选择此项,用手动方式调节尺寸文本的摆放位置。

3) 文字位置:当标注文字不在默认位置时,设置文字的位置。

a. 尺寸线旁边:将尺寸文本放在尺寸线旁边。

b. 尺寸线上方,加引线:将尺寸文本放在尺寸线上方,并用引出线将文字与尺寸线相连。

c. 尺寸线上方,不加引线:将尺寸文本放在尺寸线上方,不用引出线与尺寸线相连。

(4)"主单位"选项卡。该对话框用于设置线性标注和角度标注时的尺寸单位和尺寸精度,如图 18.7 所示。

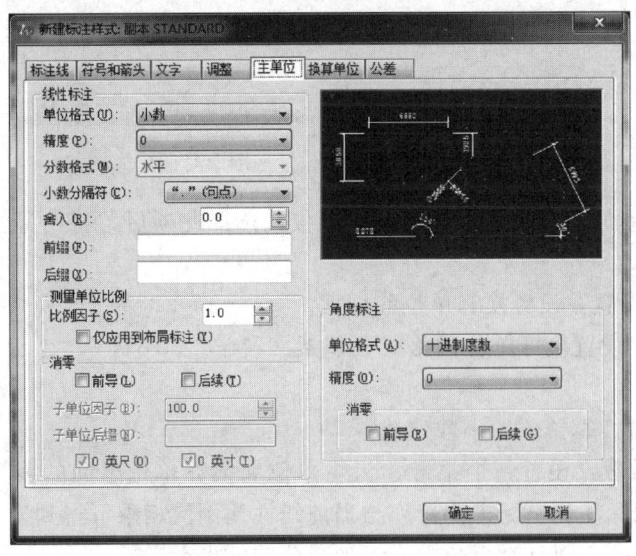

图 18.7 "主单位"选项卡对话框

1) 线性标注。

a. 单位格式：为线性标注设置单位格式。单位格式包括有科学、小数、工程、建筑、分数、Windows 桌面。

b. 精度：设置尺寸标注的精度。

c. 舍入：此选项用于设置所有标注类型的标注测量值的四舍五入规则（除角度标注外）。

2) 测量单位比例：定义测量单位比例。

3) 消零：设置标注主单位值的零压缩方式。

4) 角度标注单位格式：设置角度标注的单位格式，包括有十进制度数、度/分/秒、百分度、弧度。

(5) "换算单位"选项卡。该对话框用于设置换算单位的格式和精度。通过换算单位，用户可以在同一尺寸上表现用两种单位测量的结果，如图 18.8 所示，一般情况下很少采用此种标注。

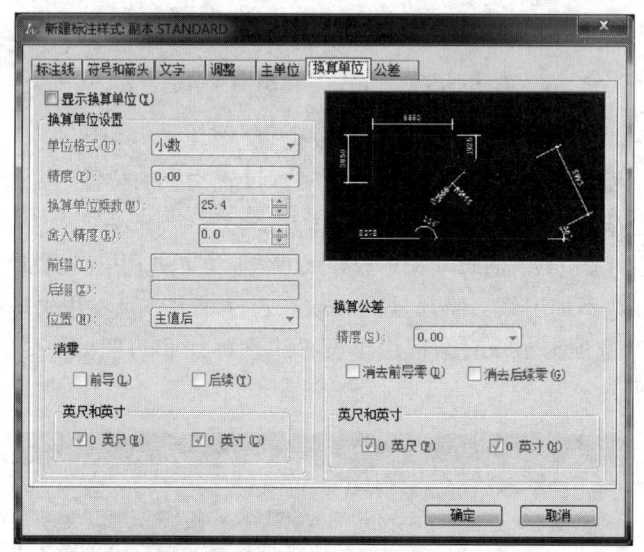

图 18.8 "换算单位"选项卡对话框

1) 显示换算单位：选择是否显示换算单位，选择此项后，将给标注文字添加换算测量单位。

2) 换算单位设置：设置换算单位的样式。

a. 单位格式：设置换算单位的格式，包括"科学""小数""工程""建筑堆叠"和"分数堆叠"等。

b. 精度：设置换算单位的小数位数。

c. 换算单位乘数：设置一个乘数，为主单位和换算单位之间的换算因子。一般情况下，线性距离（用标注和坐标来测量）与当前线性比例值相乘可得到换算单位的值。此值对角度标注没有影响，而且对于舍入或者加减公差值也无影响。

d. 舍入精度：除了角度标注外，为所有标注类型设置换算单位的舍入规则。

e. 前缀/后缀：输入尺寸文本前缀或后缀，可以输入文字或用控制代码显示特殊符号。

3）消零：设置换算单位值的零压缩方式。
4）位置：选项组控制换算单位的放置位置。
(6)"公差"选项卡。该对话框用于设置测量尺寸的公差样式，如图18.9所示。

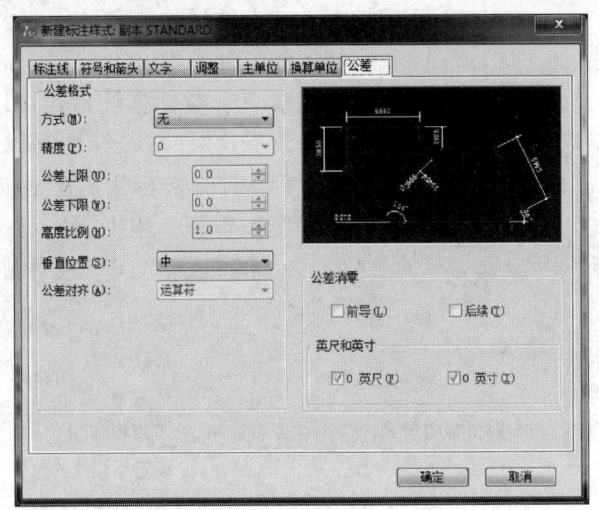

图18.9 "公差"选项卡对话框

1）方式：共有5种方式，分别是无、对称、极限偏差、极限尺寸、基本尺寸。
2）精度：根据具体工作环境要求，设置相应精度。
3）公差上限：设置最大公差值。当选择"对称"方式时，系统会将该值用作公差。
4）公差下限：设置最小公差。
5）高度比例：设置公差文字的当前高度值。缺省为1，可调整。
6）垂直位置：为对称公差和极限公差设置标注文字的对齐方式。有下、中、上3个位置，可调整。
(7)其他项选项卡。该对话框用于设置弧长符号、公差对齐、折弯半径标注等的格式与位置。
1）弧长符号：选择是否显示弧长符号，以及弧长符号的显示位置。
2）公差对齐：堆叠公差时，控制上、下偏差值的对齐方式。
3）折断大小：指定折断标注的间隔大小。
4）固定长度的尺寸界线：控制尺寸界线的长度是否固定不变。
5）半径折弯：控制半径折弯标注的外观。
6）折弯高度因子：控制线性折弯标注的折弯符号的比例因子。

## 18.3 尺寸标注命令

1．线性标注
(1)运行方式。
命令行：Dimlinear（DIMLIN）

功能区：注释→标注→线性

工具栏：标注→线性

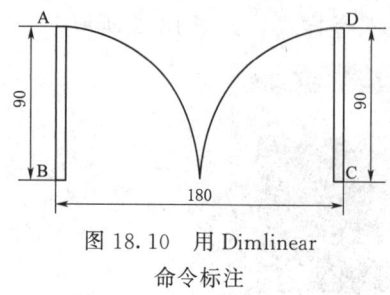

图 18.10　用 Dimlinear 命令标注

线性标注指标注图形对象在水平方向、垂直方向或指定方向上的尺寸，它又分为水平标注、垂直标注和旋转标注三种类型。

在创建一个线性标注后，可以添加"基线标注"或者"连续标注"。基线标注是以同一尺寸界线来测量的多个标注。连续标注是首尾相连的多个标注。

(2) 操作步骤。用 Dimlinear 标注如图 18.10 所示 AB、BC 和 CD 段尺寸，具体操作步骤如下：

命令：Dimlinear　　　　　　　　　　　　　执行 Dimlinear 命令
指定第一条延伸线原点或＜选择对象＞：　　　选取 A 点
指定第二条延伸线原点：　　　　　　　　　　选取 B 点
指定尺寸线位置或[多行文字(M)/文字(T)/角度(A)/水平(H)/垂直(V)/旋转(R)]：
指定一点　　　　　　　　　　　　　　　　　确定标注线的位置
标注注释文字＝90　　　　　　　　　　　　　提示标注文字是 90

执行 Dimlinear 命令后，中望 CAD＋命令行提示："指定第一条延伸线原点或＜选择对象＞："，回车以后出现："指定第二条延伸线原点："，完成命令后命令行出现："多行文字（M）/文字（T）/角度（A）/水平（H）/垂直（V）/旋转（R）："

以上各项提示的含义和功能说明如下：

多行文字（M）：选择该项后，系统打开"文本格式"对话框，用户可在对话框中输入指定的标注文字。

文字（T）：选择该项后，可直接输入标注文字。

角度（A）：选择该项后，系统提示输入"指定标注文字的角度"，用户可输入标注文字的新角度。

水平（H）：创建水平方向的线性标注。

垂直（V）：创建垂直方向的线性标注。

旋转（R）：该项可创建旋转尺寸标注，在命令行输入所需的旋转角度。

(3) 注意事项。用户使用选择对象的方式来标准时，必须采用点选的方法，如果同时打开目标捕捉方式，可以更准确、快速地标注尺寸。

许多用户在标注尺寸时，总结出鼠标三点法：点起点、点终点、然后点尺寸位置，标注完成。

2. 对齐标注

(1) 运行方式。

命令行：Dimaligned（DAL）

功能区：注释→标注→对齐

工具栏：标注→对齐标注

对齐标注用于创建平行于所选对象，或平行于两尺寸界线源点连线直线型的标注。

（2）操作步骤。

用 Dimaligned 命令标注如图 18.11 所示 BC 段的尺寸，具体操作步骤如下：

| | |
|---|---|
| 命令：Dimaligned | 执行 Dimaligned 命令 |
| 指定第一条延伸线原点或＜选择对象＞： | 选择 B 点 |
| 指定第二条延伸线原点： | 选择 C 点 |
| 指定尺寸线位置或[多行文字(M)/文字(T)/角度(A)]： | |
| 指定一点 | 确定标注线的位置 |
| 标注注释文字 = 300 | 提示标注文字是 300 |

以上各项提示的含义和功能说明如下：

多行文字（M）：选择该项后，系统打开"文本格式"对话框，用户可在对话框中输入指定的标注文字。

文字（T）：在命令行中直接输入标注文字内容。

角度（A）：选择该项后，系统提示输入"指定标注文字的角度："，用户可输入标注文字角度的新值来修改尺寸的角度。

（3）注意事项。对齐标注命令一般用于倾斜对象的尺寸标注。标注时系统能自动将尺寸线调整为与被标注线段平行，而无须用户自己设置。

3. 基线标注

（1）运行方式。

命令行：Dimbaseline（DIMBASE）

功能区：注释→标注→基线

工具栏：标注→基线标注

基线标注以一个统一的基准线为标注起点，所有尺寸线都以该基准线为标注的起始位置，以继续建立线性、角度或坐标的标注。

（2）操作步骤。用 Dimbaseline 命令标注如图 18.12 所示图形中 B 点、C 点、D 点距 A 点的长度尺寸。操作步骤如下：

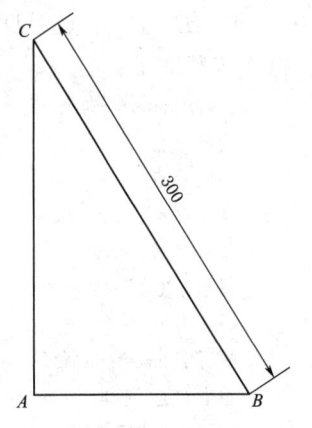

图 18.11　用 Dimaligned 命令标注

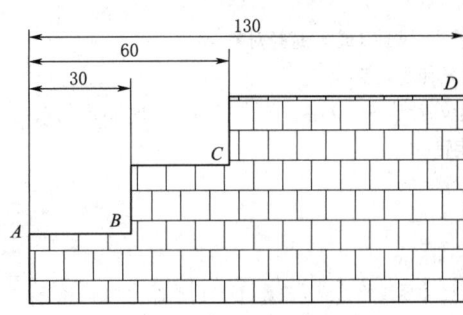

图 18.12　用基线命令标注

| | |
|---|---|
| 命令：Dimlinear | 执行 Dimlinear 命令 |
| 指定第一条延伸线原点或＜选择对象＞： | 选取 A 点 |

| | |
|---|---|
| 指定第二条延伸线原点: | 选取 B 点 |
| 指定尺寸线位置或[多行文字(M)/文字(T)/角度(A)/水平(H)/垂直(V)/旋转(R)]: | |
| 在线段 AB 上方点取一点 | 确定标注线的位置 |
| 标注注释文字 = 30 | 提示标注文字是 30 |
| | |
| 命令: Dimbaseline | 执行 Dimbaseline 命令 |
| 指定第二条尺寸界线原点或[放弃(U)/选择(S)]<选择>: | 单击 C 点,选择尺寸界线定位点 |
| 标注注释文字 = 60 | 提示标注文字是 60 |
| 指定第二条尺寸界线原点或[放弃(U)/选择(S)]<选择>: | 单击 D 点,选择尺寸界线定位点 |
| 标注注释文字 = 130 | 提示标注文字是 130 |
| 指定第二条尺寸界线原点或[放弃(U)/选择(S)]<选择>: | 回车,完成基线标注 |
| 选取基准标注: | 再回车结束命令 |

(3) 注意事项。

1) 在进行基线标注前,必须先创建或选择一个线性、角度或坐标标注作为基准标注。

2) 在使用基线标注命令进行标注时,尺寸线之间的距离由用户所选择的标注格式确定,标注时不能更改。

4. 连续标注

(1) 运行方式。

命令行:Dimcontinue(DCO)

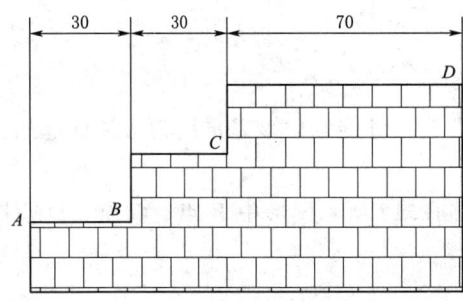

图 18.13 用连续标注命令标注

功能区:注释→标注→连续

工具栏:标注→连续

连接上个标注,以继续建立线性、弧长、坐标或角度的标注。程序将基准标注的第二条尺寸界线作为下个标注的第一条尺寸界线。

(2) 操作步骤。用连续标注命令标注其操作方法与"基线标注"命令类似,如图 18.13 所示图形中 A 点、B 点、C 点、D 点之间的长度尺寸。操作步骤如下:

| | |
|---|---|
| 命令: Dimlinear | 执行 Dimlinear 命令 |
| 指定第一条延伸线原点或<选择对象>: | 选取 A 点 |
| 指定第二条延伸线原点: | 选取 B 点 |
| 指定尺寸线位置或[多行文字(M)/文字(T)/角度(A)/水平(H)/垂直(V)/旋转(R)]: | 在线段 AB 上方选取一点,确定标注线的位置 |
| 标注注释文字=30 | 提示标注文字是 30 |
| | |
| 命令: Dimcontinue | 执行 Dimcontinue 命令 |
| 指定第二条尺寸界线原点或[放弃(U)/选择(S)]<选择>: | 单击 C 点,选择尺寸界线定位点 |
| 标注注释文字=30 | 提示标注文字是 30 |
| 指定第二条尺寸界线原点或[放弃(U)/选择(S)]<选择>: | 单击 D 点,选择尺寸界线定位点 |
| 标注注释文字 = 70 | 提示标注文字是 70 |
| 指定第二条尺寸界线原点或[放弃(U)/选择(S)]<选择>: | 回车,完成连续标注 |

选择连续标注： 再回车结束命令

（3）注意事项。在进行连续标注前，必须先创建或选择一个线性、角度或坐标标注作为基准标注。

5. 直径标注

（1）运行方式。

命令行：Dimdiameter（DIMDIA）

功能区：注释→标注→直径

工具栏：标注→直径

直径标注用于为圆或圆弧创建直径标注。

（2）操作步骤。用 Dimdiameter 命令标注图 18.14 所示的圆的直径，具体操作步骤如下：

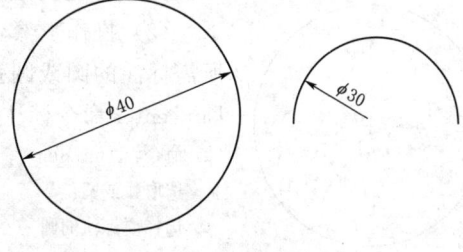

图 18.14 用 Dimdiameter 命令标注圆的直径

命令：Dimdiameter 执行 Dimdiameter
选取弧或圆： 命令 选择标注对象
标注注释文字 = 40 提示标注文字是 40
指定尺寸线位置或［多行文字(M)/文字(T)/角度(A)］：
在圆内点取一点 确认尺寸线位置

用户若有需要，可根据提示输入字母，进行选项设置。各选项含义与对齐标注的同类选项相同。

（3）注意事项。在任意拾取一点选项中，可直接拖动鼠标确定尺寸线位置，屏幕将显示其变化。

6. 半径标注

（1）运行方式。

命令行：Dimradius（DIMRAD）

功能区：注释→标注→半径

工具栏：标注→半径

半径标注用于标注所选定的圆或圆弧的半径尺寸。

（2）操作步骤。用 Dimradius 命令标注图 18.15 所示的圆弧的半径，具体操作步骤如下：

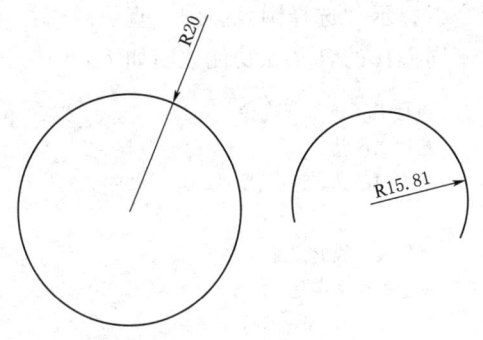

图 18.15 用 Dimradius 命令标注圆弧的半径

命令：Dimradius 执行 Dimradius 命令
选取弧或圆： 选择标注对象
标注注释文字 = 20 提示标注文字是 20
指定尺寸线位置或［多行文字(M)/文字(T)/角度(A)］：
在圆内点取一点 确认尺寸线位置

用户若有需要，可根据提示输入字母，进行选项设置。各选项含义与对齐标注的同类选项相同。

（3）注意事项。执行命令后，系统会在测量数值前自动添加上半径符号"R"。

7. 圆心标记

（1）运行方式。

命令行：Dimcenter（DCE）

功能区：注释→标注→圆心标记

工具栏：标注→圆心标记

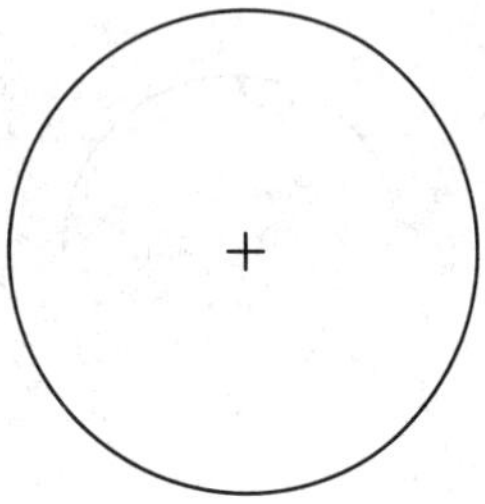

圆心标记是绘制在圆心位置的特殊标记。

（2）操作步骤。执行 Dimcenter 命令后，使用对象选择方式选取所需标注的圆或圆弧，系统将自动标注该圆或圆弧的圆心位置。用 Dimcenter 命令标注图 18.16 所示圆的圆心，具体操作步骤如下：

| 命令：Dimcenter | 执行 Dimcenter 命令 |
| --- | --- |
| 选取弧或圆： | |
| 选择要标注的圆 | 系统将自动标注该圆的圆心位置 |

图 18.16 用 Dimcenter 命令标注圆的圆心

（3）注意事项。用可以在"标注样式"对话框中，"直线和箭头"选项卡的"圆心标记大小"中来改变圆心标注的大小（图 18.4）。

8. 角度标注

（1）运行方式。

命令行：Dimangular（DAN）

功能区：注释→标注→角度

工具栏：标注→角度标注

角度标注命令用于圆、弧、任意两条不平行两直线的夹角或两个对象之间创建角度标注。

（2）操作步骤。用户在创建角度标注时，命令栏提示"选择圆弧、圆、直线或＜指定顶点＞："，根据不同需要选择进行不同的操作，不同操作的含义和功能说明如下：

| 命令：Dimangular | 执行 Dimangular 命令 |
| --- | --- |
| 选择圆弧、圆、直线或＜指定顶点＞：选择第二条直线： | 拾取 AB 边 |
| | 拾取 AC 边，确认角度另一边 |
| 指定标注弧线位置或［多行文字(M)/文字(T)/角度(A)］： | |
| 拾取夹角内一点 | 确定尺寸线的位置 |
| 标注注释文字 = 53 | 提示标注文字是 53 |
| 命令：Dimangular | 执行 Dimangular 命令 |
| 选择圆弧、圆、直线或＜指定顶点＞：指定角的第二个端点： | 拾取图 8-18(b)中 D 点拾取圆上的 E 点 |
| 指定标注弧线位置或［多行文字(M)/文字(T)/角度(A)］： | |
| 拾取圆外一点 | 确定尺寸线的位置 |
| 标注注释文字 = 63 | 提示标注文字是 63 |

选择圆弧：选取圆弧后，系统会标注这个弧，并以弧的圆心作为顶点。弧的两个端点成为尺寸界限的起点，中望 CAD+将在尺寸界线之间绘制一段与所选圆弧平行的圆弧作为尺寸线。

选择圆：选择该圆后，系统把该拾取点当作角度标注的第一个端点，圆的圆心作为角度的顶点，此时系统提示"指定角的第二个端点："，在圆上拾取一点即可。

选择直线：如果选取直线，此时命令栏提示"选择第二条直线："。选择第二条直线后，系统会自动测量两条直线的夹角。若两条直线不相交，系统会将其隐含的交点作为顶点。

完成选择对象操作后在命令行中会出现:"指定标注弧线位置或[多行文字(M)/文字(T)/角度(A)]:"用户若有需要,可根据提示输入字母,进行选项设置。各选项含义与对齐标注的同类选项相同。

(3)注意事项。如果用户选择圆弧,则系统直接标注其角度;如果用户选择圆、直线顶点,则系统会继续提示要求用户选择角度标注的末点。

9. 引线标注

(1)运行方式。

命令行:Leader(LEAD)

工具栏:标注→引线

Leader 命令用于创建注释和引线,表示文字和相关的对象。

(2)操作步骤。用 Leader 命令标注如图 18.17 所示关于圆孔的说明文字。操作步骤如下:

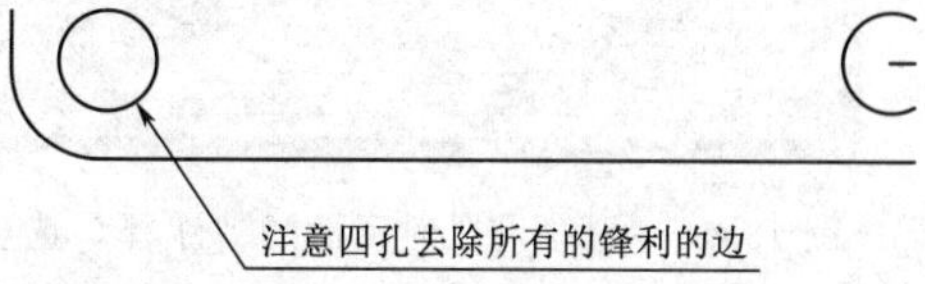

图 18.17 用引线命令标注

命令:Leader                          执行 Leader 命令
指定引线起点:                        确定引线起始端点
指定下一点:                          确定下一点
指定下一点或[注释(A)/格式(F)/放弃(U)]<注释>:   回车确认终点
指定下一点或[注释(A)/格式(F)/放弃(U)]<注释>:   回车进入下一步
输入注释文字的第一行或者<选项>:       回车弹出文本格式对话框
输入注释选项[公差(T)/副本(C)/块(B)/无(N)/多行文字(M)]<多行文字>:
                                      输入文字,单击 OK 完成命令

以上各项提示的含义和功能说明如下:

公差(T):选此选项后,系统打开"几何公差"对话框,在此对话框中,可以设置各种几何公差。

副本(C):选此选项后,可选取的文字、多行文字对象、带几何公差的特征控制框或块对象复制,并将副本插入到引线的末端。

块(B):选此选项后,系统提示"输入块名或[?]<当前值>:",输入块名后出现"指定块的插入点或[比例因子(S)/X/Y/Z/旋转角度(R)]:",提示中的选项含义与插入块时的提示相同。

无(N):选此选项表示不输入注释文字。

多行文字(M):选此选项后,系统打开"文本格式"对话框,在此对话框中可以输入多行文字作为注释文字。

(3)注意事项。在创建引线标注时,常遇到文本与引线的位置不合适的情况,用户可以通过夹点编辑的方式来调整引线与文本的位置。当用户移动引线上的夹点时,文本不会移动,而移动文本时,引线也会随着移动。

10. 快速引线

(1)运行方式。

命令行:Qleader

工具栏:标注→快速引线

快速引线提供一系列更简便的创建引线标注的方法，注释的样式也更加丰富。

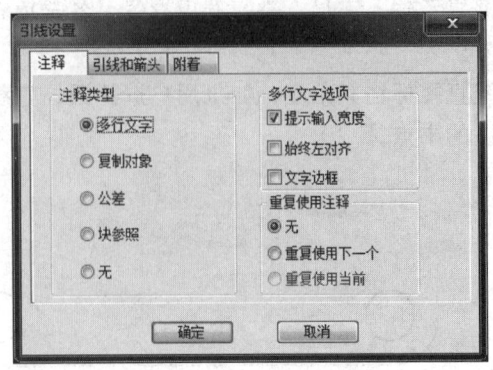

图 18.18 引线设置对话框的"注释"选项卡

(2) 操作步骤。快速引线的创建方法和引线标注基本相同，执行命令后系统提示"［设置（S）］＜设置＞:"输入 S 进入快速引线设对话框，用户可以对引线及箭头的外观特征进行设置，如图 18.18 所示。

(3) 注释选项卡。

1)"注释类型"栏中各项选项含义如下：

a. 多行文字：默认用多行文本作为快速引线的注释。

b. 复制对象：将某个对象复制到引线的末端。可选取文字、多行文字对象、带几何公差的特征控制框或块对象复制。

c. 公差：弹出"几何公差"对话框供用户创建一个公差作为注释。

d. 块参照：选此选项后，可以把一些每次创建较困难的符号或特殊文字创建成块，方便直接引用，提高效率。

e. 无：创建一个没有注释的引线。如果选择注释为"多行文字"，则可以通过右边的相关选项来指定多行文本的样式。"多行文字选项"各项含义如下：

2)"多行文字选项"栏中各选项含义如下：

a. 提示输入宽度：指定多行文本的宽度。

b. 始终左对齐：总是保持文本左对齐。

c. 文字边框：选择此项后，可以在文本四周加上边框。

3)"重复使用注释"栏中各项选项含义如下：

a. 无：不重复使用注释内容。

b. 重复使用下一个：将创建的文字注释复制到下一个引线标注中。

c. 重复使用当前：将上一个创建的文字注释复制到当前引线标注中。

(4) 引线和箭头选项卡。快速引线允许自定义引线和箭头的类型，如图 18.19 所示。

1) 在"引线"区域，允许用直线或样条曲线作为引线类型。

2)"点数"则决定了快速引线命令提示拾取下一个引线点的次数，当然，最大值不能小于 2。也可以设置为无限制，这时可以根据需要来拾取引线段数，通过回车来结束引线。

3) 在"箭头"区域，提供多种箭头

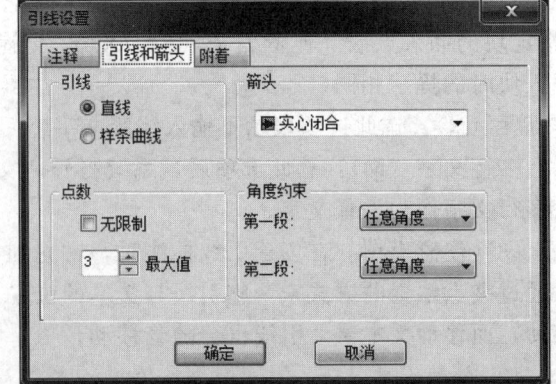

图 18.19 引线设置的"引线和箭头"选项卡及部分箭头样式

类型,如图18.19右所示,选用"用户箭头"后,可以使用用户已定义的块作为箭头类型。

4)在"角度约束"区域,可以控制第一段和第二段引线的角度,使其符合标准或用户意愿。

(5)附着选项卡。附着选项卡指定了快速引线的多行文本注释的放置位置。文字在左边和文字在右边可以区分指定位置,默认情况下分别是"最后一行中间"和"第一行中间",如图18.20所示。

11. 快速标注

(1)运行方式。

命令行:Qdim

功能区:注释→标注→快速标注

工具栏:标注→快速标注

快速标注能一次能标注多个对象,可以对直线、多段线,正多边形,圆环,点,圆和圆弧(圆和圆弧只有圆心有效)同时进行标注。可以标注成基准型、连续型、坐标型的标注等。

(2)操作步骤。

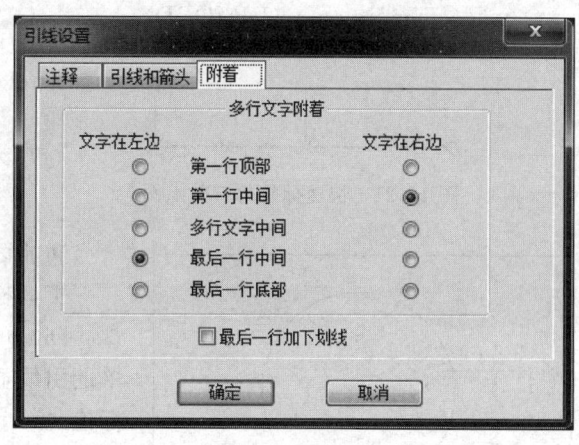

图 18.20  引线设置对话框的"附着"选项卡

命令:Qdim                    执行 Qdim 命令
关联标注优先级 = 端点
选择要标注的几何图形:        拾取要标注的几何对象
提示选择对象的数量            找到 1 个
选择要标注的几何图形:        回车确定
指定尺寸线位置或[连续(C)/并列(S)/基线(B)/坐标(O)/半径(R)/直径(D)/基准点(P)/编辑(E)/设置(T)]:<当前值>
指定一点                      确定标注位置

以上各项提示的含义和功能说明如下:

连续(C):选此选项后,可进行一系列连续尺寸的标注。

并列(S):选此选项后,可标注一系列并列的尺寸。

基线(B):选此选项后,可进行一系列的基线尺寸的标注。

坐标(O):选此选项后,可进行一系列的坐标尺寸的标注。

半径(R):选此选项后,可进行一系列的半径尺寸的标注。

直径(D):选此选项后,可进行一系列的直径尺寸的标注。

基准点(P):为基线类型的标注定义了一个新的基准点。

编辑(E):选项可用来对系列标注的尺寸进行编辑。

设置(T):为指定尺寸界线原点设置默认对象捕捉。

执行快速标注命令并选择几何对象后,命令行提示:"[连续(C)/并列(S)/基线

（B）/坐标（O）/半径（R）/直径（D）/基准点（P）/编辑（E）/设置（T）]＜连续＞：",如果输入 E 选择"编辑"项,命令栏会提示:"指定要删除的标注点,或［添加（A）/退出（X）]＜退出＞：",用户可以删除不需要的有效点或通过"添加（A）"选项添加有效点。

如图 18.21 所示系统显示快速标注的有效点,图 18.22 为删除中间的有效点后的标注。

12. 坐标标注

（1）运行方式。

命令行：Dimordinate（DIMORD）

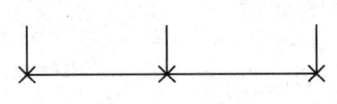

图 18.21　快速标注的有效点图　　图 18.22　删除中间有效点后的标注

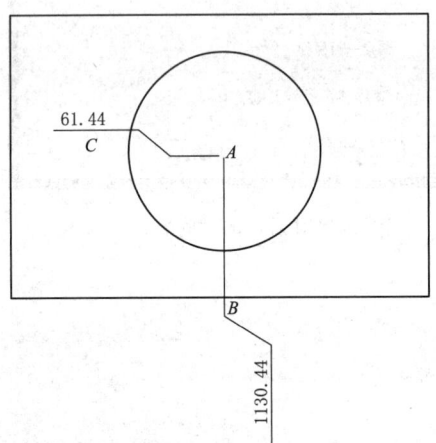

图 18.23　用 Dimordinate 命令标注圆和点的坐标

功能区：注释→标注→坐标

工具栏：标注→坐标

Dimordinate 命令用于自动测量并沿一条简单的引线显示指定点的 $X$ 或 $Y$ 坐标（采用绝对坐标值）。

（2）操作步骤。用 Dimordinate 命令标注图 18.23 所示的圆内 $A$ 点的坐标。

命令：Dimordinate　　　　执行 Dimordinate 命令
指定点坐标：　　　　　　捕捉 $A$ 点
指定引线端点或[X 基准(X)/Y 基准(Y)/多行文字(M)/文字(T)/角度(A)]：
拾取点 $B$　　　　　　　确定引线端点,并完成标注
标注注释文字 = 1130,44

命令：Dimordinate　　　　执行 Dimordinate 命令
指定点坐标：　　　　　　捕捉 $A$ 点
指定引线端点或[X 基准(X)/Y 基准(Y)/多行文字(M)/文字(T)/角度(A)]：
拾取点 $C$　　　　　　　确定引线端点,并完成标注
标注注释文字 = 61,44

以上各项提示的含义和功能说明如下：

指定引线端点：指定点后,系统用指定点位置和该点的坐标差来确定是进行 X 坐标标注还是 Y 坐标标注。当 Y 坐标的坐标差大时,使用 X 坐标标注；否则就是用 Y 坐标标注。

X 基准（X）：选择该选项后,则使用 X 坐标标注。

Y 基准（Y）：选择该选项后,则使用 Y 坐标标注。

多行文字（M）：选择该项后,系统打开"文本格式"对话框,用户可在对话框中输入指定的标注文字。

文字（T）：选择该项后，系统提示："标注文字＜当前值＞:"，用户可在此输入新的文字。

角度（A）：用于修改标注文字的倾斜角度。

(3) 注意事项。

1) Dimordinate 命令可根据引出线的方向，自动标注选定点的水平或垂直坐标。

2) 坐标标注用于测量从起点到基点（当前坐标系统的原点）的坐标系距离。坐标尺寸标注包括一个 X‐Y 坐标系统和引出线。X 坐标尺寸标注显示了沿 $x$ 轴线方向的距离；Y 坐标尺寸标注显示了沿 Y 轴线方向的距离。

## 18.4　尺　寸　标　注　编　辑

用户要对已存在的尺寸标注进行修改，这时不必将需要修改的对象删除，再进行重新标注，可以用一系列尺寸标注编辑命令进行修改。

1. 编辑标注

(1) 运行方式。

命令行：Dimedit（DED）

功能区：注释→标注→编辑标注

Dimedit 命令可用于对尺寸标注的尺寸文字的位置、角度等进行编辑。

(2) 操作步骤。

| | |
|---|---|
| 命令：Dimedit | 执行 Dimedit 命令 |
| 输入标注编辑类型[默认(H)/新建(N)/旋转(R)/倾斜(O)]＜默认＞: | |
| | 输入 N,选择新建选项 |
| 弹出文本格式对话框 | 输入新标注文字 |
| 选择对象 | 点选图 8.24(a)中的尺寸标注 |
| 找到 1 个 | 提示已选中对象的数量 |
| | 回车,确定修改 |

以上各项提示的含义和功能说明如下：

默认（H）：执行此项后尺寸标注恢复成默认设置。

新建（N）：用来修改指定标注的标注文字，该项后系统弹出"文本格式"对话框，用户可在此输入新的文字。

旋转（R）：执行该选项后，系统提示"指定标注文字的角度"，用户可在此输入所需的旋转角度；然后，系统提示"选择对象"，选取对象后，系统将选中的标注文字按输入的角度放置。

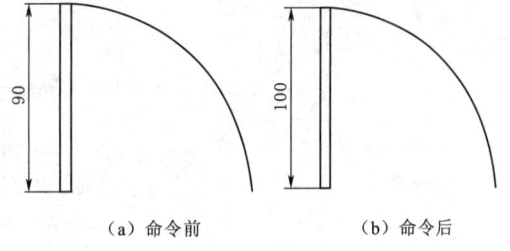

图 8.24　用 Dimedit 命令修改尺寸后的效果

倾斜（O）：设置线性标注尺寸界线的倾斜角度。执行该选项后，系统提示"选择对象"，在用户选取目标对象后，系统提示"输入倾斜角度"，在此输入倾斜角度或按回车键(不倾斜),系统按指定的角度调整线性标注尺寸界线的倾斜角度。

命令:Dimedit　　　　　　　　执行 Dimedit 命令
输入标注编辑类型[默认(H)/新建(N)/旋转(R)/倾斜(O)]<默认>:
输入 O　　　　　　　　　　　选择倾斜选项
选择对象　　　　　　　　　　点选图 8.25(a)中的尺寸标注
找到 1 个　　　　　　　　　　提示已选中对象的数量
选择对象　　　　　　　　　　回车结束对象选择
输入倾斜角度(按 ENTER 表示无)90　输入倾斜角度回车完成命令

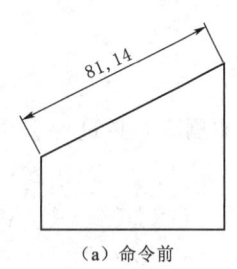 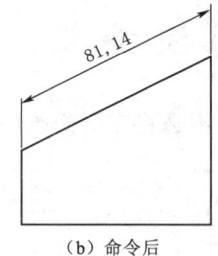

(a)命令前　　　　　　(b)命令后

图 8.25　用倾斜项修改尺寸后的效果

(3)注意事项。

1)标注菜单中的"倾斜"项,执行的就是选择了"倾斜"选项的 Dimedit 命令。

2)Dimedit 命令可以同时对多个标注对象进行操作。

3)Dimedit 命令不能修改尺寸文本放置位置。

2.编辑标注文字

(1)运行方式。

命令行:Dimtedit
功能区:注释→标注→编辑文字

Dimtedit 命令可以重新定位标注文字位置。

(2)操作步骤。用 Dimtedit 将图 18.26(a)中的尺寸标注改为图 18.26(b)的效果。

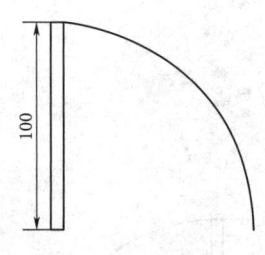 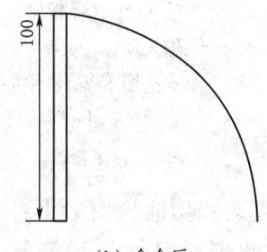

(a)命令前　　　　　　　　　　　(b)命令后

图 18.26　用和 Dimtedit 命令修改尺寸后的效果

命令:Dimtedit　　　　　　　　执行 Dimtedit 命令 点选尺寸标注
选择标注:　　　　　　　　　　为标注文字指定新位置或[左对齐(L)/右对齐(R)/居中(C)/默认(H)/角度(A)]:R 输入 R,回车完成命令

以上各项提示的含义和功能说明如下:

左对齐(L):选择此项后,可以决定标注文字沿尺寸线左对齐。
右对齐(R):选择此项后,可以决定标注文字沿尺寸线右对齐。
居中(C):选择此项后,可将标注文字移到尺寸线的中间。
默认(H):执行此项后尺寸标注恢复成默认设置。

角度（A）：将所选标注文本旋转一定的角度。

(3) 注意事项。

1) 用户还可以用 Ddedit 命令来修改标注文字，但 Ddedit 无法对尺寸文本重新定位，要 Dimtedit 命令才可对尺寸文本重新定位。Ddedit 命令的使用方法可以看前一节的介绍。

2) 在对尺寸标注进行修改时，如果对象的修改内容相同，则用户可选择多个对象一次性完成修改。

3) 如果对尺寸标注进行了多次修改，要想恢复原来真实的标注，请在命令行输入 Dimreassoc，然后系统提示选择对象，选择尺寸标注回车后就恢复了原来真实的标注。

4) Dimtedit 命令中的"左对齐（L）/右对齐（R）"这两个选项仅对长度型、半径型、直径型标注起作用。

## 18.5 小　　结

(1) 本章主要介绍标注样式的创建方法和标注尺寸的方法。学完本章后，读者应该对尺寸标注有一个清楚的了解，初步掌握根据自己的特殊需要创建出合适的尺寸标注形式或改变尺寸标注样式。

(2) 在样板图中，将设计好的尺寸标注样式，直接存成一个 ＊.Dwt 格式的样板图，中望 CAD＋将其保存到安装目录下 Template 文件夹里，以后可直接用样板图来开始绘制新图纸，可以节省时间提高效率。

# 参 考 文 献

[1] 夏玲涛. 建筑工程识图（初级——土建施工）[M]. 高等教育出版社，2022.
[2] JGJ 120—2012 建筑基坑支护技术规程 [S].
[3] 张小林. 土石方工程施工与组织 [M]. 北京：中国水利水电出版社，2013.
[4] 李大华，邵先锋，朱克亮，等. 大型土石方工程施工技术及案例 [M]. 北京：中国电力出版社，2018.
[5] 夏玲涛. 建筑工程识图 [M]. 北京：高等教育出版社，2022.
[6] 中国建筑标准设计研究院. 16G101 系列图集 [M]. 北京：中国计划出版社，2017.

# 附 录

## 综 合 实 训

请先识读高层商务大厦的建筑条件图和结构施工图，再阅读"建筑工程识图职业技能（中级）卷——土建施工（结构）类专业"，按照要求完成指定的识图和绘图任务。

考核时间：210min

考核分值：总分100分，其中识图任务70分，绘图任务30分。

注：1. 部分图纸未提供，在图纸目录中已注明。

2. 结构构造尺寸计算时，按照平法图集构造标准的限值取值，不作人为调整。

例：计算结果99mm，尺寸标注99mm；计算结果为99.2mm，尺寸标注100mm。

3. 试题中未注明单位的尺寸均以mm为单位，标高均以m为单位。

建筑工程识图职业技能（中级）卷——土建施工（结构）类专业

任务1：识图单选题（1～40题，共40题，每题1.5分）。

1. 本工程的抗震设防类别为（　　）设防类。
   A. 特殊　　　　　B. 重点　　　　　C. 标准　　　　　D. 适度

2. 本工程中，地下室顶板室外临时施工堆载标准值为（　　）$kN/m^2$。
   A. 5　　　　　　B. 7　　　　　　C. 10　　　　　　D. 20

3. 本工程中，位于设备基础、地面、散水、踏步等基础之下的回填土，必须分层夯实，每层厚度不大于（　　）mm。
   A. 300　　　　　B. 250　　　　　C. 200　　　　　D. 150

4. 本工程中，梁柱节点钢筋过密的部位，须采用（　　）的细石混凝土振捣密实。
   A. 同强度等级　　　　　　　　　B. 高于所需等级一级
   C. 低于所需等级一级　　　　　　D. 高于所需等级两级

5. 本工程预制率为（　　）。
   A. 20.58%　　　B. 8.13%　　　C. 1.32%　　　D. 12.87%

6. 本工程地下室抗浮水位相当于国家高程为（　　）。
   A. 6.700　　　　B. 5.900　　　　C. 5.700　　　　D. 5.400

7. 本工程中，顶层外墙砂浆强度等级为（　　）。

A. M5　　　　　B. M7.5　　　　　C. Mb5　　　　　D. M10

8. 本工程中，CT1-1下桩的箍筋加密区长度为（　　）m。

A. 0.5　　　　　B. 4　　　　　C. 5.6　　　　　D. 34

9. 桩位、承台平面图中，CT2-4的底面标高为（　　）。

A. −9.500　　　　　　　　　　　B. −11.400
C. −7.500　　　　　　　　　　　D. −11.500

10. 地下室底板平面图中，集水坑K2的坑底面标高为（　　）。

A. −9.500　　　　　　　　　　　B. −10.500
C. −11.000　　　　　　　　　　 D. −11.800

11. 本工程中，集水井钢筋混凝土盖板厚度为（　　）mm。

A. 300　　　　　B. 200　　　　　C. 150　　　　　D. 100

12. 本工程中，桩身纵筋采用（　　）连接。

A. 搭接　　　　　　　　　　　　B. 焊接
C. 机械　　　　　　　　　　　　D. 焊接或机械

13. 本工程中，桩纵筋从桩顶起算伸入承台的长度为（　　）。

A. 500　　　B. 35$d$　　　C. 35$d$ 和 500 较大值　　　D. 40$d$

14. 本工程中，WQ1底部外侧竖向受力筋为（　　）。

A. C14@150　　　　　　　　　　B. C16@150
C. C14@75　　　　　　　　　　 D. C14@150+C16@150

15. 本工程中，Q1在三层采用绑扎搭接连接，下列做法经济合理的为（　　）。

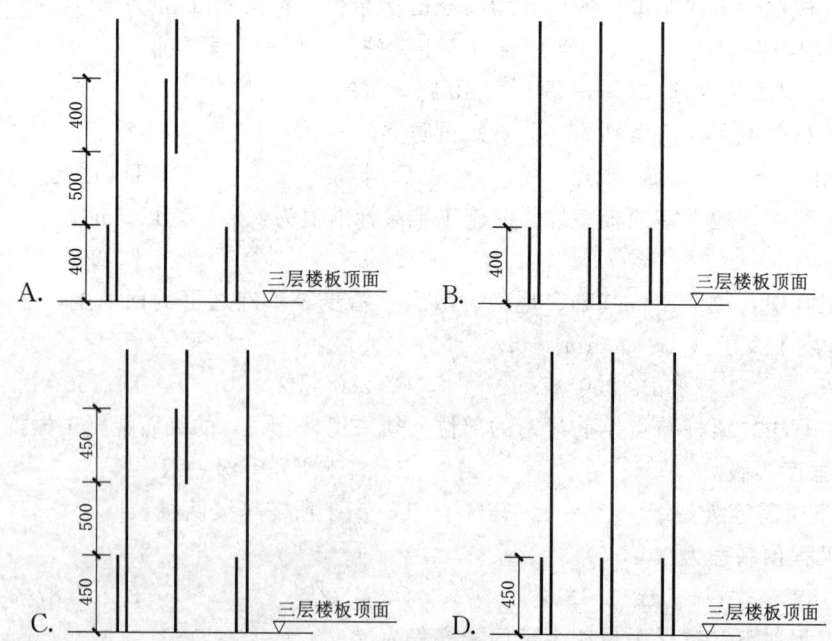

16. 本工程中，Q2竖向钢筋顶部构造做法经济合理的为（　　）。

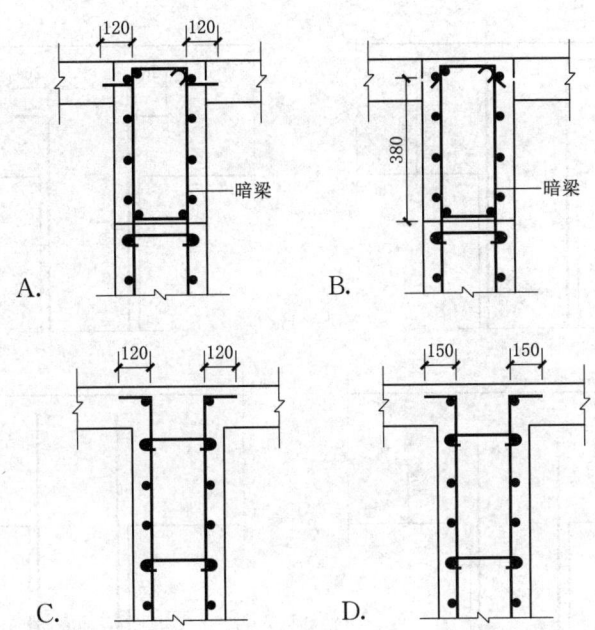

17. 本工程中,KZ2 在五层采用机械连接,柱中接头错开的距离 L 不应小于（　　）mm。
A. 500　　　　B. 770　　　　C. 875　　　　D. 1200

18. 本工程中,⑩轴交Ⓑ轴 DKZ1 角部纵筋伸入承台水平段长度为（　　）mm。

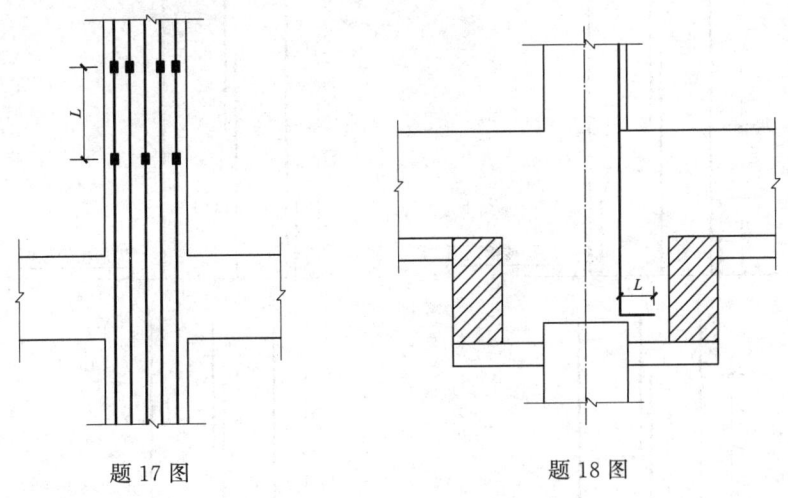

题 17 图　　　　　　　　题 18 图

A. 300　　　　B. 120　　　　C. 150　　　　D. 200

19. 本工程中,⑨轴交Ⓒ轴 KZ3 柱顶角筋构造做法经济合理的是（　　）。

20. 地下二层净高范围内,⑩轴交Ⓓ轴 KZ2 箍筋数量经济合理的为（　　）个。
A. 25　　　　B. 26　　　　C. 27　　　　D. 28

21. 本工程中,YBZ12 在三层采用绑扎搭接连接时,下列做法经济合理的为（　　）。
（分两批搭接连接）

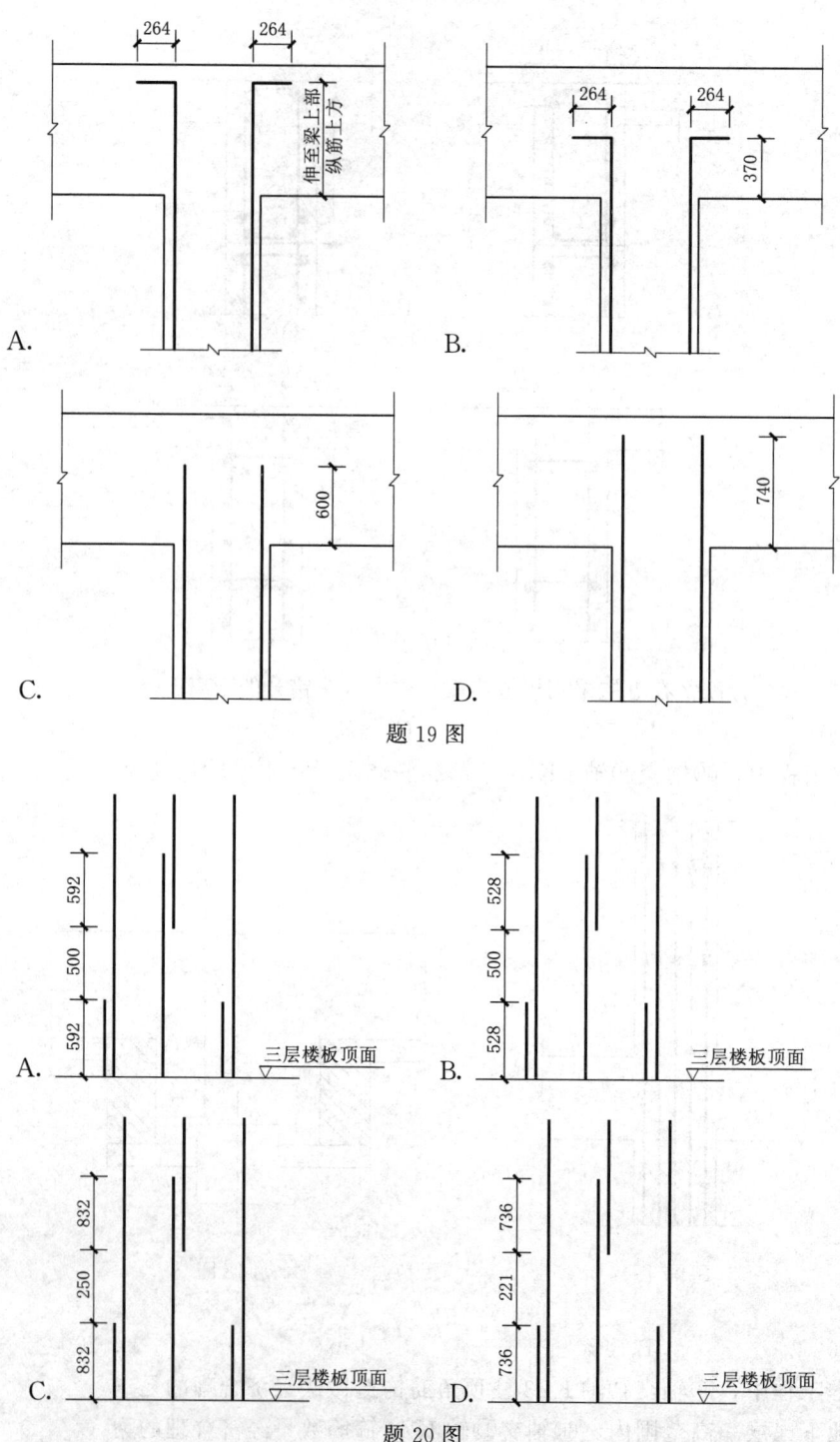

题 19 图

题 20 图

22. 地下一层板平面图中，洞边板底附加筋伸入梁内长度经济合理的为（　　）mm。
   A. 200　　　　B. 250　　　　C. $l_a$　　　　D. $l_{aE}$
23. 一层平面图中，⑩/Ⓕ轴~Ⓖ轴外墙处板支座上部筋为（　　）。

A. C16@150  B. C16@130
C. C18@150+C16@150 间隔放置  D. C16@75

24. 一层平面图中，覆土面以下地下室顶板洞口挡土翻边厚度为（　）mm。
A. 200  B. 250  C. 300  D. 350

25. 一层平面图中，水电管井后封混凝土强度等级为（　）。
A. C25  B. C30  C. C35  D. C40

26. 二层结构平面图中，卫生间楼板板面配筋为（　）。
A. C8@200 双向
B. C8@100 双向
C. X 向：C8@200，Y 向：C8@100
D. X 向：C8@100，Y 向：C8@200

27. 一层平面图中，办公楼入口广场处楼板面标高为（　）。
A. −1.800  B. −1.600  C. −1.100  D. −0.100

28. 本工程中，地下一层框架梁的抗震等级为（　）。
A. 四级  B. 三级  C. 二级  D. 非抗震

29. 地下一层梁平法施工图中，KL5（1）上部纵筋伸入左端梁内的竖直段长度 $L$ 为（　）mm。

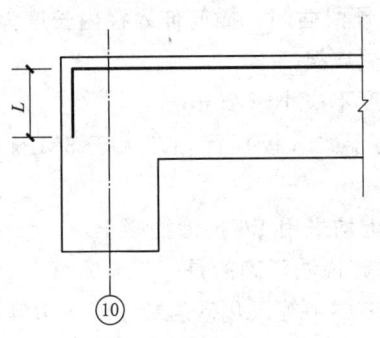

题 29 图

A. 180  B. 216  C. 300  D. 270

30. 顶板梁平法施工图中，KL5（1）左端箍筋加密区长度经济合理的为（　）mm。
A. 500  B. 550  C. 700  D. 750

31. 顶板梁平法施工图中，KL2（6）上附加吊筋弯起角为（　）。
A. 30°  B. 45°  C. 60°  D. 90°

32. 二层梁配筋平面图中，L16（1）箍筋个数为（　）个。
A. 30  B. 29  C. 28  D. 27

33. 二层梁配筋平面图中，LL4（1）腰筋配筋为（　）。
A. C10@200  B. C12@150  C. C10@100  D. C12@200

34. 二层梁配筋平面图中，L17（4）中支座上部筋"4C18 2/2"第二排钢筋总长度经济合理的为（　）mm。

A. 2050　　　　B. 2350　　　　C. 4125　　　　D. 4350

35. 屋面层梁配筋平面图中，水箱位置处梁顶标高为（　　）。

A. 52.250　　　B. 52.600　　　C. 52.850　　　D. 55.500

36. 本工程 TB1 分布钢筋为（　　）。

A. C8@200　　B. C8@150　　C. C10@150　　D. C8@100

37. 墙身大样（一）中，墙身1女儿墙厚度为（　　）mm。

A. 100　　　　B. 120　　　　C. 150　　　　D. 300

38. 本工程1号楼梯，TB3 厚度为（　　）mm。

A. 100　　　　B. 110　　　　C. 120　　　　D. 130

39. 根据图集 16G101-1，本工程1号楼梯 TB3 的类型为（　　）。

A. AT　　　　B. BT　　　　C. CT　　　　D. DT

40. 本工程中，楼梯 TL4 箍筋为（　　）。

A. C8@200　　　　　　　　　B. C8@100

C. C10@200　　　　　　　　D. C10@100

**任务2**：识图多选题（41～45题，共5题，每题2分，多选、选错不给分，漏选得1分）。

41. 下列关于本工程框架柱施工说法正确的是（　　）。

A. 柱与现浇过梁连接处预留插筋，插筋伸入柱内长度为 $1.2l_a(l_{aE})$

B. 柱纵筋宜优先采用机械连接

C. 二层框架柱保护层厚度不应小于 20mm

D. 柱混凝土强度等级高于梁（板）且相差大于 5MPa 时，节点处的混凝土可随梁（板）一同浇筑

E. ±0.000 以上柱混凝土均采用 P6 抗渗混凝土

42. 下列关于本工程桩基础说法正确的是（　　）。

A. 工程桩桩尖进入 10-c 层中等风化砂岩或 11-c 中等风化凝灰岩不小于 3.0m

B. 桩的混凝土要求连续浇注，桩身混凝土灌注充盈系数大于 1.10

C. 桩施工完成后应逐根检验桩身完整性

D. 工程桩桩顶混凝土超灌长度为 1.6m

E. 试桩混凝土等级为 C35

43. 下列关于本工程地下室外墙说法有误的是（　　）。

A. 若施工单位因施工需要，外墙水平施工缝应设于距底板顶面 300mm 处

B. 本工程顶板作为外墙的弹性嵌固支承；与其相交的墙、扶壁柱均作为外墙的支座

C. 外墙外侧竖向钢筋保护层厚度为 40mm

D. 墙竖向钢筋在底板下的锚固长度不小于 35d

E. 外墙优先采用低收缩水泥混凝土，如普通硅酸盐水泥混凝土

44. 二层梁配筋平面图中，下列说法有误的是（　　）。

A. 等高梁相交时，双向两侧各设加密箍筋 3C×@50（肢数和直径均同主梁箍筋）

B. 预制梁构件采用钢筋套筒灌浆连接时，应在构件生产前进行钢筋套筒灌浆连接接

头的抗拉强度试验,每种规格不少于3个

C. 梁支座筋分三排时,第三排伸入跨内长度为 $l_n/5$

D. LL1 位置处需设双连梁

E. 叠合梁施工时可不设模板和支撑

45. 下列关于本工程楼梯说法有误的是(    )。

A. 本工程楼梯梯段均为预制　　　　B. 防火隔墙搁置于水平框架梁上

C. 梯板面筋均为通长钢筋　　　　　D. TZ1 箍筋为 ⊕8@100

E. 平台板厚均为 110mm

**任务 3**:识读提供的高层商务大厦施工图,绘制结施 12 中⑨轴交 D 轴 KZ3 从 37.950～42.700 标高范围内柱纵断面图,绘制完成后保存为"任务 3.dwg",并放入指定文件夹内提交。(10 分)

绘制要求:

(1) 绘制框架柱纵筋,标注全部纵筋的类型、直径;柱纵筋采用机械连接,绘制柱纵筋机械连接的位置,标注接头位置尺寸。

(2) 绘制框架柱箍筋,标注箍筋的类型、直径、间距、范围(柱箍筋加密区的范围按 50 的倍数取值)。

(3) 钢筋用粗实线绘制,图层不作要求。

(4) 绘图比例1:1,出图比例1:50。

**任务 4**:识读提供的高层商务大厦施工图,绘制结施 07 顶板梁平法施工图中 KL4(3) 指定位置的 1—1、2—2、3—3、4—4 截面图(KL4 梁指定位置见下图),绘制完成后保存为"任务 4.dwg",并放入指定文件夹内提交。(10 分)

绘制要求:

(1) 绘制梁板轮廓线,标注梁的截面尺寸、梁面标高。

(2) 绘制梁的纵筋,标注梁纵筋的类型、数量、直径。

(3) 绘制梁的箍筋,标注梁箍筋的类型、直径、间距。

(4) 钢筋用粗实线绘制,图层不作要求。

(5) 绘图比例1:1,出图比例1:25。

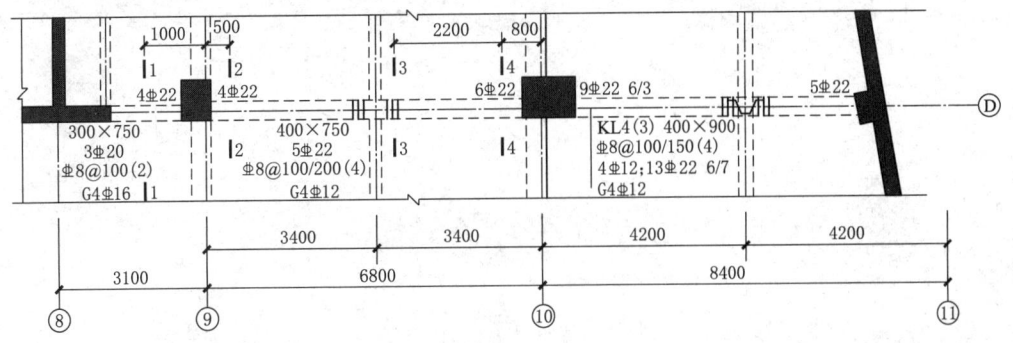

**任务 5**:识读提供的高层商务大厦施工图,绘制结施 27 中 2 号楼梯 TB6 梯板 (−1.450～0.050 标高)配筋构造详图,绘制完成后保存为"任务 5.dwg",并放入指定

文件夹内提交。(10分)

绘制要求：

(1) 绘制梯板、梯梁、踏步轮廓线，标注梯板的截面尺寸，标注梯段的踏面宽度及数量、踢面高度及数量。

(2) 绘制梯板的配筋，标注钢筋的类型、数量、直径及必要的构造尺寸。

(3) 钢筋用粗实线绘制，图层不作要求。

(4) 绘图比例1∶25。